生物炭对绿洲咸水滴灌棉田土壤的改良效应

闵　伟　侯振安　郭慧娟　主编

中国农业出版社
北　京

图书在版编目（CIP）数据

生物炭对绿洲咸水滴灌棉田土壤的改良效应 / 闵伟，侯振安，郭慧娟主编．—北京：中国农业出版社，2022.1

ISBN 978-7-109-29282-6

Ⅰ．①生…　Ⅱ．①闵…　②侯…　③郭…　Ⅲ．①活性炭－作用－咸水灌溉－棉田－土壤改良－研究　Ⅳ．①S562

中国版本图书馆CIP数据核字（2022）第055392号

中国农业出版社出版

地址：北京市朝阳区麦子店街18号楼

邮编：100125

责任编辑：魏兆猛　　文字编辑：姚　澜

版式设计：杨　婧　　责任校对：刘丽香

印刷：中农印务有限公司

版次：2022年1月第1版

印次：2022年1月北京第1次印刷

发行：新华书店北京发行所

开本：787mm×1092mm　1/16

印张：8.5　　插页：12

字数：185千字

定价：60.00元

内容简介

本书从生物炭对绿洲咸水滴灌棉田土壤物理化学及生物学性质的影响与调控研究出发，通过多年田间试验，系统、全面地介绍了土壤肥力与调控课题组自2015年以来开展的咸水滴灌的相关研究工作。本书共分十章，主要内容包括咸水滴灌对绿洲棉田土壤理化性质和棉花生长、土壤细菌和真菌多样性、土壤硝化和反硝化作用关键微生物的影响，生物炭对棉田土壤有机碳、氮及棉花产量的影响，生物炭对土壤碳氮转化及微生物代谢活性、土壤细菌群落组成、土壤微生物群落功能的影响，生物炭对咸水滴灌棉田土壤理化性质、土壤微生物特性和棉花生长及产量的影响。本书是新疆生产建设兵团中青年科技创新领军人才项目“咸水滴灌棉田土壤氨氧化微生物对硝化作用的贡献及机制”、国家重点研发计划项目子课题“新疆棉花氮肥绿色增产增效的综合调控途径”、国家自然科学基金项目“咸水滴灌棉田土壤氨氧化微生物参与硝化作用的机理”和石河子大学青年创新人才培育项目“咸水滴灌对棉田土壤离子组特征和微生物的影响”等的研究成果。通过多年的田间试验，希望能为咸水在绿洲棉田的合理利用、提升土壤肥力提供理论依据。本书是一本区域性的农业学科专著，可用作西北干旱地区农林院校相关专业的教材，也可作为科研人员和技术人员的参考书。

编　委　会

主　　编　闵　伟（石河子大学农学院）
侯振安（石河子大学农学院）
郭慧娟（石河子大学农学院）

副 主 编　郭晓雯（石河子大学农学院）
杜思垚（石河子大学农学院）

参编人员　王　晶（中国科学院遗传与发育生物学研究所农业资源研究中心）
周永学（石河子大学农学院）
郭家鑫（石河子大学农学院）
胡治强（巴州极飞农业航空科技有限公司）
龙泽华（石河子大学农学院）

前　言

淡水资源不足是全世界面临的问题，对农业生产和生态环境造成了严重威胁，尤其是干旱半干旱地区。全球范围内约70%的淡水用于农业灌溉，然而随着工业的迅速发展和人口的增长，分配给农业的淡水资源日益减少，淡水资源短缺成为限制农业可持续发展的突出问题。同时，干旱半干旱地区地表水和地下水普遍存在水质盐化趋势。世界各国为了解决淡水资源供需矛盾，已经把地下水、灌区回归水、劣质水的开发利用作为弥补淡水资源短缺的重要途径。许多地区为了保障农业生产，常常被迫利用咸水进行灌溉。因此，在淡水资源不足和增加农业产出要求的双重压力下，干旱地区应用咸水进行农田灌溉已经成为必然。

新疆属于典型干旱区，农业用水主要依赖于日益减少的地表水和储量丰富但具有一定含盐量的浅层地下水。干旱区石灰性土壤母质普遍含盐，在节水滴灌条件下，盐分不能完全淋洗出土体，长期应用咸水灌溉势必造成土壤盐分累积、土壤理化性状恶化、土壤盐渍化风险增加。盐分会对土壤物理和化学性质、土壤微生物活动以及作物生长产生不利影响。研究表明，土壤盐分含量的增加会导致土壤溶液的渗透压上升，土体通气性、透水性降低，养分有效性变差。

土壤微生物在土壤养分循环、有机质周转以及维持植物生产力等方面起着关键作用。因此，土壤微生物群落对环境胁迫的响应已成为当前的研究热点。盐分胁迫不仅会导致敏感微生物死亡，存活微生物的活性也会降低，极大地影响了微生物多样性、群落结构及其动态。土壤养分的有效性受根际土壤微生物活性的调控，任何影响土壤微生物群落和功能的因素都会影响土壤养分有效性和植物生长。咸水灌溉给土壤带来大量盐分，而土壤盐分过量会对作物造成渗透胁迫、离子毒害和氧化危害，会抑制微生物活性甚至导致死亡，阻碍作物正常的水分和养分吸收，改变作物营养及光合产物分配，破坏作物体内环境的动态平衡，从而影响作物的生长及水氮利用效率。有研究发现，不同矿化度的微咸水对棉花单铃重影响不大，主要影响单株结铃数，进而导致棉花产量下降。因此，应高度关注咸水灌溉对干旱区农田土壤理化性质、微生物群落结构及其活性、养分循环等土壤质量产生的负面效应。

新疆干旱区水土资源矛盾十分突出，主要表现在农田土壤基础地力水平低、水分缺乏以及盐渍化等方面。尤其是土壤有机质含量低所导致的土壤肥力低对新疆干旱区农业生产的限制愈加显著。因此，研究干旱区盐渍土壤改良已成为新形势下进一步提高耕地生产力的迫切需求。国内外学者对盐碱土壤改良的研究也在逐步深入。有机物料是改良盐碱土壤的一种重要的自然资源，包括农作物秸秆、腐殖酸、畜禽粪便等。利用有机物料对盐碱地进行改良，不但将农业固体废弃物资源化，而且能增加土壤养分和有机质含量、降低土壤容重、减少表层盐分的积累、防止返盐现象、提高作物产量。秸秆还田是提高土壤有机碳、提升土壤肥力的最有效和直接措施。新疆干旱区农田面积广袤、秸秆资源充足，在我国农业生产中占据重要位置，是国家“十二五”规划中推进新一轮西部大开发的重要农业产区。秸秆还田分为直接还田和炭化还田。秸秆直接还田不但能提升土壤有机质含量，还可以在矿化后提供作物所需要的养分。土壤有机碳还可以促进有机无机复合胶体与稳定性土壤团聚体的形成，从而调控土壤的通气与透水能力，提高土壤的保水、保肥性能。秸秆本身具有较大的比表面积和吸附力，通过吸附土壤盐分、增加碳氮比可以有效实现控盐目标。炭化还田指将秸秆热解处理转化为生物炭，其具有多孔结构，比表面积大，用作土壤调理剂，可降低土壤容重、改善土壤结构与孔性、提高土壤通透性，增加土壤有机质含量、保留土壤养分，为土壤微生物繁殖和生长提供良好的环境，从而改良土壤，提高肥力，促进作物增产和品质的提升，实现改善盐渍化土壤的目的。土壤有机碳是土壤微生物的碳源和能源，其在土壤中的一系列转化是由微生物主导的生物化学过程；而有机碳的储量与组分会影响土壤微生物的分布与活性，进而影响土壤中养分的转化、生物有效性及其循环。微生物群落多样性与土壤生态系统的结构、功能密切相关，在维持土壤肥力和土壤生态平衡中发挥着重要作用。因此，本研究成果对于揭示干旱区咸水滴灌农田土壤改良及培育机制，创新农田土壤地力培育理论具有重要意义，为干旱区农田土壤肥力的改良与定向调控提供实践指导，对提高作物产量与品质、助力盐渍土的可持续利用具有重要理论与实践意义。

本书从生物炭施用对绿洲咸水滴灌棉田土壤改良效应研究出发，通过多年的田间试验，探讨了咸水灌溉对土壤氮素转化关键微生物的影响，揭示生物炭施用对长期咸水滴灌棉田土壤肥力、细菌和真菌多样性的影响机制。初稿完成后，我们组织有关人员进行讨论，并对书稿进行多次修改，但由于我们的研究工作做得还不够深入，业务水平和知识能力有限，本书难免存在疏漏和不足之处，恳请各位同行专家和读者批评指正。

最后，感谢新疆生产建设兵团中青年科技创新领军人才项目（2020CB020）、国家重点研发计划项目子课题（2017YFD0200100）、国家自然科学基金项目（41661055）和石河子大学青年创新人才培育计划项目（CXRC201706）对本研究工作的资助。

编　者

2021 年 4 月

目　录

第一章 咸水滴灌对灰漠土理化性质及棉花生长的影响

淡水资源匮乏严重制约干旱区农业可持续发展，干旱区灌溉水质盐化的现象也普遍存在，合理利用干旱区咸水资源进行农业灌溉是解决干旱区淡水资源匮乏的重要举措。新疆地处干旱区，年蒸发量远大于降水量，土壤中的盐分很难被淋洗下去，地下水的矿化度高，大多地下水已经达到微咸水的标准（陈栋栋等，2017）。在淡水资源不足和增加农业产出要求的双重压力下，为维持作物产量，确保农业生产正常进行，应用咸水、微咸水灌溉已成为必然趋势。

咸水灌溉具有两面性，即咸水灌溉可以为作物生长发育提供所需水分，维持作物生长，但同时也将大量盐分带入土壤，增加土壤盐渍化的风险，进而影响土壤理化性质和作物产量（庞桂斌等，2016；Yang et al.，2020）。盐胁迫是严重影响农作物生长、导致产量降低的主要环境胁迫因子。有研究发现，咸水灌溉会导致土壤理化性质日益恶化，造成土壤积盐、土壤容重增加、土壤入渗率降低和土壤离子组成改变（王海霞等，2017）。土壤盐渍化还会降低土壤水势，使植物根系吸水困难形成渗透胁迫，导致离子毒害并诱发氧化胁迫等。也有研究发现，土壤水分的蒸散损失在咸水灌溉下显著降低，从而使土壤含水量增加（霍海霞等，2015）。土壤水分胁迫是农作物生长受阻的主要原因，土壤盐分增加使土壤溶液的浓度升高、土壤水势降低，导致植物根系的水分吸收减少。当土壤水势低于植物根系水势时，就会造成根系失水，破坏植物的水分平衡。因此，研究咸水灌溉下土壤理化性质及水分特征就显得尤为重要。国内外对咸水资源利用等方面已有诸多报道，主要包括灌溉方式和技术（Chen et al.，2018）、水盐运移及分布规律（Zhang et al.，2018）、棉花生长（郑春莲等，2020）等方面，但目前关于咸水灌溉对土壤水分特征和作物水分生理的研究还不全面。

棉花有较强的耐盐碱能力，通常被作为盐碱地改良的先锋作物。新疆是我国最重要的植棉区，新疆干旱区淡水资源短缺，但是地表和地下咸水资源相对丰富。长期咸水灌溉会导致土壤盐分增加、土壤特性发生改变，影响棉花根系对水分和养分的吸收，最终影响棉花生长、降低产量。本章通过分析长期（11 年）咸水灌溉对棉田土壤理化性质、水分特征、棉花生长和生理的影响，阐明长期咸水灌溉降低棉花产量的内在机理，以丰富人们对棉花适应盐胁迫机理的了解，为干旱区农业的可持续发展和咸水资源的合理利用提供一定的科学依据。

第一节　咸水滴灌对土壤理化性质的影响

试验在石河子大学农学院试验站（44°18′ N，86°02′E）进行，该地区属于典型温带干旱大陆性季风气候，水资源匮乏，年平均降水量为 180～270mm，年平均蒸发量为 1 000～1 500mm。土壤类型为灌耕灰漠土。2009 年土壤基本理化性质如下：土壤盐度（土水比1∶5 浸出液电导率，EC）为 0.13dS·m^{-1}，全氮 1.1g·kg^{-1}，有机质 16.8g·kg^{-1}，pH（土水比 1∶2.5 浸出液）7.9，有效磷 25.9mg·kg^{-1}，速效钾 253mg·kg^{-1}。供试作物为棉花，品种为新陆早 52 号。

本试验开始前已在试验区连续开展了 10 年（2009—2018 年）的不同灌溉水盐度田间滴灌试验。10 年试验中灌溉水盐度均设 3 个水平，分别为 0.35dS·m^{-1}、4.61dS·m^{-1} 和 8.04dS·m^{-1}（代表淡水、微咸水和咸水 3 种灌溉水质，分别用 FW、BW 和 SW 表示），其中淡水来源于当地深层地下水，咸水和微咸水通过在淡水中加入 NaCl 和 $CaCl_2$（质量比 1∶1）混合盐获得。采用完全随机区组试验设计，试验中每个处理重复 3 次，合计 9 个试验小区，每个试验小区面积 25m^2。

棉花通常在 4 月中旬种植，9 月中下旬收获。棉花种植采用覆膜栽培，一膜三管六行，行距配置为（60+10）cm，播种密度 22.2 万株·hm^{-2}。采用干播湿出法种植棉花，于 2019 年 4 月 25 日播种，播种后每个处理滴出苗水 30mm，保证棉花正常出苗。整个棉花生长期间共灌水 9 次，于 6 月中旬开始至 8 月下旬结束，灌水周期 7～10d，灌溉定额 450mm。各施肥处理氮、磷、钾肥用量一致，其中磷肥和钾肥全部作基肥，磷肥施用量为 P_2O_5 105kg·hm^{-2}，钾肥施用量为 K_2O 60kg·hm^{-2}；氮肥（尿素 N≥46.4%）总施用量为 360kg·hm^{-2}，全部随水滴施，在棉花生长期间共施肥 6 次。其他田间管理措施参照当地大田生产。

长期咸水灌溉显著影响土壤理化性质（图 1-1）。与淡水（FW）处理相比，微咸水（BW）处理和咸水（SW）处理土壤容重、含水量、盐度显著增加［图 1-1（a）、图 1-1（g）、图 1-1（c）］，而孔隙度、饱和导水率、pH、有机质和全氮含量显著降低［图 1-1（b）、图 1-1（h）、图 1-1（d）、图 1-1（e）、图 1-1（f）］。土壤容重、含水量和电导率在 BW 处理和 SW 处理下，较 FW 处理分别增加 5.82%和 9.08%、14.61%和 36.57%、240%和 383%；BW 处理和 SW 处理孔隙度、饱和导水率、pH、有机质和全氮含量较 FW 处理分别降低 5.35%和 8.34%、45.00%和 60.00%、2.55%和 2.72%、3.48%和 8.54%、5.78%和 13.54%。土壤水分特征曲线也受灌溉水盐度的影响［图 1-1（i）］，土壤体积含水率为 0.18～0.52，随着土壤水吸力的增加，土壤体积含水率逐渐降低，在土壤水吸力小于 1 000cm时，各处理间差异不显著，但随着土壤吸力的增加，SW 处理的体积含水率高于 BW 处理和 FW 处理。

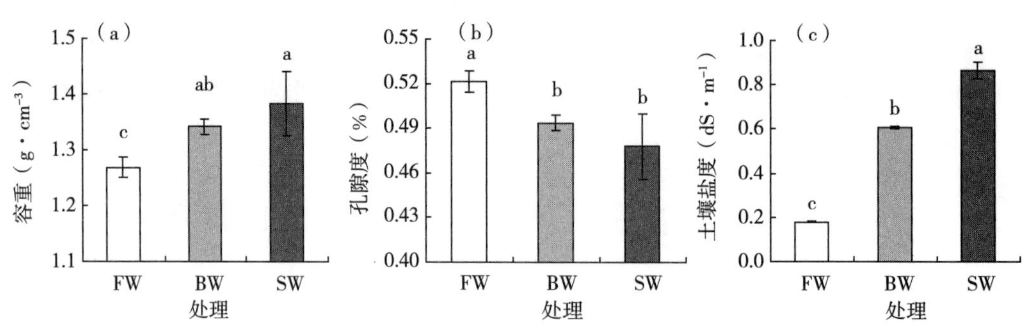

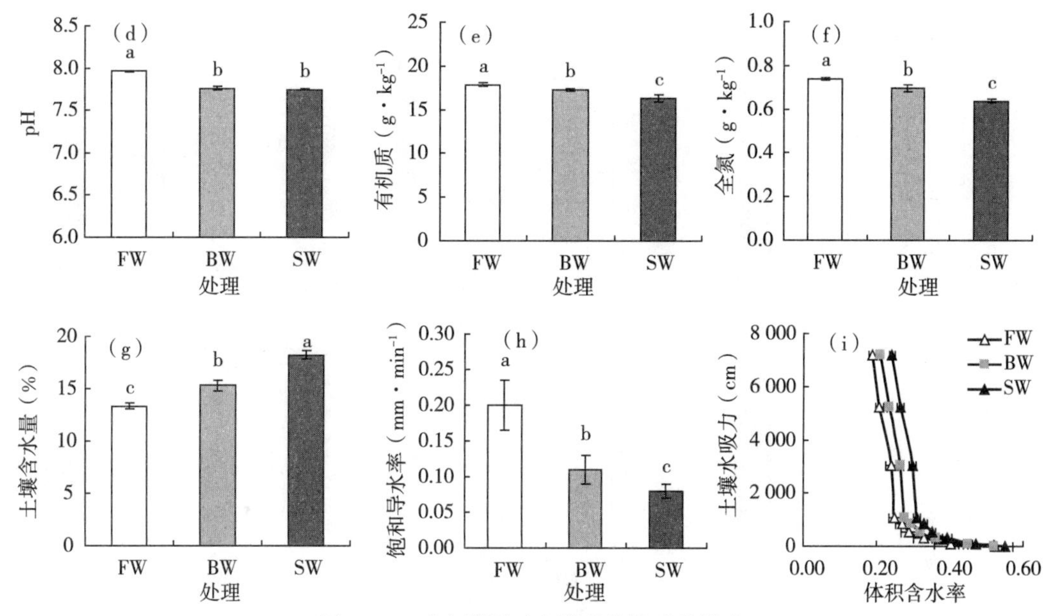

图1-1　咸水灌溉对土壤理化性质的影响

注：不同小写字母表示差异达显著水平（$P<0.05$）。下同

第二节　咸水滴灌对棉花生理的影响

一、咸水滴灌对棉花叶片抗逆指标的影响

长期咸水灌溉对棉花叶片相对电导率和丙二醛（MDA）含量的影响如图1-2（a）和图1-2（b）所示。与FW处理相比，BW处理和SW处理棉花叶片相对电导率分别增加19.03%和28.61%，MDA含量分别增加29.79%和206%。长期咸水灌溉也显著影响棉花叶片超氧化物歧化酶（SOD）活性、过氧化物酶（POD）活性、过氧化氢酶（CAT）活性和脯氨酸（PRO）含量［图1-2（c）、图1-2（d）、图1-2（e）和图1-2（f）］。BW处理和SW处理显著增加棉花叶片SOD活性、POD活性、CAT活性和PRO含量，但是SOD活性和CAT活性随灌溉水盐度的增加呈先增加后降低的趋势。与FW处理相比，BW处理和SW处理棉花叶片SOD活性分别增加218%和136%，POD活性分别增加18.77%和13.92%，CAT活性分别增加243%和113%，PRO含量分别增加69.52%和212%。

二、咸水滴灌对棉花叶片光合能力的影响

长期咸水灌溉显著降低棉花叶片的叶水势、气孔导度和叶面积（图1-3）。与FW处理相比，BW处理和SW处理叶水势［图1-3（a）］和气孔导度［图1-3（b）］分别降低43.34%和63.46%、11.21%和21.23%。BW处理和SW处理棉花叶面积在现蕾期［图1-3（c）］、初花期［图1-3（e）］、盛铃期［图1-3（d）］和吐絮期［图1-3（f）］分别较FW处理降低12.57%和28%、9.12%和23.58%、9.54%和18.05%、10.56%和22.11%。

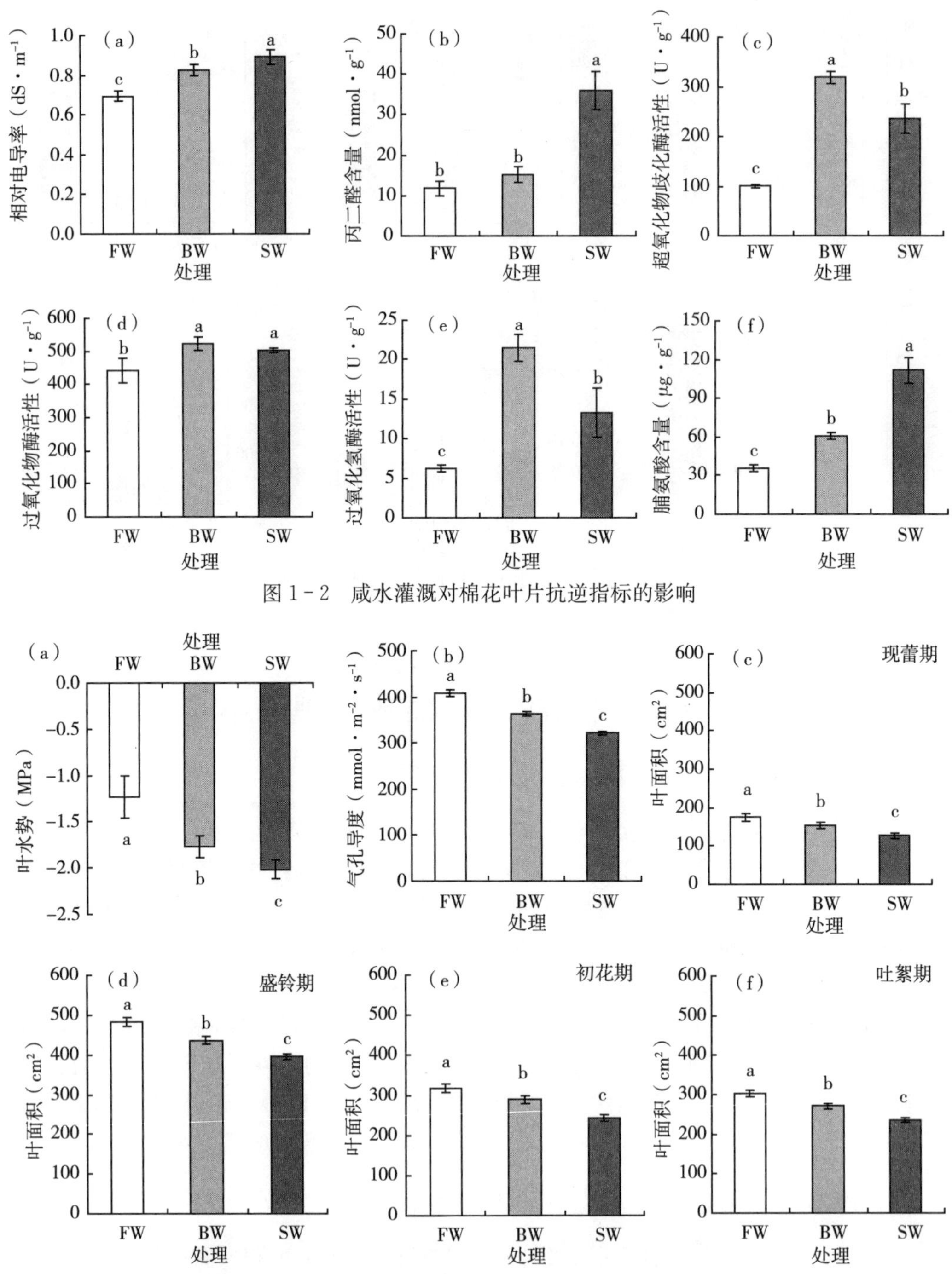

图 1-2　咸水灌溉对棉花叶片抗逆指标的影响

图 1-3　咸水灌溉对棉花叶水势、气孔导度、叶面积的影响

长期咸水灌溉影响棉花叶绿素含量和叶片 SPAD 值（图 1-4）。与 FW 处理相比，BW 处理和 SW 处理棉花叶片叶绿素 a［图 1-4（a）］、叶绿素 b［图 1-4（b）］和总叶绿素［图 1-4（c）］含量分别较 FW 处理低 9.23％和 16.88％、18.12％和 35.14％、12.13％和 22.82％。BW 处理和 SW 处理棉花叶片 SPAD 值分别较 FW 处理低 6.08％和

23.25% [图 1-4 (d)]。

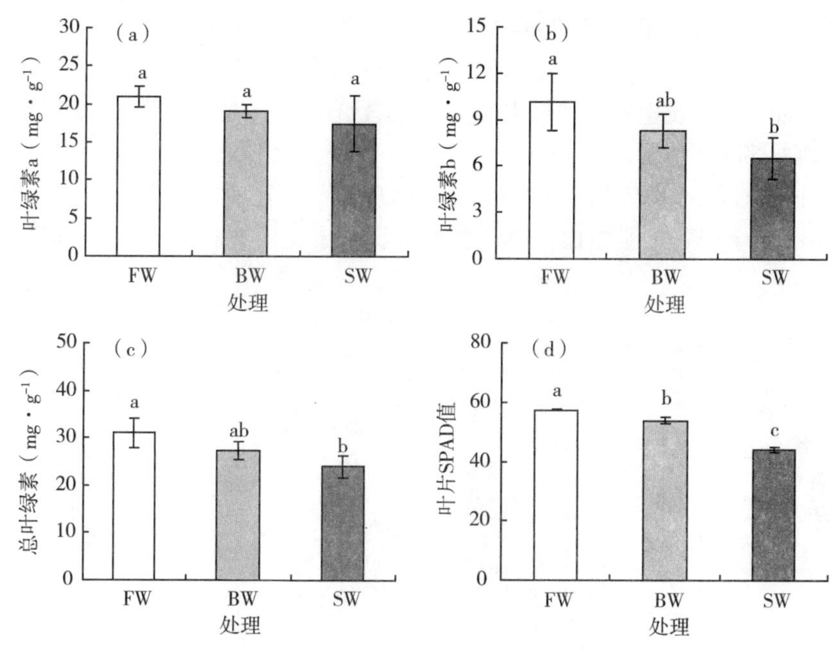

图 1-4　咸水灌溉对棉花叶片叶绿素含量和 SPAD 值的影响

三、咸水滴灌对棉花生物量和籽棉产量的影响

长期咸水灌溉影响棉花地上各部位干鲜重比（图 1-5）。与 FW 处理相比，BW 处理

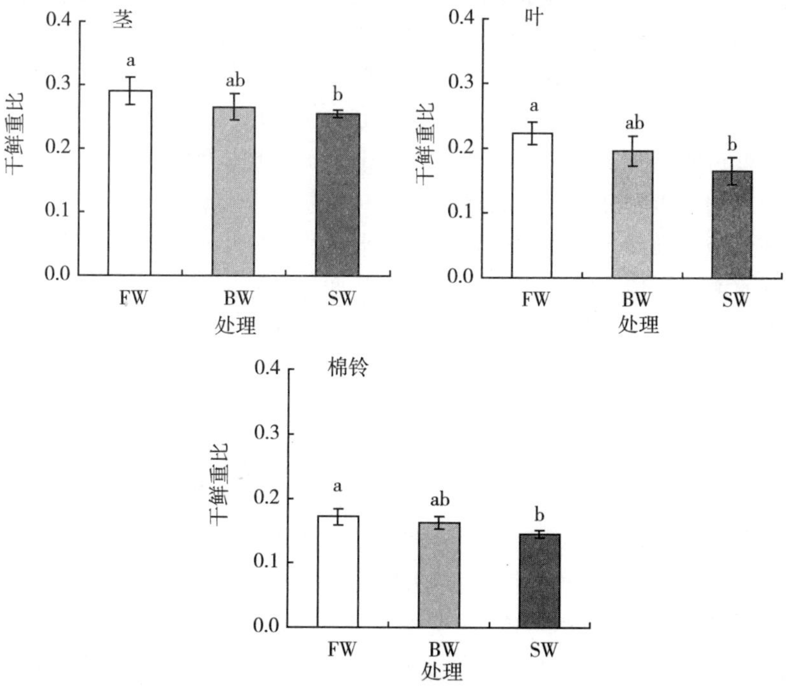

图 1-5　咸水灌溉对棉花各部位干鲜重比的影响

棉花地上各部位干鲜重比呈降低趋势，但差异不显著；但 SW 处理棉花地上各部位干鲜重比较 FW 处理显著降低。BW 处理和 SW 处理棉花茎、叶和棉铃的干鲜重比分别较 FW 处理降低 8.96%和 12.60%、12.07%和 25.85%、5.53%和 15.54%。

长期咸水灌溉对棉花生物量和籽棉产量的影响如图 1－6 所示。BW 处理和 SW 处理显著降低棉花地上部的生物量［图 1－6（a)］，与 FW 处理相比，BW 处理和 SW 处理棉花地上部生物量分别降低 14.15%和 32.88%。BW 处理和 SW 处理也显著降低了棉花籽棉产量［图 1－6（b)］，与 FW 处理相比，BW 处理和 SW 处理棉花籽棉产量分别降低 12.60%和 25.72%。

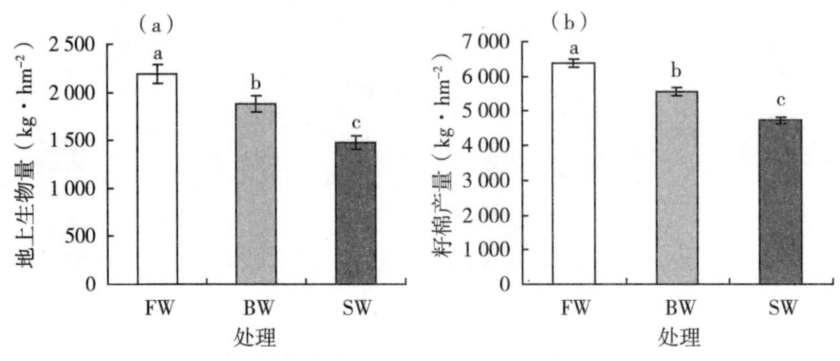

图 1－6　咸水灌溉对棉花生物量和籽棉产量的影响

本研究发现，与淡水灌溉相比，长期微咸水灌溉和咸水灌溉显著增加土壤容重，降低土壤孔隙度。冯棣等（2011）研究也发现，土壤容重随着土壤盐度增加而显著增加。季泉毅等（2014）研究发现，长期咸水灌溉会导致土壤容重越来越大，土壤孔隙度越来越小，原因可能是长期咸水灌溉导致盐分在土壤中积累，从而改变了土壤容重和孔隙度。此外，本研究还发现，长期微咸水灌溉和咸水灌溉降低土壤 pH、有机质和全氮含量，显著增加土壤盐度。相关研究也发现，咸水灌溉导致土壤盐度增加（Ahmed et al.，2012）。土壤有机质含量降低可能是土壤盐分过高抑制植物生长，植物生物量降低，在无外源有机质投入下，返回土壤的有机物减少，从而降低土壤有机质和全氮含量。

长期微咸水灌溉和咸水灌溉也会导致土壤水分特性发生改变。本研究发现，与淡水灌溉相比，微咸水灌溉和咸水灌溉土壤含水量显著增加，原因可能是盐分条件下的作物吸水受到抑制，而土壤盐度增加使作物蒸腾作用减弱也会导致土壤含水量增加。但是土壤饱和导水率随灌溉水盐度的增加而显著降低。季泉毅等（2014）研究也发现，土壤饱和导水率随着容重的增大而减小，原因可能是土壤容重的增大导致土壤孔隙度减小，土壤变得紧实，从而降低了土壤饱和导水率。土壤水分特征曲线是描述土壤体积含水率与土壤水吸力之间的关系的曲线，反映了土壤的持水力。本研究发现，随着土壤吸力的增加，土壤体积含水率逐渐降低，且咸水灌溉土壤体积含水率高于淡水灌溉，谭霄等（2014）的研究也发现相似结果，即土壤盐度的增加使土壤持水性能增加。

土壤理化性质和土壤水分特性的改变必然影响棉花的正常生长和发育。相对电导率（REC）反映植物细胞膜在逆境胁迫下的受损程度，REC 增加则细胞膜受损程度增大。丙二醛（MDA）含量的高低可反映逆境胁迫对植物造成氧化损害的程度。本研究发现，与淡水灌溉相比，长期微咸水灌溉和咸水灌溉导致棉花叶片 REC 和 MDA 含量显著增加。杨升等（2015）研究也表明，随着盐浓度的增加和盐胁迫时间的延长，植物叶片 REC 和 MDA 含量逐渐增加。因此，长期微咸水灌溉和咸水灌溉会导致叶片细胞氧化损害加剧，细胞膜受损程度加大，进而抑制棉花生长。植物利用自身酶促保护系统和非酶促保护系统清除活性氧，抵御氧化胁迫（Kubiś et al.，2014），其中酶促保护系统包括 SOD、CAT、POD 等。本研究中微咸水灌溉和咸水灌溉均能显著增加棉花叶片的 SOD 活性、POD 活性和 CAT 活性，但咸水灌溉的 SOD 活性、POD 活性和 CAT 活性低于微咸水灌溉。诸多研究表明，在轻度盐胁迫下，膜脂过氧化产物的含量增加，植物上调体内 SOD、POD 和 CAT 等抗氧化酶活性，增强清除活性氧自由基的能力，但过高的盐胁迫会导致 POD 和 CAT 的活性降低（Lee et al.，2013）。在盐胁迫等逆境条件下，植物也会积累有机渗透调节物质（如脯氨酸等）以提高耐盐性，抵御盐胁迫。本研究还发现，在长期微咸水灌溉和咸水灌溉处理下，棉花叶片脯氨酸含量均显著高于淡水灌溉处理。这表明在盐胁迫条件下，棉花通过合成渗透调节物质（脯氨酸等）启动自我保护机制，这与刘婷姗（2015）的研究结论相同，即随着灌溉水矿化度的增大，脯氨酸含量也明显增大。

盐胁迫会抑制植物的光合能力，其降低程度与盐分胁迫程度呈正相关。叶水势、叶面积、气孔导度、叶绿素含量与叶片 SPAD 值是反映植物光合能力的重要指标，本研究中咸水灌溉处理的叶水势、气孔导度和叶面积均显著低于淡水灌溉处理。棉花叶片叶绿素含量在长期咸水灌溉下较淡水灌溉显著降低，其原因可能是长期咸水灌溉的土壤中积累了大量的 Na^{+} 和 Cl^{-}，使棉花吸收了大量的 Na^{+} 和 Cl^{-} 从而抑制了叶片对 K^{+}、Ca^{2+} 和 Mg^{2+} 的吸收，导致棉花离子吸收失衡，致使棉花叶绿素降解加快，从而叶绿素含量降低。Bavei 等（2011）研究也发现，随盐分浓度的增加叶绿素含量显著降低。

盐胁迫会导致土壤渗透压升高，植物吸水困难，严重时会使植物体内水分外渗，导致缺水并产生渗透胁迫，影响植物对养分的吸收，抑制作物生长。有研究发现，土壤盐分过高会抑制作物生长，降低产量（Dong et al.，2015）。植物干鲜重比可以反映生物代谢的强弱。在本研究中，咸水灌溉的棉花各器官干鲜重比均低于淡水灌溉，表明微咸水灌溉和咸水灌溉下棉花的代谢能力降低，这与饶晓娟等（2017）的研究结果相似。在盐分胁迫下，植物细胞氧化损害加剧，细胞膜受损程度加大，光合作用受阻，必然导致作物生物量和产量的降低。本研究发现，长期微咸水灌溉和咸水灌溉均导致棉花总生物量和籽棉产量显著降低，这与宋有玺等（2016）和谭帅等（2018）研究结果相似。过高浓度的盐分胁迫势必会影响作物代谢和生长发育（Saleh et al.，2012）。郑春莲等（2020）通过 10 年的咸水灌溉试验发现，使用矿化度低于 $4g \cdot L^{-1}$ 的咸水灌溉不会对棉花产量产生明显的不利影响，高于此值时会导致棉花产量下降。因此，干旱区棉花种植过程中利用微咸水和咸水进行长期灌溉的需考虑灌溉水的含盐量。在地下水含盐量较高的地区，最好与淡水配合进行灌溉或者采取咸、淡水轮灌的方式，使土壤盐分保持在一定水平。此外，由于长期微咸水灌溉和咸水灌溉会降低土壤有机质和全氮等养分含量，在利用咸水灌溉时最好补施有机肥或进行秸秆还田以培肥地力。

综上，干旱区淡水资源短缺，为维持作物生长，咸水用于农业灌溉对于缓解干旱区淡水资源短缺有着重要的现实意义。但微咸水灌溉和咸水灌溉也会将大量盐分带入土壤，加剧土壤盐害。长期咸水灌溉增加土壤容重，导致土壤孔隙度下降，进而降低土壤饱和导水率。同时，咸水灌溉可增加土壤含水量，但是土壤水分的有效性降低，导致棉花吸水困难，降低棉花各器官干鲜重比。咸水灌溉给土壤带来大量的盐分，在盐胁迫下，叶片细胞氧化损害加剧，细胞膜受损程度加大。抗氧化酶在一定程度上可抵御盐胁迫带来的危害，但是随着灌溉水盐度的增加，抗氧化酶活性降低。土壤有机质和全氮含量在咸水灌溉条件下呈下降趋势，叶面积、叶绿素含量和叶片气孔导度均呈降低趋势。土壤水分含量的有效性降低、土壤养分含量的下降及光合作用的减弱均影响棉花正常生长发育，最终导致棉花生物量和籽棉产量的降低。

主要参考文献

陈栋栋，赵军，2017. 我国西北干旱区湖泊变化时空特征［J］. 遥感技术与应用，32（6）：1114－1125.

冯棣，曹彩云，郑春莲，等，2011. 盐分胁迫时量组合与棉花生长性状的相关研究［J］. 中国棉花，38（8）：24－26.

霍海霞，张建国，2015. 咸水灌溉下土壤盐分运移研究进展与展望［J］. 节水灌溉（4）：41－45.

季泉毅，冯绍元，袁成福，等，2014. 石羊河流域咸水灌溉对土壤物理性质的影响［J］. 排灌机械工程学报，32（9）：802－807.

刘婷姗，2015. 微咸水营养液沙培西瓜水盐运移规律研究［D］. 银川：宁夏大学.

庞桂斌，张立志，王通，等，2016. 微咸水灌溉作物生理生态响应与调节机制研究进展［J］. 济南大学学报（自然科学版），30（4）：250－255.

饶晓娟，2017. 增氧对新疆膜下滴灌棉田土壤肥力及棉花生长的影响［D］. 乌鲁木齐：新疆农业大学.

宋有玺，安进强，何岸镕，等，2016. 微咸水膜下滴灌对棉花生长发育及其产量的影响研究［J］. 水土保持研究，23（1）：128－132.

谭霄，伍靖伟，李大成，等，2014. 盐分对土壤水分特征曲线的影响［J］. 灌溉排水学报，33（Z1）：228－232.

谭帅，2018. 微咸水膜下滴灌土壤盐调控与棉花生长特征研究［D］. 西安：西安理工大学.

王海霞，徐征和，庞桂斌，等，2017. 微咸水灌溉对土壤水盐分布及冬小麦生长的影响［J］. 水土保持学报，31（3）：291－297.

杨升，张华新，陈秋夏，等，2015. NaCl 胁迫下不同种源沙枣的生理特性［J］. 核农学报，29（11）：2215－2223.

郑春莲，冯棣，李科江，等，2020. 咸水沟灌对土壤水盐变化与棉花生长及产量的影响［J］. 农业工程学报，36（13）：92－101.

Ahmed C B，Magdich S，Rouina B B，et al.，2012. Saline water irrigation effects on soil salinity distribution and some physiological responses of field grown Chemlali olive［J］. Journal of Environmental Management，113：538－544.

Bavei V，Shiran B，Khodambashi M，et al.，2011. Protein electrophoretic profiles and physiochemical indicators of salinity tolerance in sorghum（*Sorghum bicolor* L.）［J］. African Journal of Biotechnology，10（14）：2683－2697.

Chen W L，Jin M J，FerréTy P A，et al.，2018. Spatial distribution of soil moisture，soil salinity，and root density beneath a cotton field under mulched drip irrigation with brackish and fresh water［J］. Field Crops Research，215：207－221.

Dong C，Shao L，Fu Y，et al.，2015. Evaluation of wheat growth，morphological characteristics，biomass yield and quality in Lunar Palace-1, plant factory, green house and field systems [J]. Acta astronautica, 111: 102-109.

Kubiś J, Floryszak-Wieczorek J, Arasimowicz-Jelonek M, 2014. Polyamines induce adaptive responses in water deficit stressed cucumber roots [J]. Journal of plant research, 127: 151-158.

Lee M H, Cho E J, Wi S G, et al., 2013. Divergences in morphological changes and antioxidant responses in salt-tolerant and salt-sensitive rice seedlings after salt stress [J]. Plant physiology and biochemistry, 70: 325-335.

Saleh B, 2012. Effect of salt stress on growth and chlorophyll content of some cultivated cotton varieties grown in Syria [J]. Communications in Soil Science and Plant Analysis, 43: 1976-1983.

Yang G, Li F D, Tian L J, et al., 2020. Soil physicochemical properties and cotton (*Gossypium hirsutum* L.) yield under brackish water mulched drip irrigation [J]. Soil & Tillage Research, 199: 104592-1-10.

Zhang J P, Li K J, Zheng C L, et al., 2018. Cotton responses to saline water irrigation in the low plain around the Bohai Sea in China [J]. Journal of Irrigation and Drainage Engineering, 114 (9): 04018027-1-9.

第二章 咸水滴灌对棉田土壤细菌和真菌群落结构的影响

我国淡水资源匮乏，在干旱地区，蒸发量远大于降水量，农业用水资源严重短缺（刘雪艳等，2020）。而部分地区有较为丰富的咸水资源，可以作为灌溉的补充水源，缓解农业用水短缺的现象，实现农业的可持续发展。但微咸水和咸水灌溉会使土壤理化性质和土壤细菌、真菌活性改变，对作物的生长和产量产生影响。微咸水和咸水灌溉可以为作物提供所需要的水分，但会将大量盐分离子带入土壤。当灌溉水矿化度较高时，土壤盐分积累过多，会增加盐害和土壤盐渍化的风险，改变土壤的理化性质，使土壤孔隙减少、结构变差、土壤肥力降低，不利于作物生长，农业生产力减弱。同时，微咸水和咸水灌溉也会影响细菌和真菌群落的组成、数量、分布及其活性（马丽娟等，2019）。

土壤中的细菌和真菌是土壤生态系统的重要组成部分，细菌和真菌群落多样性是衡量土壤质量的指标。细菌和真菌对改善土壤环境和促进物质与能量的循环有重要作用，包括有机质分解、团聚体形成等，通过改善土壤环境来提高作物的产量（田平雅等，2020）。微咸水灌溉农田会对土壤中的一些细菌和真菌产生刺激效应，使其数量和多样性增加，而盐度过高的咸水灌溉农田会使土壤细菌和真菌的活性降低、群落数量和多样性减少。目前，对微咸水和咸水灌溉农田的研究大多是水盐运移规律以及与作物产量间的关系，而长期咸水灌溉条件对土壤细菌和真菌群落结构多样性的研究较少。本章通过分析不同灌溉水盐度对棉田土壤细菌和真菌群落结构多样性的影响，阐明灌溉水盐度与细菌、真菌群落相对丰度和结构的关系，为干旱区合理利用咸水资源和提高农业生产力提供科学依据。

第一节　灌溉水盐度对土壤细菌和真菌群落 α-多样性的影响

本章处理同第一章。称取 0.25g 保存于－80℃冰箱中的土壤样品，使用 DNA 提取试剂盒（MP Biomedicals，Santa Ana，CA，USA）提取土壤细菌和真菌总 DNA，用 NanoDrop 2000 紫外可见分光光度计（Thermo Fisher Scientific，Waltham，MA，USA）测定 DNA 的浓度和纯度，DNA 质量用 0.8%琼脂糖凝胶电泳法测定，提取的 DNA 保存在－20℃冰箱中。

细菌主要是基于 16S 区进行高通量 PCR 扩增和基因序列分析。利用 PCR 热循环系统（GeneAmp 9700，ABI，USA）扩增细菌 16S rRNA 基因的 V3－V4 区，加入与待扩增的 DNA 片段两端已知序列互补的引物 341F（5′－CCTACGGGNGGCWGCAG－3′）和 805R（5′－GACTACHVGGGTATCTAATCC－3′）。在制备模板的 PCR 反应体系中进行三次

PCR 反应。采用以下循环过程进行 PCR 反应：初始变性在 98℃进行 2min；变性过程为 98℃进行 15s，共 25 个周期，55℃退火 30s，72℃延伸 30s；在 72℃下最终延伸 5min。

真菌主要是基于 ITS 区分析真菌群落的分类学组成，选择 18S rRNA 基因的整个区域进行扩增，并对 PCR 产物进行高通量测序。用 ITS5 - 1737F（5′- GGAAGTAAAAGTCGTAACAAGG - 3′）和 ITS2 - 2043R（5′- GCTGCGTTCTTCATCGATGC - 3′）对真菌内部转录间隔区（ITS）进行 PCR 扩增。在制备模板的 PCR 反应体系中进行三次 PCR 反应。采用以下过程进行 PCR 反应：初始变性在 95℃温度下进行 30s，热拉伸在 95℃下进行 30s，并在 75℃下进行 30min 的最终延伸。

一、灌溉水盐度对土壤细菌、真菌群落丰富度和多样性指数的影响

三种灌溉水盐度下，所有的土壤样品中的细菌和真菌覆盖度均高于 99%，说明所测序列能够较好地反映土壤细菌和真菌群落的种类和结构（表 2 - 1、表 2 - 2）。BW 处理和 SW 处理细菌群落的操作分类单元（OTUs）数量显著高于 FW 处理，BW 处理增加了 5.88%，SW 处理增加了 3.23%。BW 处理和 SW 处理的细菌群落 ACE 指数和 Chao1 指数显著高于 FW 处理，BW 处理分别增加了 4.92%、4.57%，SW 处理分别增加了 3.74%、4.01%，但 SW 处理 Shannon 指数显著低于 FW 处理，降低了 0.60%。

SW 处理真菌群落 OTUs 数量显著低于 FW 处理，降低了 4.23%，ACE 指数、Chao1 指数也显著低于 FW 处理，降低了 4.56%、5.39%，但是 SW 处理的 Simpson 指数显著高于 FW 处理，增加了 31.37%。

表 2 - 1　不同处理的土壤细菌群落丰富度和多样性指数

处理	序列数	操作分类单元	覆盖度（%）	指数			
				ACE	Chao1	Simpson	Shannon
FW	80 088a	1 889c	99.55ab	1 952b	1 968b	0.002 8a	6.64b
BW	80 053a	2 000a	99.62a	2 048a	2 058a	0.002 8a	6.69a
SW	80 181a	1 950b	99.51b	2 025a	2 047a	0.003 0a	6.60c

注：同一列标注不同小写字母表示处理间差异显著（$P<0.05$）。下同

表 2 - 2　不同处理的土壤真菌群落丰富度和多样性指数

处理	序列数	操作分类单元	覆盖度（%）	指数			
				ACE	Chao1	Simpson	Shannon
FW	63 910a	426a	99.95a	439a	445a	0.052 6c	3.86a
BW	63 007a	435a	99.95a	447a	448a	0.062 7b	3.83a
SW	63 568a	408b	99.95a	419b	421b	0.069 1a	3.68a

二、灌溉水盐度对土壤细菌、真菌群落稀释性曲线的影响

各处理样品覆盖度均在 97%以上，细菌［彩图 2 - 1（a）］和真菌［彩图 2 - 1（b）］的 3 个样品稀释性曲线趋于平稳，说明测序趋于饱和，能反映样品的真实情况。试验分析了细菌和真菌在属水平的 OTUs 数，从稀释性曲线中可知，细菌和真菌的 SW 处理土壤样品物种丰富度最高，FW 处理土壤样品物种丰富度最低，但序列数在 20 000～25 000

时，真菌BW处理的物种丰富度高于SW处理。

三、灌溉水盐度对土壤细菌、真菌群落物种的影响

Venn图反映了不同样品之间OTUs数目相似性及重叠情况。FW处理、BW处理和SW处理的土壤样品细菌OTUs数为1 992个、2 085个和2 091个，三个处理共有OTUs（1 913个）分别占相应样品总OTUs的96.03%、91.75%和91.49%；三个处理各自特有的OTUs数量分别为13个、2个和62个，其分别占相应样品总OTUs的0.65%、0.10%和2.97%［彩图2-2（a）］。FW处理、BW处理和SW处理的土壤样品真菌的OTUs数为469个、479个和468个，三个处理共有OTUs（417个）分别占相应样品总OTUs的88.91%、87.06%和89.10%；三个处理各自特有的OTUs数量分别为9个、5个和9个，其分别占相应样品总OTUs的1.92%、1.04%和1.92%［彩图2-2（b）］。由此可见，微咸水和咸水灌溉增加了细菌物种的数量，与淡水灌溉相比，微咸水和咸水灌溉处理的土壤细菌组成相似性更高；但对土壤真菌物种数量来说，微咸水灌溉增加了土壤真菌物种的数量，微咸水与淡水灌溉处理的土壤真菌组成相似性更高。说明不同灌溉水盐度处理土壤的细菌和真菌群落多样性发生了明显改变。

第二节　灌溉水盐度对土壤细菌和真菌群落β-多样性的影响

为比较不同处理土壤细菌和真菌群落结构的差异，在属水平对其进行主成分分析（PCA）。细菌PCA分析见彩图2-3（a），PC1（57.12%）和PC2（28.62%）的累计贡献率为85.74%，FW、BW、SW三个处理散点位置距离较远，说明三个处理的土壤细菌群落存在差异。真菌PCA分析见彩图2-3（b），PC1（43.26%）和PC2（30.47%）的累计贡献率为73.73%，FW、BW、SW三个处理散点分布较广，说明三个处理的土壤真菌群落既存在差异也存在相似性。结果表明，土壤细菌和真菌群落对淡水、微咸水和咸水灌溉具有选择性和适应性。

第三节　灌溉水盐度对细菌和真菌群落门、属水平的影响

一、灌溉水盐度对细菌和真菌门水平的影响

灌溉水盐度对细菌和真菌门水平相对丰度的影响见彩图2-4。由彩图2-4（a）可知，细菌群落的优势菌门为变形菌门（Proteobacteria）、酸杆菌门（Acidobacteria）、芽单胞菌门（Gemmatimonadetes）和放线菌门（Actinobacteria），其相对丰度分别为28.41%～30.44%、16.66%～22.15%、13.05%～17.75%和10.83%～15.71%。与淡水灌溉相比，微咸水和咸水灌溉显著降低了细菌变形菌门和酸杆菌门的相对丰度，微咸水灌溉分别降低4.66%和18.56%，咸水灌溉分别降低6.67%和24.79%；但微咸水和咸水灌溉显著增加了芽单胞菌门和放线菌门的相对丰度，微咸水灌溉分别增加了13.10%、45.06%，

咸水灌溉分别增加了 36.02%、22.35%。

由彩图 2-4（b）可知，真菌群落的优势菌门为子囊菌门（Ascomycota）、被孢霉门（Mortierellomycota）、担子菌门（Basidiomycota）、壶菌门（Chytridiomycota）和球囊菌门（Glomeromycota），其相对丰度分别为 55.55%～63.72%、4.27%～12.66%、4.41%～9.27%、2.77%～9.22%和 1.61%～6.46%。与淡水灌溉相比，微咸水和咸水灌溉显著降低真菌被孢霉门的相对丰度，分别降低 47.04%和 66.32%，但显著增加担子菌门的相对丰度，分别增加 69.39%和 109.30%。

二、灌溉水盐度对细菌和真菌属水平的影响

灌溉水盐度对细菌和真菌属水平相对丰度的影响见彩图 2-5。由彩图 2-5（a）可知，细菌群落的优势菌属为 *bacterium*、RB41、鞘脂单胞菌属（*Sphingomonas*）、H16、*Haliangium*、硝化螺旋菌属（*Nitrospira*），其相对丰度分别为 58.13%～60.94%、4.27%～5.11%、2.51%～3.69%、1.50%～2.02%、1.00%～1.37%和 1.02%～1.88%。与淡水灌溉相比，微咸水和咸水灌溉显著降低 RB41、H16、*Haliangium*、硝化螺旋菌属、溶杆菌属（*Lysobacter*）、*Bryobacter*、酸杆菌属（*Acidobacterium*）的相对丰度，微咸水灌溉分别降低 14.29%、25.74%、27.00%、45.74%、42.75%、24.07%和 26.61%，咸水灌溉分别降低 16.44%、14.85%、16.79%、31.38%、36.23%、48.15%和 50.46%；但微咸水和咸水灌溉显著增加鞘脂单胞菌属、芽单胞菌属（*Gemmatimonas*）、*Gaiella*、*Ilumatobacter*、类诺卡氏菌属（*Nocardioides*）的相对丰度，微咸水灌溉分别增加 43.03%、66.67%、61.02%、36.73%、5.00%，咸水灌溉分别增加 47.01%、75.36%、30.51%、26.53%、20.00%。微咸水处理的土壤 *bacterium* 的相对丰度降低了 4.66%，但 *Pseudarthrobacter* 的相对丰度增加了 50%。

由彩图 2-5（b）可知，土壤真菌群落的优势菌属为毛壳菌属（*Chaetomium*）、被孢霉属（*Mortierella*）、弯孢菌属（*Curvularia*）、镰刀菌属（*Fusarium*）、曲霉菌属（*Aspergillus*），其相对丰度分别为 7.54%～14.74%、4.26%～12.64%、0.85%～5.38%、1.01%～1.71%和 0.67%～1.55%。与淡水灌溉相比，微咸水和咸水灌溉显著降低被孢霉属、粉褶菌属（*Entoloma*）的相对丰度，微咸水灌溉分别降低了 47.03%、80.65%，咸水灌溉分别降低了 66.27%、64.52%；但微咸水和咸水灌溉显著增加弯孢菌属和球腔菌属（*Mycosphaerella*）的相对丰度，微咸水灌溉分别增加 5.86%和 350.00%，咸水灌溉分别增加了 2.48%和 527.52%；微咸水灌溉显著增加油壶菌属（*Olpidium*）的相对丰度，增加了 71.43%；咸水灌溉 *Dominikia* 的相对丰度显著降低了 95.19%，*Vishniacozyma*、金孢属（*Chrysosporium*）的相对丰度分别显著增加了 33.07%和 80.00%。

第四节　灌溉水盐度对细菌和真菌群落差异性与相关性的影响

一、灌溉水盐度对土壤细菌和真菌群落差异种群的影响

使用 LEfSe（$LDA>4.0$，$P<0.05$）进行组间比较分析，得出不同灌溉水盐度下土

壤细菌和真菌群落显著差异种群（彩图 2-6）。通过 LEfSe 分析，细菌共有 7 个显著差异种群，其中 FW 处理 4 个、BW 处理 2 个、SW 处理 1 个，淡水灌溉处理下差异物种数量高于咸水灌溉处理，这表明随着盐度的增加，潜在的生物标志物种数量减少［彩图 2-6（a）］。FW 处理中的主要判别细菌类群是酸杆菌门，β-变形菌纲（Betaproteobacteria），亚硝化单胞菌科（Nitrosomonadaceae）；SW 处理的主要判别细菌类群是芽单胞菌门；BW 处理的主要判别细菌类群是放线菌门和嗜热油菌纲（Thermoleophilia）［彩图 2-6（b）］。

通过 LEfSe 分析，真菌共有 23 个显著差异种群，其中 FW 处理 6 个、BW 处理 12 个、SW 处理 5 个，微咸水灌溉处理下差异物种数量高于淡水灌溉和咸水灌溉处理，这表明微咸水灌溉显著增加了潜在的生物标志物数量，而咸水灌溉降低了潜在的生物标志物数量［彩图 2-6（c）］。FW 中的主要判别真菌类群是被孢霉目（Mortierellales），被孢霉科（Mortierellaceae），被孢霉属和根串珠霉属（*Thielaviopsis*）；BW 的主要判别真菌类群是木耳目（Auriculariales）、油壶菌目（Olpidiales）、格孢腔菌目（Pleosporales），油壶菌科（Olpidiaceae）、格孢腔菌科（Pleosporaceae），油壶菌属、弯孢菌属，座囊菌纲中的夏威夷弯孢菌种（*Curvularia _ hawaiiensis*）和油壶菌纲中的芸薹油壶菌种（*Olpidium _ brassicae*）；SW 处理的主要判别真菌类群是银耳目（Tremellales），Bulleribasidiaceae、*Vishniacozyma* 和银耳纲中的 *Vishniacozyma _ tephrensis*［彩图 2-6（d）］。

二、土壤细菌和真菌群落结构与环境因子间的关系

细菌和真菌群落结构与环境因子间的关系见彩图 2-7。细菌与环境因子的 RDA 分析结果显示［彩图 2-7（a）］，轴 1 和轴 2 共解释总变异的 95%。环境因子方面，土壤含水量（SWC）、容重、饱和电导率（ECe）与 pH、全氮（TN）、有机质（SOM）呈负相关关系。RB41、H16、*Haliangium*、硝化螺旋菌属、溶杆菌属、酸杆菌属、*Bryobacter* 与土壤 ECe、SWC、容重呈负相关，而与土壤 pH、SOM、TN 呈正相关。鞘脂单胞菌属、芽单胞菌属、*Gaiella*、*Ilumatobacter*、类诺卡氏菌属，与土壤 ECe、SWC、容重呈正相关，而与土壤 pH、SOM、TN 呈负相关。细菌群落结构与土壤 ECe（解释度 50%，$P=0.002$）、含水量（解释度 31.01%，$P=0.011$）和容重（解释度 37.04%，$P=0.002$）存在显著相关关系。真菌与环境因子的 RDA 分析结果显示［彩图 2-7（b）］，轴 1 和轴 2 共解释总变异的 68%。被孢霉属、曲霉菌属、粉褶菌属、*Spizellomyces*、*Tetracladium*、*Dominikia* 与土壤 ECe、SWC、容重呈负相关，而与土壤 pH、SOM、TN 呈正相关。毛壳菌属、弯孢菌属、*Vishniacozyma*、金孢属、球腔菌属与土壤 ECe、SWC、容重呈正相关，而与土壤 pH、SOM、TN 呈负相关。真菌群落结构仅与土壤含水量（解释度 24.99%，$P=0.011$）存在显著相关关系，与其他土壤理化性质无显著相关关系。

三、土壤细菌和真菌群落间的相关性分析

相关性网络图显示了不同处理条件下土壤细菌和真菌各物种之间的相互关系，网络图仅显示具有显著相关关系的物种联系。彩图 2-8 中不同颜色的圆圈代表物种，圆圈大小代表物种的相对丰度，线条代表两物种间具有相关性，线的粗细代表相关性的强弱程度，橙色连线代表正相关，绿色连线代表负相关。选取相对丰度排名前五十且比例高于 1%的

物种，通过 SparCC 进行相关性分析。不同处理条件下，细菌和真菌群落相关性网络图中物种间相关性程度及核心物种组成存在差异性。土壤细菌间的相关性网络图包含 70 个正相关关系、56 个负相关关系，主要包含 RB41、鞘脂单胞菌属、H16 等 15 种细菌核心物种［彩图 2-8 (a)］。土壤真菌间的相关性网络图包含 54 个正相关关系、50 个负相关关系，主要包含毛壳菌属、被孢霉属、弯孢菌属等 9 种真菌核心物种［彩图 2-8 (b)］。

本书第一章详细介绍了微咸水和咸水灌溉对土壤理化性质的影响。微咸水和咸水灌溉显著增加土壤盐分，这与 Pang 等（2010）研究结果相同；土壤含水量的增加可能是微咸水和咸水中含有较多的盐分，从而降低土壤蒸散量；土壤容重增加的原因可能是微咸水和咸水中含有较多的 Na^+，使土粒分散，孔隙度减小，渗透性变差，土壤板结，从而增加了单位体积土壤质量；长期微咸水和咸水灌溉降低了土壤的 pH，可能是灌溉水中可溶性盐离子代换出土壤表面 H^+ 的数量大于 OH^- 的数量，也可能是灌溉水中 SO_4^{2-} 等酸性离子存在降低了土壤 pH；土壤有机质含量降低的原因是微咸水和咸水不利于作物生长，降低作物的生物量，土壤输入的有机质减少，导致土壤有机质含量降低。咸水和微咸水灌溉改变土壤理化性质，导致土壤结构恶化，必然影响土壤细菌和真菌群落多样性。

土壤盐渍化程度会对细菌群落的多样性和相对丰度产生影响。本研究表明，微咸水和咸水灌溉土壤细菌群落的 OTUs、ACE 指数、Chao1 指数显著高于淡水灌溉，但咸水灌溉土壤的细菌群落 Shannon 指数显著低于淡水灌溉，这与张慧敏等（2018）研究结果一致。Shannon 指数的变化与土壤盐分类型和盐度有关，但 Yang 等（2016）研究发现，Shannon 指数随着灌溉水盐度的增加而增大，与本研究结果不同，原因可能是细菌对高盐环境产生适应性，从而增加了细菌物种的数量。

细菌是土壤微生物的重要组分，可以降解土壤中的难溶化合物和复杂有机物，促进物质与能量的循环。李明等（2020）研究的宁夏不同地区盐碱化土壤细菌群落多样性和沈琦等（2020）研究的盐地碱蓬根际细菌群落多样性结果都显示变形菌门、酸杆菌门、芽单胞菌门、放线菌门，鞘脂单胞菌属、芽单胞菌属的相对丰度高，为优势菌，与本研究结果一致，这些细菌属于嗜盐菌和耐盐菌株，适应性强，广泛分布于盐碱土中，因此相对丰度高。本研究中还存在其他的优势菌属，如 *Bacterium*、RB41、H16、*Haliangium*、硝化螺旋菌属，与其他研究中的优势菌属有所不同，这可能与各地区特定的土壤因子和作物种类有关。与淡水灌溉相比，微咸水和咸水灌溉显著降低了细菌变形菌门、酸杆菌门，硝化螺旋菌属的相对丰度，显著增加了芽单胞菌门、放线菌门，鞘脂单胞菌属、芽单胞菌属的相对丰度。徐扬等（2020）对花生根际土壤细菌群落的研究结果表明，盐胁迫降低了变形菌门、放线菌门的相对丰度，但增加了蓝藻菌门，鞘脂单胞菌属、鞘藻属的相对丰度，其中放线菌门变化趋势与本试验不同，可能是因为大多数放线菌门属于好氧性腐生菌，其试验土壤的含水量低，降低了微生物种群活性，从而降低了放线菌门的相对丰度。

不同处理会改变细菌群落的数量，从而对土壤养分含量产生重要影响。通过研究细菌群落与土壤养分之间的相关性，发现变形菌属、酸杆菌属、硝化螺旋菌属相对丰度与土壤有机质和全氮含量呈正相关；芽单胞菌属、放线菌属、鞘脂单胞菌属相对丰度与土壤有机质和全氮含量呈负相关，这与其他研究结果一致（张晓丽等，2019）。不同的细菌种群功能可能不同，微咸水和咸水灌溉可以通过改变土壤细菌群落影响土壤养分含量。如变形菌门有利于增加土壤氮含量，酸杆菌门能改善土壤碳循环机制，但两者的相对丰度随灌溉水盐度升高而降低，使土壤有机质和全氮含量降低，土壤肥力下降。芽单胞菌门，芽单胞菌属、鞘脂单胞菌属的相对丰度随灌溉水盐度升高而增加。鞘脂单胞菌属适应性强，可以分解复杂有机物，芽单胞菌门和芽单胞菌属具有促进土壤碳循环和能量流动的作用，土壤中物质的分解与流动可能会降低土壤有机质和全氮含量。硝化螺旋菌属不能直接影响土壤中的有机质和全氮含量，但可以产生酸性物质，缓解土壤盐害。本研究发现咸水和微咸水灌溉降低了硝化螺旋菌属的相对丰度，这可能会加剧土壤盐渍化程度。放线菌门具有固氮的作用，可使土壤全氮含量增加，其相对丰度随灌溉水盐度增加而增加。通过对细菌群落与土壤养分相关性的研究，可以解释土壤肥力变化的部分问题，为提高土壤肥力提供科学的建议。

真菌多样性对土壤微生态有重要作用，真菌可以改变根际环境，提高作物抗病性，分解糖和纤维素等物质，产生植物激素，促进植物生长。本研究表明，微咸水灌溉土壤真菌的 OTUs、ACE 指数、Chao1 指数显著高于淡水和咸水灌溉，但 Simpson 指数显著低于咸水灌溉，这与 Cortés-Lorenzo 等（2016）研究结果一致，说明咸水在一定程度上抑制了真菌物种的活性，而微咸水灌溉增加了土壤真菌的数量，利于真菌生存。试验发现子囊菌门、被孢霉门、担子菌门、壶菌门、球囊菌门，毛壳菌属、被孢霉属为真菌的优势种群，与碱蓬根际土壤（赵君，2019）和天山林区土壤（王诗慧，2021）发现的真菌优势种群较为一致，但邵璐等（2016）在辽宁研究发现青霉属、葡萄穗霉属、枝孢属、木霉属、曲霉菌属和镰刀菌属为优势菌属，孙倩等（2019）在宁夏干旱地区不同作物根际土壤发现裂壳菌属、足孢子菌属、被孢霉属、曲霉菌属等为优势菌属，与本研究结果相比，相似的优势真菌属较少。表明不同地区的真菌优势菌属存在较大差异，这可能与试验土壤的理化性质、种植作物的种类及年限有关，环境不同、种植方式不同也会使土壤真菌群落多样性发生变化。

灌溉水盐度改变真菌群落的数量，影响土壤养分含量。相关研究表明，大豆根际土壤真菌多样性在适当盐浓度下会增加，球囊菌门能构成丛枝菌根，而盐渍化程度增加会降低球囊菌门相对丰度。在本研究中，与淡水灌溉相比，微咸水和咸水灌溉显著降低了真菌被孢霉门和被孢霉属的相对丰度，但显著增加了担子菌门和弯孢菌属的相对丰度。通过对真菌群落与土壤养分相关性的研究发现，真菌的优势种群被孢霉门、球囊菌门和被孢霉属、曲霉菌属相对丰度与土壤有机质和全氮含量呈正相关，这与孙倩等（2019）的研究结果一致。担子菌门、子囊菌门、壶菌门，毛壳菌属、弯孢菌属、镰刀菌属相对丰度与土壤有机质和全氮含量呈负相关，但在王诗慧等（2021）的研究中镰刀菌属相对丰度与土壤有机质含量呈正相关，可能是因为天山林区植被量远大于棉田，腐殖质积累年限长，土壤有机质含量高，有利于镰刀菌属的生存。不同真菌种群具有各自的功能，微咸水和咸水灌溉可以通过改变土壤真菌群落影响土壤养分含量。如被孢霉能分解土壤中的糖类；子囊菌门和担子菌门是耐盐种群，担子菌门的进化速率较子囊菌门慢，其与毛壳菌属和镰刀菌属均能分解土壤中的有机质，降低土壤中的有机质含量。不同灌溉水盐度下土壤真菌群落分布的相关研究较少，目前大多数有关土壤真菌的研究是对丛枝菌根进行的，其他真菌群落多样性有待进一步探究。

综上，长期咸水灌溉可显著提高土壤含水量、盐度和容重，降低土壤 pH、有机质和全氮含量。咸水灌溉后，土壤细菌和真菌群落多样性（Shannon 指数）降低。与淡水灌溉相比，咸水灌溉显著增加细菌芽单胞菌门、放线菌门、真菌担子菌门，鞘脂单胞菌属、芽单胞菌属、*Gaiella*、球腔菌属、*Vishniacozyma*、金孢属的相对丰度。相比之下，咸水灌溉降低了细菌变形菌门、酸杆菌门、真菌被孢霉门，硝化螺旋菌属、溶杆菌属、*Bryobacter*、酸杆菌属、被孢霉属、粉褶菌属、*Dominikia* 的相对丰度。随着灌溉水盐度的增加，细菌群落潜在生物标志物数量逐渐减少；对真菌群落而言，微咸水灌溉增加了潜在生物标志物数量，咸水灌溉降低了潜在生物标志物数量。细菌和真菌群落与土壤理化性质相关性分析揭示了土壤饱和电导率、容重和土壤含水量是影响细菌和真菌群落结构的主要驱动力。

主要参考文献

李丹，万书勤，康跃虎，等，2020. 滨海盐碱地微咸水滴灌水盐调控对番茄生长及品质的影响［J］. 灌溉排水学报，39（7）：39－50.

李明，毕江涛，王静，2020. 宁夏不同地区盐碱化土壤细菌群落多样性分布特征及其影响因子［J］. 生态学报，40（4）：1316－1330.

刘雪艳，丁邦新，白云岗，等，2020. 微咸水膜下滴灌对棉花生长及产量的影响［J］. 干旱区研究，37（6）：1627－1634.

刘珊珊，刘元元，余彬彬，等，2019. 新疆巴音布鲁克草原白蘑蘑菇圈土壤真菌多样性分析［J］. 微生物学通报，46（11）：2909－2918.

马丽娟，张慧敏，侯振安，等，2019. 长期咸水滴灌对土壤氨氧化微生物丰度和群落结构的影响［J］. 农业环境科学学报，38（12）：2797－2807.

潘媛媛，黄海鹏，孟婧，等，2012. 松嫩平原盐碱地中耐（嗜）盐菌的生物多样性［J］. 微生物学报，52（10）：1187－1194.

孙佳，夏江宝，苏丽，等，2020. 黄河三角洲盐碱地不同植被模式的土壤改良效应［J］. 应用生态学报，31（4）：1323－1332.

沈琦，郝雅荞，徐潇航，等，2020. 基于高通量测序技术的盐地碱蓬根际细菌群落多样性分析［J］. 浙江理工大学学报（自然科学版），43（5）：671－677.

邵璐，姜华，2016. 辽宁碱蓬根际土壤真菌多样性的季节变化及其耐盐性［J］. 生态学报，36（4）：1050－1057.

孙倩，吴宏亮，陈阜，等，2019. 宁夏中部干旱带不同作物根际土壤真菌群落多样性及群落结构［J］. 微生物学通报，46（11）：2963－2972.

田平雅，沈聪，赵辉，等，2020. 银北盐碱区植物根际土壤酶活性及微生物群落特征［J］. 土壤学报，57（1）：217－226.

吴雨晴，郑春莲，孙景生，等，2020. 长期咸水灌溉对棉田土壤水稳性团聚体的影响［J］. 灌溉排水学报，39（9）：58－64＋107.

王诗慧，常顺利，李鑫，等，2021. 天山林区土壤真菌多样性及其群落结构［J］. 生态学报，41（1）：124－134.

仙旋旋，孔范龙，朱梅珂，等，2019. 水盐梯度对滨海湿地土壤养分指标和酶活性的影响［J］. 水土保持通报，39（1）：65－71.

徐扬，张冠初，丁红，等，2020. 干旱与盐胁迫对花生根际土壤细菌群落结构和花生产量的影响 [J]. 应用生态学报，31 (4)：1305－1313.

杨赛，俞冰倩，胡信玉，等，2019. 东北苏打盐碱土壤微生物群落对植被进展演替的响应 [J]. 土壤通报，50 (3)：632－640.

赵娇，谢慧君，张建，2020. 黄河三角洲盐碱土根际微环境的微生物多样性及理化性质分析 [J]. 环境科学，41 (3)：1449－1455.

周际海，郜茹茹，魏倩，等，2020. 旱地红壤不同土地利用方式对土壤酶活性及微生物多样性的影响差异 [J]. 水土保持学报，34 (1)：327－332.

张慧敏，郭慧娟，侯振安，2018. 不同盐碱胁迫对土壤细菌群落结构的影响 [J]. 新疆农业科学，55 (6)：1074－1084.

张科，李臻，郑瑶，等，2020. 河南叶县岩盐可培养中度嗜盐菌的多样性 [J]. 微生物学通报，47 (12)：3987－3997.

张晓丽，张宏媛，卢闯，等，2019. 河套灌区不同秋浇年限对土壤细菌群落的影响 [J]. 中国农业科学，52 (19)：3380－3392.

赵君，姚彤，李明，等，2019. 生物炭对干旱胁迫下蓝盆花生长及根际土壤真菌丰度的影响 [J]. 北方园艺 (14)：93－99.

Cortés-Lorenzo C，González-Martínez A，Smidt H，et al.，2016. Influence of salinity on fungal communities in a submerged fixed bed bioreactor for wastewater treatment [J]. Chemical Engineering Journal，285.

Yang H，Hu J X，Long X H，et al.，2016. Salinity altered root distribution and increased diversity of bacterial communities in the rhizosphere soil of Jerusalem artichoke [J]. Scientific Reports，6 (1).

Pang H C，Li Y Y，Yang J S，et al.，2010. Effect of brackish water irrigation and straw mulching on soil salinity and crop yields under monsoonal climatic conditions [J]. Agricultural Water Management，97：1971－1977.

第三章 咸水滴灌对土壤硝化和反硝化微生物的影响

第一节 咸水滴灌对土壤硝化微生物的影响

灌溉是保障作物产量的重要农业措施。淡水资源短缺已经对许多地区农业生产形成严重威胁。新疆地处我国的西北部，属于干旱地区，淡水资源短缺问题尤为严重。但是，该地区咸水资源比较丰富，在淡水资源短缺不断加剧的背景下，合理利用咸水资源进行灌溉已经成为农业生产中缓解淡水资源不足的较为经济、有效的手段。咸水灌溉一方面提供了作物生长所需要的水分，缓解旱情；另一方面其也将盐分带入土壤，改变了土壤的理化性质，影响了土壤养分转化和微生物活动。

氮肥是作物生长的限制性因素，在盐渍化土壤中合理施用氮肥可有效降低盐分对作物生长产生的危害。硝化作用是土壤氮循环的重要环节，在氮素形态转化和氮循环过程中起着至关重要的作用，直接影响环境质量和氮肥利用率。氨氧化作用和亚硝酸氧化作用是硝化作用的两个关键步骤，其中氨氧化作用是硝化作用的限速步骤，主要是在氨氧化古菌（AOA）和氨氧化细菌（AOB）的参与下完成。随着分子生物学的不断发展，人们对于AOA和AOB的研究不断深入。越来越多的学者关注不同环境条件对AOA和AOB相对丰度和群落结构组成的影响（Szukics et al.，2019），以及AOA和AOB对硝化作用的相对贡献等。

氨氧化微生物的生长和群落结构受土壤环境的影响。有研究发现，AOB和AOA的相对丰度与土壤盐度呈负相关，盐分会抑制AOB的生长，对AOA相对丰度影响不显著，但也有研究发现高盐分可以促进AOA和AOB的生长。Caffrey等（2007）研究表明，河口沉积物中AOA相对丰度随着盐分的增加而增加，但盐分对AOB没有影响。Mosier等（2008）研究发现，AOB相对丰度随着土壤盐度的增加而增加，在低盐度条件下AOA *amoA*的基因相对丰度高于AOB *amoA*基因。此外，有研究发现盐碱地中的AOB *amoA*基因相对丰度比AOA *amoA*基因相对丰度高两个数量级。以上研究结果表明，盐分对氨氧化微生物丰度的影响目前尚无定论。此外，盐分在影响AOA和AOB相对丰度的同时也影响其群落结构。前人研究表明，在不同盐分环境中AOA的群落结构会发生改变，AOB的群落结构多样性和盐分梯度无相关关系，而湿地土壤中盐分可显著改变AOA和AOB的群落结构。有研究表明，AOB的多样性会随着盐分的增加而增加，但是Dang等（2010）研究发现，盐分会降低AOB的多样性。土壤盐分是重要的环境因素，但盐分对土壤氨氧化微生物丰度和群落结构的影响仍然存在争议。

土壤中AOB与AOA共同存在。目前，关于长期咸水灌溉对AOB和AOA群落及

AOB和AOA对土壤硝化作用贡献的影响研究甚少。因此，了解土壤氨氧化微生物群落结构多样性对咸水灌溉引起的土壤盐分变化的响应具有重要意义。本研究在已连续开展10年咸水滴灌试验的基础上，采用荧光定量PCR方法测定AOA和AOB的相对丰度，采用高通量测序分析AOA和AOB群落结构多样性。我们假设经过长期咸水滴灌会改变AOA和AOB的群落结构，降低AOA和AOB相对丰度并抑制硝化作用。因此，本研究的目的是：①比较不同灌溉水盐度对氨氧化微生物相对丰度和群落结构的影响；②评价AOA和AOB对硝化作用的贡献；③分析土壤理化性质与氨氧化微生物相对丰度和群落结构间的关系。

一、咸水滴灌对土壤理化性质的影响

试验区位于石河子大学农学院试验站（44°18′N，86°02′E）内，平均海拔443m。试验区属于典型温带干旱大陆性季风气候，多年平均气温为6.5～7.2℃，无霜期为168～171d，年日照时数为2 721～2 818h，年蒸发量1 660mm，年平均降水量为210mm。试验区土壤类型为灌耕灰漠土。0～30cm土层基础理化性质（2009年试验开始前）如下：电导率（$EC_{1:5}$）为0.13dS·m^{-1}，pH 7.9，有效磷25.9mg·kg^{-1}，速效钾253mg·kg^{-1}，全氮1.1g·kg^{-1}，有机质16.8g·kg^{-1}。供试作物为棉花（*Gossypium hirsutum* L. cv. Xinluzao 52），通常在4月中旬种植，9月中旬收获。灌溉水盐度设3个水平，分别为0.35dS·m^{-1}（FW）、4.61dS·m^{-1}（BW）、8.04dS·m^{-1}（SW），分别代表淡水、微咸水和咸水三种灌溉水质。

棉花种植采用覆膜栽培，一膜两管四行，行距配置为（30＋60＋30）cm，播种密度22.2万株·hm^{-2}。2018年棉花于4月20日播种，为保证出苗，播种后滴淡水45mm。棉花生长期间灌水9次，6月中旬开始至8月下旬结束，灌溉周期为7～10d，每次灌水45～60mm，总灌溉量450mm，磷肥（重过磷酸钙，P_2O_5≥44.0%）施用量为P_2O_5 105kg·hm^{-2}，钾肥（硫酸钾，K_2O≥51.0%）施用量为K_2O 60kg·hm^{-2}，全部作基肥在播种前一次性施入。试验中氮肥全部作追肥，2018年氮肥分别在6月27日（第二水）、7月4日（第三水）、7月12日（第四水）、7月19日（第五水）和7月25日（第六水）通过滴灌系统分五次随水施用。其他栽培管理措施参照当地大田生产。

称取新鲜土壤样品0.3g，使用Power soil™ DNA Isolation Kit（Mo Blo Laboratories，Inc，USA）试剂盒，按照操作说明书提取DNA样品，并将提取的土壤总DNA在－80℃下保存。

使用实时荧光定量PCR仪检测目标基因相对丰度，qPCR的反应体系为20μL，其中包括10μL 2×SYBR®Green qPCR Master Mix（Applied Biosystems，Foster City，CA，USA），前后引物各1μL，2μL DNA模板（约2ng·μL^{-1}）和6μL ddH_2O。AOA *amoA*基因扩增引物是Arch-*amo*AF（5′-STAATGGTCTGGCTTAGACG-3′）和Arch-*amo*AR（5′-GCGGCCATCCATC TGTATGT-3′）。

AOB *amoA*基因扩增引物是*amoA*-1F（5′-GGGGTTTCTACTGGTGGT-3′）和*amoA*-2R（5′-CCCCTCKGSAAAGCCTTCTTC-3′）。PCR反应体系如下：95℃ 5min，接着40个循环，95℃ 10s，55℃ 20s，72℃ 30s。

采用高通量测序测定 AOA 和 AOB 群落结构组成。PCR 扩增引物与 qPCR 相同。PCR 扩增体系为 25μL，其中包括 2μL DNA 模板，前后引物各 1μL，5μL 5×PCR buffer，2μL（2.5mmol・L^{-1}）dNTP，5μL 5×Q5 High GC Enhancer buffer，0.25μL（0.02U・μL^{-1}）Q5 High-Fidelity DNA polymerase（NEB）和 8.75μL ddH_2O。反应体系如下：98℃ 5min，接着 35 个循环，98℃ 30s，55℃ 30s，72℃ 45s，最后 72℃ 5min。PCR 产物使用 Agencourt AMPure Beads（Beckman Coulter，Indianapolis，IN）纯化，并用 PicoGreen dsDNA Assay kits（Invitrogen，Carlsbad，CA，USA）质量化，各样品等量混合后，在上海派森诺生物科技股份有限公司（上海，中国）使用 Illumina MiSeq 平台进行高通量测序，每个处理重复 3 次。

灌溉水盐度显著影响土壤理化性质（表 3-1）。BW 处理和 SW 处理 EC、SWC 和 NH_4^+-N 含量显著增加，而 pH、SOC、TN、NO_3^--N 含量显著降低。BW 处理和 SW 处理 NO_3^--N 含量较 FW 处理降低 13.5%和 30.8%。相反，BW 处理和 SW 处理 NH_4^+-N 含量较 FW 处理增加 10.4%和 15.2%。

表 3-1　不同灌溉水盐度处理的土壤理化性质

灌溉水盐度	土壤盐度 EC (dS・m^{-1})	pH	土壤含水量 SWC (%)	有机碳 SOC (g・kg^{-1})	全氮 TN (g・kg^{-1})	硝态氮 NO_3^--N (mg・kg^{-1})	铵态氮 NH_4^+-N (mg・kg^{-1})
FW	0.21±0.006c	7.97±0.015a	15.57±0.005c	9.75±0.145a	0.73±0.006a	46.19±1.561a	6.82±0.047c
BW	0.60±0.010b	7.77±0.010b	19.09±0.001b	9.39±0.083b	0.68±0.016b	39.95±1.357b	7.53±0.106b
SW	0.94±0.020a	7.74±0.010c	21.04±0.003a	8.75±0.023c	0.62±0.011c	31.96±2.064c	7.86±0.092a

注：同一列标注不同小写字母表示处理间差异显著（$P<0.05$）。下同

二、咸水滴灌对土壤潜在硝化势的影响

BW 处理和 SW 处理显著降低土壤潜在硝化势（PNR），FW 处理 PNR 分别较 BW 和 SW 处理高 18.1%和 37.3%（图 3-1）。

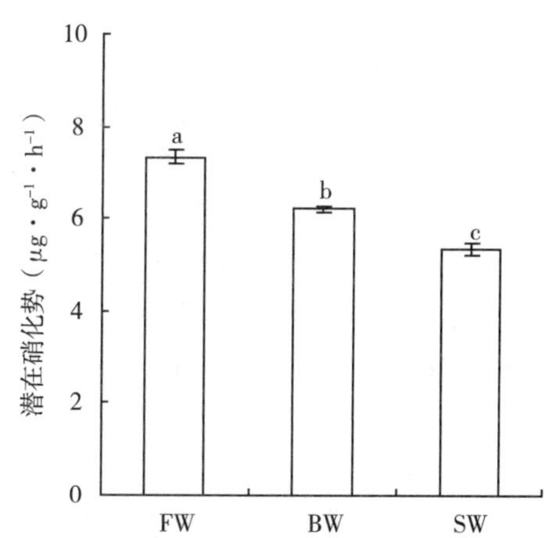

图 3-1　不同灌溉水盐度处理土壤潜在硝化势

注：不同小写字母表示处理间差异达显著水平（$P<0.05$）。下同

三、AOA 和 AOB 相对丰度及对土壤潜在硝化势的相对贡献

BW 处理和 SW 处理显著降低土壤 AOA 和 AOB 相对丰度（表 3-2）。不同处理土壤 AOA 相对丰度为 2.2×10^6～3.6×10^6（每克干土），AOB 相对丰度为 1.9×10^5～3.2×10^5（每克干土）。与 FW 处理相比，BW 处理和 SW 处理 AOA 和 AOB 相对丰度分别较 FW 处理降低 28.57%和 39.0%、23.17%和 38.4%。BW 处理 AOA/AOB 显著低于 FW 处理和 SW 处理，而 SW 处理和 FW 处理之间无显著差异。

表 3-2 不同灌溉水盐度处理的土壤 AOA 和 AOB 相对丰度

灌溉水盐度	AOA 相对丰度（$\times10^6$，每克干土）	AOB 相对丰度（$\times10^5$，每克干土）	AOA/AOB
FW	3.57±0.13a	3.15±0.10a	11.32±0.12a
BW	2.55±0.11b	2.42±0.13b	10.57±0.31b
SW	2.18±0.13c	1.94±0.32c	11.21±0.32a

AOA 和 AOB 对 PNR 的相对贡献如图 3-2 所示。AOA 相对丰度与 PNR 呈极显著正相关关系（R^2=0.922 8，P<0.001）。AOB 相对丰度也与 PNR 呈极显著正相关关系（R^2=0.948 9，P<0.001）。说明 PNR 的变化与 AOA 和 AOB 相对丰度存在高度的相关性。

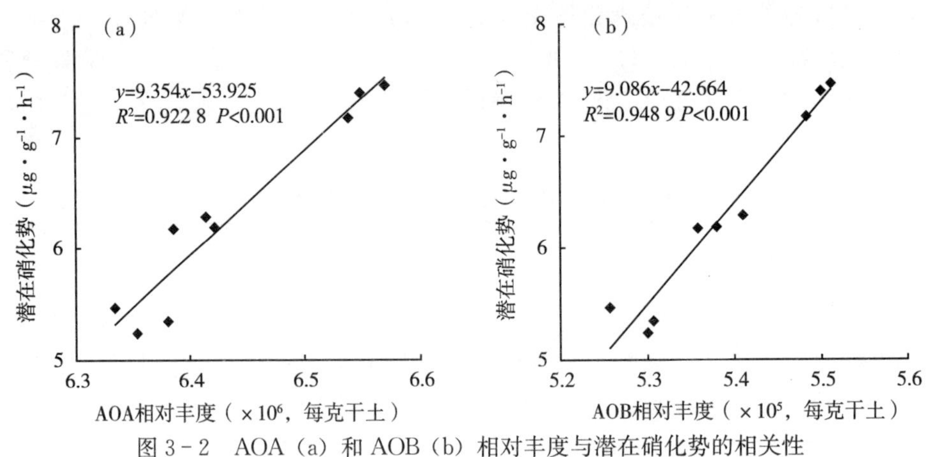

图 3-2 AOA（a）和 AOB（b）相对丰度与潜在硝化势的相关性

四、AOA 和 AOB 群落特征及其与土壤理化性质的相关性

各处理 AOA 和 AOB *amoA* 基因的测序数为 79 812～80 076 条（表 3-3），覆盖度为 0.997 1～0.999 7。在 97%的相似度水平下，AOA 和 AOB 序列分别划分为 661～664 个和 130～140 个操作分类单元（OTUs）。BW 处理和 SW 处理显著降低 AOB 群落 OTUs，但对 AOA 无影响。ACE 指数和 Chao1 指数通常用来衡量群落中含 OTU 数目，ACE 指数和 Chao1 指数越大，表明群落的丰富度越高。Simpson 指数和 Shannon 指数用于衡量物种多样性，受样品群落中物种丰度和物种均匀度的影响，一般 Shannon 指数越大，Simpson 指数越小，说明样品的物种多样性越高。灌溉水盐度对丰富度指数（ACE 和 Chao1）无显著影响。与 FW 处理相比，BW 处理和 SW 处理显著增加 AOA Shannon 指数，但 Simpson 指数显著降低。SW 处理显著降低 AOB Shannon 指数，但 Simpson 指数显著增加。BW 处理对 AOB 多样性指数无显著影响。

土壤理化性质与 AOA 和 AOB 相对丰度、多样性指数、土壤潜在硝化势（PNR）之间的相关关系见表 3-4。PNR、AOA 相对丰度、AOB 相对丰度、AOA 群落 Simpson 指数与 pH、NO_3^--N、SOC、TN 呈显著正相关，但是和 EC、SWC、NH_4^+-N 呈显著负相关。AOA 的 Shannon 指数与 EC、SWC、NH_4^+-N 呈显著正相关，而与 pH、NO_3^--N、SOC、TN 呈显著负相关。AOB 的 Simpson 指数与 EC、SWC、NH_4^+-N 呈显著正相关，而与 NO_3^--N、SOC、TN 呈显著负相关。AOB 的 Shannon 指数与 NO_3^--N、SOC、TN

表 3-3　不同灌溉水盐度处理的土壤 AOA 和 AOB α-多样性

氨氧化微生物	灌溉水盐度	序列数	操作分类单元	ACE 指数	Chao1 指数	Simpson 指数	Shannon 指数	覆盖度
AOA	FW	79 812±175a	664±1.53a	668.55±2.91a	670.89±5.05a	0.42±0.01a	2.57±0.04c	0.999 7±0.001a
	BW	79 999±263a	662±3.00a	666.01±3.94a	668.11±5.88a	0.36±0.01b	2.82±0.03b	0.999 7±0.001a
	SW	79 895±218a	661±1.15a	665.72±1.99a	666.63±2.83a	0.31±0.11c	2.97±0.05a	0.999 7±0.001a
AOB	FW	79 985±134a	140±2.65a	166.53±11.16a	168.58±8.29a	0.17±0.01b	2.36±0.01a	0.997 1±0.001a
	BW	79 844±94a	130±4.04b	161.38±8.32a	164.68±12.93a	0.18±0.01b	2.42±0.02a	0.997 1±0.001a
	SW	80 076±162a	132±1.15b	157.72±13.44a	155.02±15.13a	0.22±0.01a	2.18±0.08b	0.997 3±0.001a

表 3-4　土壤理化性质与潜在硝化势、AOA 和 AOB 相对丰度、多样性指数间相关性分析

			EC	pH	SWC	NO_3^--N	NH_4^+-N	SOC	TN
PNR			−0.993**	0.930**	−0.979**	0.935**	−0.962**	0.935**	0.965**
AOA	相对丰度		−0.930**	0.965**	−0.963**	0.863**	−0.959**	0.849**	0.904**
	指数	Simpson	−0.985*	0.940**	−0.984**	0.955**	−0.982**	0.949**	0.963**
		Shannon	0.970**	−0.946**	0.978**	−0.930**	0.980**	−0.927**	−0.954**
		ACE	−0.413	0.492	−0.451	0.526	−0.472	0.475	0.476
		Chao1	−0.400	0.442	−0.436	0.540	−0.426	0.511	0.430
AOB	相对丰度		−0.965**	0.922**	−0.968**	0.912**	−0.962**	0.908**	0.924**
	指数	Simpson	0.850**	−0.608	0.731*	−0.802**	0.692*	−0.879**	−0.859**
		Shannon	−0.672*	0.364	0.549	0.691*	−0.530	0.769*	0.692*
		ACE	−0.379	0.367	−0.368	0.338	−0.412	0.401	0.468
		Chao1	−0.485	0.402	−0.452	0.405	−0.482	0.479	0.610

注：**，$P<0.01$；*，$P<0.05$。

呈显著正相关，而仅与 EC 呈显著负相关。

利用 RDA 分析 AOA 和 AOB 群落结构与土壤理化性质的关系。AOA 群落结构与土壤理化性质的关系见彩图 3-1（a），轴 1 的解释度为 54.8%，轴 2 的解释度为 26.9%。AOA 群落结构与 NO_3^--N（解释度 59.1%，$P=0.002$）、pH（解释度 23.2%，$P=0.032$）、土壤盐分（EC，解释度 10.4%，$P=0.042$）存在显著相关关系。对于 AOB，轴 1 解释度为 57.5%，轴 2 解释度为 31.2%［彩图 3-1（b）］。AOB 群落结构仅与 NO_3^--N（解释度 33.3%，$P=0.04$）、pH（解释度 47.7%，$P=0.012$）呈显著相关关系，与其他土壤理化性质无显著相关关系。

五、AOA 和 AOB 群落结构及其差异性分析

高通量结果显示，纲水平上，AOA 群落由 Candidatus Nitrosocaldus、Candidatus Nitrososphaera、β-变形菌纲、marine archaeal group 1、Unknown 组成［彩图 3-2（a）］。除 Unknown 外，Candidatus Nitrosocaldus 的相对丰度（0.6%～1%）较高。Candidatus Nitrosocaldus 属于自养和需氧氨氧化古菌，常出现在中性或微碱性陆地地热环境中。不同灌溉水盐度对 AOA 群落影响不一致，例如，β-变形菌纲和 marine archaeal group 1 对灌溉水盐度较为敏感，BW 处理和 SW 处理中 β-变形菌纲相对丰度显著低于 FW 处理，而 marine archaeal group 1 显著高于 FW 处理；SW 处理 Candidatus Nitrosocaldus 显著高于 FW 处理和 BW 处理。

AOB 群落属水平上主要由亚硝化螺旋菌属（*Nitrosospira*）、*Nitrosomonas*、*Nitrosovibrio* 和 Unknown 组成［彩图 3-2（b）］，亚硝化螺旋菌属（52.9%～59.4%）相对丰度较高。亚硝化螺旋菌属属于氨氧化细菌中的一类，参与氨氧化过程，对亚硝酸盐的亲和力较高，可高效利用底物。*Nitrosomonas* 随着灌溉水盐度的增加相对丰度显著降低，SW 处理中没有检测到 *Nitrosomonas* 的存在。BW 处理中亚硝化螺旋菌属相对丰度显著低于 FW 处理和 SW 处理。

使用 LEfSe（$LDA>4.0$，$P<0.05$）进行不同处理间群落比较分析，得到不同灌溉水盐度条件下氨氧化微生物群落有显著差异的种群（彩图 3-3）。SW 处理中 AOA 仅有 1 个差异物种［彩图 3-3（a）］，说明 AOA 种群相对稳定，高盐度灌溉水刺激 Candidatus Nitrosocaldus 生长。AOB 共有 5 个显著差异物种［彩图 3-3（b）］，5 个差异种群均来自 BW 处理。说明中等盐度灌溉水可刺激（刺激程度由大到小）Bacteria，变形菌门，亚硝化单胞菌科，β-变形菌纲，亚硝化单胞菌目（Nitrosomonadales）的生长。

淡水资源短缺是限制农业可持续发展的重要因素，合理利用咸水灌溉已成为缓解干旱区淡水资源不足的重要手段。然而，长期咸水灌溉会导致盐分在土壤中积累，影响土壤理化性质和养分的循环转化，特别是氮素的转化。本研究结果表明，微咸水和咸水灌溉的土壤盐分、含水量、NH_4^+-N 含量显著增加，而 pH、有机质、NO_3^--N 含量显著降低。土壤含水量增加是因为盐水灌溉降低土壤蒸散率。pH 降低可能是因为土壤中氯离子的积累。有机质含量降低是因为盐渍土壤中植物生物量减少，有机物输入量下降。另外，微咸水、咸水处理的土壤 NH_4^+-N 含量增加，而 NO_3^--N 含量降低，可能是土壤盐度的增加抑制了土壤的硝化作用。

土壤潜在硝化势可直接反应土壤硝化活性。本研究结果表明，长期微咸水和咸水灌溉显著抑制土壤潜在硝化势。这与 He 等（2018）研究结果相似，其研究结果显示土壤潜在硝化势随土壤盐度的增加而显著降低。然而，也有研究表明，适度盐分可提高土壤潜在硝化速率，而过高盐度降低土壤潜在硝化速率，这可能是因为一些参与硝化作用的微生物具有一定耐盐性，在一定盐度范围内可促进硝化作用微生物的活动，提高硝化速率。

AOA 和 AOB 是参与硝化作用的关键微生物，盐分是影响硝化作用微生物生长的重要因素。本研究发现，随着灌溉水盐度的增加，AOA 和 AOB 相对丰度均显著降低。Jin 等（2011）研究也发现，较高的盐分会抑制 AOB 生长。然而一些研究发现，盐分对 AOA 相对丰度无显著影响（Wang et al.，2018），或者中等盐度可以刺激 AOA 生长。前人研究表明，新疆碱性土壤中 AOB 相对丰度高于 AOA，是主导微生物类型。但本研究表明，AOA 相对丰度高于 AOB，可能是微咸水和咸水灌溉后盐分影响土壤理化性质，从而改变氮素转化途径，进而影响 AOA、AOB 的生长和活性。Bernhard 等（2010）也得到相似的研究结果。这些矛盾的结果可能是因为 AOA 和 AOB 属于两类微生物群体，不同环境条件下，AOA 和 AOB 对于盐分的响应不同。另外自然环境复杂多变，也可能是在多种因素综合作用下共同影响了 AOA 和 AOB 相对丰度。

相关性分析表明，AOA 和 AOB 相对丰度均与 PNR、NO_3^-－N 含量存在极显著正相关关系，说明 AOA 和 AOB 共同参与土壤中的硝化作用。本研究中，微咸水灌溉条件下 AOA/AOB 显著低于淡水灌溉，而咸水灌溉条件下 AOA/AOB 显著高于微咸水灌溉。说明不同条件下 AOA 和 AOB 的生长对于土壤盐分的响应是不同的。我们推测 AOB 可能是微咸水灌溉条件下硝化作用的主导微生物种群，而 AOA 可能是咸水灌溉条件下主导微生物种群。

咸水、微咸水灌溉改变了 AOA 和 AOB 的群落结构。本研究表明，AOA 群落多样性高于 AOB，在含有盐分的河口区和海岸区环境中也出现相似的结果。不同灌溉水盐度对 AOA 和 AOB 群落多样性的影响不一致。对于 AOA 来说，随着灌溉水盐度的增加群落 Simpson 指数显著降低，而 Shannon 指数显著增加。咸水灌溉显著增加 AOB 群落 Simpson 指数，降低 Shannon 指数。说明在该环境条件下，AOA 群落结构对于盐分的变化更为敏感。Gao 等（2018）研究也表明，土壤盐分越高 AOA 群落多样性越高，而 AOB 群落多样性在中等盐度时最高，在高盐度时最低。也有研究发现，在红树林沉积物中盐分与 AOB 群落 Shannon 指数呈正相关关系，与 Simpson 指数呈负相关关系，而 AOA 群落多样性对盐分变化不敏感。说明不同土壤环境下盐分对 AOA 和 AOB 的群落结构影响存在差异。

虽然灌溉水盐度对 AOA 群落的 OTUs 无显著影响，但是 AOA 群落对于不同灌溉水盐度的响应是不同的。通常 AOA 的耐受性较强，对环境的改变不敏感。本研究结果表明，在纲水平上除 Unknown 外，Candidatus Nitrosocaldus 是主要微生物种群，咸水灌溉显著增加 Candidatus Nitrosocaldus 相对丰度，说明其对盐分具有较强的耐受性。另外也有可能是 Candidatus Nitrosocaldus 一些成员可将尿素直接作为生长的能量来源，因此获得能量来源的途径增多，利于其完成整个硝化作用。本研究中，随着灌溉水盐的增加 marine archaeal group 1 相对丰度显著增加，说明盐分激发了 AOA 耐盐种群的生长，原因可能是 marine archaeal group 1 主要在海洋环境中出现，对于盐分具有较好的适应性。在 AOB 属水平上，亚硝化螺旋菌属是优势微生物种群，且咸水灌溉亚硝化螺旋菌属相对丰度高于微咸水灌溉。另外，*Nitrosomonas* 相对丰度随着灌溉水盐度的增加而显著降低，SW 处理中没有检测到 *Nitrosomonas* 的存在。这与前人研究一致，即亚硝化螺旋菌属在高盐环境富集，而 *Nitrosomonas* 在低盐或者中盐环境中富集。

LEfSe 分析结果表明，AOA 群落结构较为稳定，只有咸水灌溉时刺激了 Candidatus Nitrosocaldus 生长。而 AOB 群落对于盐分的响应较为敏感，微咸水灌溉出现 5 个显著高于其他处理的差异物种，这再次证明微咸水灌溉条件下 AOB 较为活跃，是参与硝化作用的主导微生物种群，而咸水灌溉条件下 AOA 可能是主导微生物种群。

咸水灌溉抑制氨氧化微生物的生长，改变其群落结构，然而土壤的环境条件复杂，AOA 和 AOB 对潜在硝化作用的贡献高度依赖于土壤初始环境，经过 10 年咸水灌溉，土壤理化性质发生显著改变，环境因素的改变也影响着氨氧化微生物群落的变化。RDA 结果表明，除盐分以外，NO_3^- - N 解释 AOA 群落结构总变异量的 59.1%（$P=0.002$），解释 AOB 群落总变异 33.3%（$P=0.04$），说明咸水、微咸水灌溉条件下，NO_3^- - N 是影响 AOA 和 AOB 群落结构的主要因素之一。但是也有研究表明，土壤 NO_3^- - N 仅与 AOB 群落变化存在显著关系。这可能是由于土壤养分条件不同，长期咸水灌溉使土壤氮素水平显著低于淡水灌溉，AOA 一般在较苛刻的环境（低氮、强酸性和高温）中生长更为活跃，表达功能活性更强。此外，土壤 pH 是影响 AOA 和 AOB 群落变化的主要因素，pH 对 AOB 群落（解释度 47.7%，$P=0.012$）的影响要大于 AOA（解释度 23.2%，$P=0.032$）。这可能是因为 AOA 细胞具渗透膜，可维持细胞内 pH 接近中性，而本研究中 pH 变化范围较小，AOB 群落对于 pH 变化响应比 AOA 更敏感。然而，有学者研究表明，一般碱性土壤中硝化作用主导微生物类型是 AOB，而与 AOA 关系不大。不一致的结果说明盐分是影响农田土壤氨氧化微生物生态位变化的主导因素。然而我们的试验还不能具体分析出 AOA 和 AOB 分别对硝化作用的贡献率，这仍然需要进行深入研究。

综上，长期微咸水、咸水灌溉显著增加土壤盐分、含水量、铵态氮含量，降低 pH、硝态氮含量、有机碳和全氮含量。咸水、微咸水灌溉显著降低土壤潜在硝化势和 AOA、AOB 的 *amoA* 基因拷贝数。微咸水、咸水灌溉改变了 AOA 和 AOB 的群落结构组成，AOA 群落的纲水平上，以 Candidatus Nitrosocaldus、Candidatus Nitrososphaera、β-变形菌纲和 marine archaeal group 1 为主导，且咸水灌溉显著增加 Candidatus Nitrosocaldus 的相对丰度。在 AOB 群落的属水平上，以亚硝化螺旋菌属，*Nitrosomonas* 和 *Nitrosovibrio* 为主导。盐分是影响硝化作用、氨氧化微生物生长及群落结构改变的主导因素。除盐分外，土壤 pH、硝态氮含量也是影响 AOA 和 AOB 群落结构改变的主要环境因素。AOA 和 AOB 相对丰度与土壤潜在硝化势、硝态氮含量均呈显著正相关关系，共同参与硝化过程，但二者对于盐分的响应不同。微咸水灌溉条件下 AOB 可能是主导微生物种群，而咸水灌溉条件下 AOA 为主导微生物种群。

第二节　咸水滴灌对土壤 N_2O 排放和反硝化微生物的影响

氮肥是影响作物生长的主要因素，滴灌条件下氮肥利用率为 34.25%～49.38%，未被作物吸收的氮素会被淋洗出土壤，污染地下水，或是通过硝化作用和反硝化作用产生N_2O排放到空气中（刘杏认等，2018）。N_2O是一种强效温室气体，虽然N_2O排放速率和浓度比CO_2低，但其温室效应却是CO_2的300倍。在全球范围内，土壤生态系统排放的N_2O量最多，约占总排放量的65%，预计到2030年农田土壤释放的N_2O约占总排放量的60%。土壤的理化性质如含水量、pH、无机氮浓度和盐分等都会影响N_2O的排放。其中施用氮肥是增加农田土壤N_2O排放的主要因素。Sehy等（2003）研究表明，当玉米田施氮量从125kg·hm^{-2}增加到150kg·hm^{-2}，N_2O排放量增加34%。反硝化作用是N_2O排放的主要途径。在完全反硝化过程中，主要有4种酶参与，分别是硝酸还原酶、亚硝酸还原酶、NO还原酶和N_2O还原酶，这4种酶分别由*narGH*/*napA*、*nirK*/*nirS*、*norB*和*nosZ*基因编码。近年来，随着分子生物学的不断发展，对*nirK*、*nirS*和*nosZ*基因的研究增多，为深入理解反硝化微生物与N_2O排放之间的关系提供了技术支撑。

咸水灌溉在一定程度上缓解了农业生产中淡水资源短缺的问题，但随之也将盐分带入土壤，加剧土壤盐分的累积，进而影响土壤微生物的生命活动。有研究表明，盐分胁迫会降低反硝化速率和反硝化酶活性，同时降低土壤中反硝化微生物的数量。Wang等（2018）的研究表明，盐分显著抑制*nirK*、*nirS*和*nosZ*基因丰度，同时盐分是改变反硝化细菌群落结构的主要因素。Santoro等（2006）的研究也发现，在沿海含水土层中*nirS*和*nirK*基因多样性与盐分呈显著负相关关系。但也有研究发现，滩涂湿地中反硝化细菌数量随着盐分的增加而增加。可见，反硝化微生物对于盐分的响应是不同的。盐分影响反硝化微生物的相对丰度和群落结构，势必也会影响土壤N_2O的排放。Pulla等（2013）的研究表明，随着土壤盐度的增加N_2O的排放量增加，但N_2的排放量减少。相反地，Wang等（2009）发现长江三角洲土壤中N_2O的排放量与盐度呈显著负相关。而Inubushi等（1999）的研究发现，不同盐浓度对N_2O排放均无显著影响。目前，人们对咸水灌溉和氮肥对土壤N_2O排放及其内在机制的认识还存在不足。

因此，本研究使用静态箱法探讨咸水滴灌对棉田土壤N_2O排放的影响，运用高通量测序分析反硝化关键功能基因。分析：①长期咸水滴灌对N_2O排放的影响；②咸水滴灌对反硝化细菌相对丰度和群落结构的影响；③阐明N_2O排放与反硝化细菌相对丰度和群落结构的关系，为干旱区咸水资源的合理使用及为减少农田N_2O排放提供重要的科学依据。

一、土壤理化性质及N_2O排放

本试验在石河子大学农学院试验站进行（44°18′N，86°02′E），气候类型为典型温带干旱大陆性季风气候，年平均温度为6.5～7.2℃。年降水量为125.0～207.7mm，年日照时数为2 700～2 800h。土壤类型为灌耕灰漠土。0～20cm土壤基础理化性质（2009年试验开始前）如下：电导率（$EC_{1:5}$）为0.13dS·m^{-1}，pH为7.9，有效磷25.9mg·kg^{-1}，速效钾253mg·kg^{-1}，全氮1.1g·kg^{-1}，有机质16.8g·kg^{-1}。

2009—2018年连续进行了10年不同盐度灌溉水田间定位试验。试验设置灌溉水盐度和施氮量2因子“2×2”的模式。灌溉水盐度设2个水平（以电导率表示，ECw）：0.35dS·m^{-1}（淡水）和8.04dS·m^{-1}（咸水）。氮肥（N）用量设2个水平：0kg·hm^{-2}（0水平）和360kg·hm^{-2}（360水平）。各处理以SFN0、SHN0、SFN360和SHN360表

示，分别为淡水施氮 0 水平、咸水施氮 0 水平、淡水施氮 360 水平和咸水施氮 360 水平。试验中咸水处理是通过在淡水中加入等量的 NaCl 和 $CaCl_2$（质量比 1∶1）配置而成。氮肥施用量（N）360kg·hm^{-2}，为当地棉花大田生产推荐用量。本试验共 4 个处理，每个处理 3 次重复，共 12 个小区，小区面积 $25m^2$。

磷肥和钾肥作基肥在播种前一次性施入，施用量为 P_2O_5 105kg·hm^{-2}、K_2O 60kg·hm^{-2}。本试验中氮肥全部作为追肥，按照棉花生长发育规律在棉花生育期间分 5 次随水滴施，初花期开始，吐絮期前结束。棉花种植采用覆膜栽培，膜上点播，一膜四行，行距配置为（30＋60＋30）cm，株距 10cm，播种密度 22.2 万株·hm^{-2}。灌溉方式为膜下滴灌，一膜两管，滴灌毛管间距 90cm。棉花于 4 月中旬播种，播种后滴淡水 45mm，保证出苗。棉花生长期间灌水 9 次，6 月中旬开始至 8 月下旬结束，灌溉周期为 7～10d，每次灌水 45～60mm，总灌溉量 450mm。其他栽培管理措施参照当地大田生产。

咸水灌溉对棉田土壤理化性质的影响如表 3－5 所示，咸水灌溉显著增加土壤盐度、含水量和 NH_4^+－N 含量，但显著降低土壤 pH、NO_3^-－N、有机质和全氮含量。施用氮肥显著增加土壤盐度、NO_3^-－N、NH_4^+－N、有机质和全氮含量，但土壤含水量显著降低。

表 3－5　咸水灌溉对棉田土壤理化性质的影响

处　理	含水量（%）	土壤盐度（dS·m^{-1}）	pH	NO_3^-－N（mg·kg^{-1}）	NH_4^+－N（mg·kg^{-1}）	有机质（g·kg^{-1}）	全氮（g·kg^{-1}）
SFN0	14%±0.002c	0.12±0.002d	8.00±0.04a	8.27±0.15c	5.13±0.11c	16.36±0.27b	0.66±0.01b
SHN0	19%±0.004a	0.60±0.005b	7.86±0.13b	5.60±0.17d	7.90±0.20b	14.45±0.33c	0.63±0.03d
SFN360	13%±0.003d	0.18±0.002c	7.90±0.12a	67.07±0.43a	7.85±0.09b	17.83±0.23a	0.70±0.06a
SHN360	18%±0.004b	0.69±0.005a	7.82±0.12b	50.32±1.02b	13.33±0.08a	16.31±0.40b	0.67±0.06c
两因素方差分析（显著性）							
施氮量（N）	***	***	*	***	***	***	***
水盐度（S）	***	***	***	***	***	***	***
交互作用（N×S）	ns	***	ns	***	***	ns	***

注：同一列标注不同小写字母表示处理间差异显著（$P<0.05$）。显著性水平：***，$P<0.001$；**，$P<0.01$；*，$P<0.05$；ns，$P\geq0.05$。下同

一个灌水施肥周期内（6d）土壤 N_2O 排放通量动态变化如图 3－3 所示。总体来看，灌水施肥后第 2 天土壤 N_2O 排放通量达到最高值，随后逐渐降低。施用氮肥显著增加 N_2O 排放通量，平均较不施氮肥处理增加 203%，且咸水处理 N_2O 排放通量低于淡水处理。SFN0 处理和 SHN0 处理 N_2O 排放通量较小，

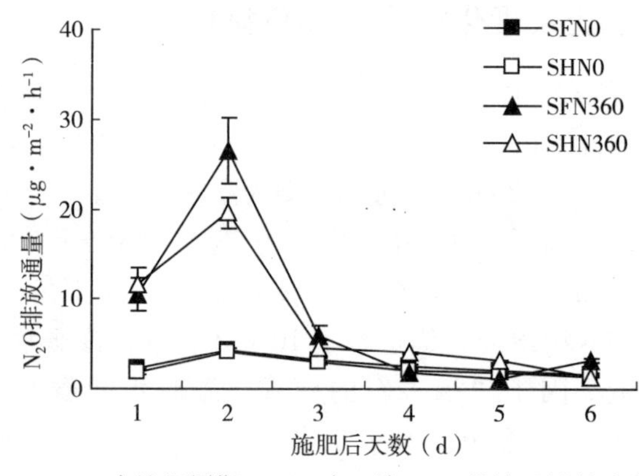

图 3－3　一个施肥周期（6d）内土壤 N_2O 排放通量的动态变化

为 1.4～4.4μg・m^{-2}・h^{-1}。灌水后前3d SFN0 处理和 SHN0 处理 N_2O 排放通量分别占施肥周期内总排放通量的60.87%和 62.23%。SFN360 处理 N_2O 排放通量为 1.1～26.7μg・m^{-2}・h^{-1}，SHN360 处理为 1.4～19.6μg・m^{-2}・h^{-1}。SFN360 和 SHN360 处理在灌水施肥后前3d 的 N_2O 排放通量分别占施肥周期内排放通量的 87.30%和 80.62%。

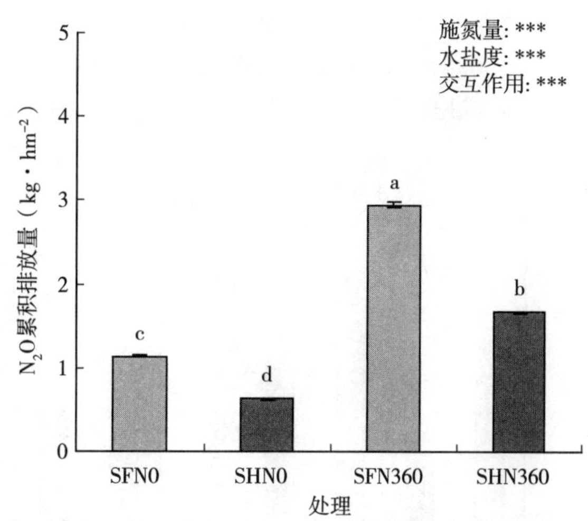

图 3-4　咸水灌溉对土壤 N_2O 累积排放量的影响

棉花生育周期内土壤 N_2O 累积排放量受灌溉水盐度、施氮量及二者交互作用影响显著（图 3-4）。从氮肥的施用来看，施用氮肥处理（SFN360 和 SHN360）显著增加土壤 N_2O 累积排放量，平均较不施肥处理（SFN0 和 SHN0）增加161%。从灌溉水盐度来看，咸水灌溉处理（SHN0 和 SHN360）显著抑制土壤 N_2O 累积排放量。SHN0 和 SHN360 处理土壤 N_2O 累积排放量分别较 SFN0 和 SFN360 处理降低45.19%和 43.50%。

二、反硝化作用酶活性及基因相对丰度

称取保存在−80℃冰箱中土壤样品 0.4g，使用 Power soil™ DNA Isolation Kit 试剂盒，按照操作说明书提取 DNA 样品，然后使用分光光度对 DNA 的数量和质量进行测定，并将提取的土壤总 DNA 保存在−20℃环境中。

使用 pMD 19-T Vector 构建目标基因质粒。提取的阳性质粒经 10 倍稀释后作为 qPCR 反应的标准品。使用实时荧光定量 PCR 仪检测目标基因相对丰度，25μL 的 qPCR 的反应体系包括 12.5μL 2×SYBR®Green qPCR Master Mix、0.2μL 上下引物（20μmol・L^{-1}）、2μL DNA 模板（约 2 ng・μL^{-1}）、10.1μL ddH_2O。最后通过标准曲线计算出目标基因的拷贝数。

采用高通量测序测定反硝化细菌（*nirK*、*nirS* 和 *nosZ*）群落结构多样性和群落组成。PCR 扩增体系为 25μL，包括 2μL DNA 模板、前后引物各 1μL（10μmol・L^{-1}）、5μL 5×PCR buffer、2μL（2.5mmol・L^{-1}）dNTP、5μL 5×Q5 High GC Enhancer buffer、0.25μL（0.02 U・μL^{-1}）Q5 High-Fidelity DNA polymerase（NEB）和 8.75μL ddH_2O。*nirK* 和 *nosZ* 基因热循环反应体系如下：98℃初变性 5min，接着 35 个循环 98℃ 30s；64℃ 30s；72℃ 1min，最后 72℃延伸 10min。*nirS* 基因热循环反应体系为 98℃初变性5min，接着 35 个循环 98℃ 30s、58℃ 30s、72℃ 1min，最后 72℃延伸 10min。PCR 产物使用 Agencourt AMPure Beads 纯化，并用 PicoGreen dsDNA Assay kits 质量化，各样品等量混合后，在上海派森诺生物科技股份有限公司使用 Illumina MiSeq 平台进行高通量测序，每个处理重复 3 次。

咸水灌溉显著抑制反硝化酶活性，而施用氮肥显著促进反硝化酶活性（图 3-5）。

SHN0 处理硝酸还原酶、亚硝酸还原酶、羟胺还原酶活性较 SFN0 处理分别降低了 36.6%、30.3%和 46.8%。SHN360 处理硝酸还原酶、亚硝酸还原酶、羟胺还原酶活性较 SFN360 处理分别降低了 28.5%、21.7%和 23.2%。

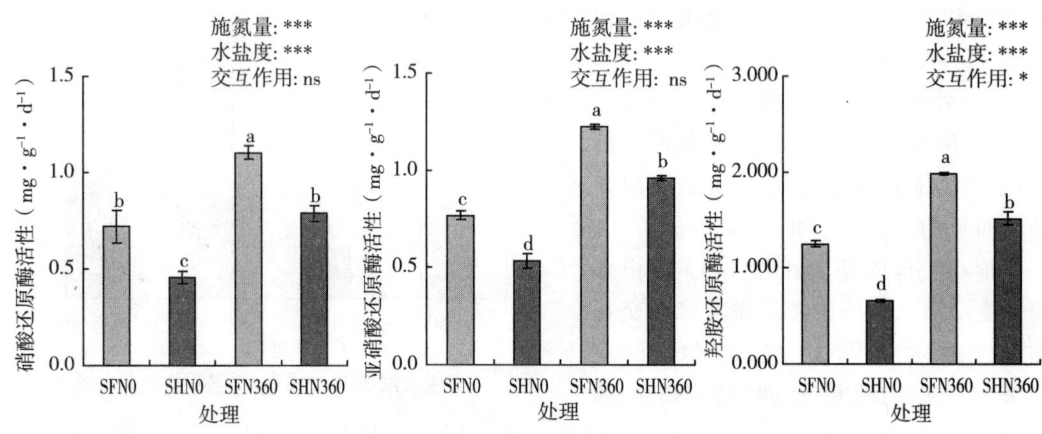

图 3－5　咸水灌溉对土壤反硝化酶活性的影响

咸水灌溉和施氮量显著影响反硝化细菌（*nirK*、*nirS* 和 *nosZ*）的相对丰度（图 3－6）。总体上，*nirS* 基因相对丰度显著高于 *nirK* 和 *nosZ* 基因相对丰度。咸水灌溉处理 *nirK* 和 *nirS* 基因相对丰度显著低于淡水灌溉处理。SHN0 处理 *nirK* 和 *nirS* 基因相对丰度分别较 SFN0 处理降低 31.13%和 19.50%；SHN360 处理 *nirK* 和 *nirS* 基因相对丰度分别较 SFN360 处理降低 29.48%和 14.09%。从施氮量来看，施氮肥处理 *nirK* 和 *nirS* 基因相对丰度较不施氮肥处理分别增加 26.48%和 53.35%。灌溉水盐度和施氮量及其二者的交互作用均显著影响 *nosZ* 基因相对丰度。不施氮肥条件下，咸水灌溉处理 *nosZ* 基因相对丰度较淡水灌溉处理显著降低；在施氮肥条件下，淡水灌溉和咸水灌溉处理 *nosZ* 基因相对丰度无明显差异。总体上施氮肥处理 *nosZ* 基因相对丰度较不施氮肥处理显著增加 26.94%。

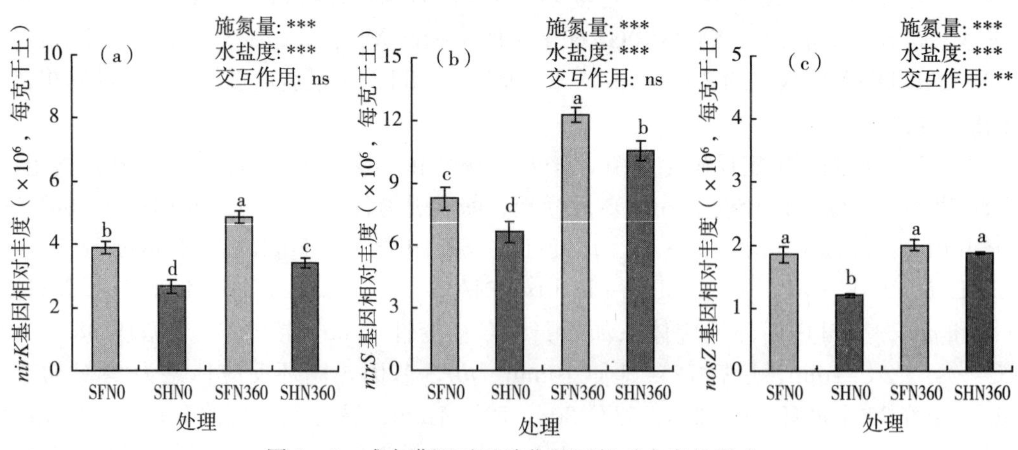

图 3－6　咸水灌溉对反硝化基因相对丰度的影响

三、反硝化细菌丰富度指数和多样性指数

咸水灌溉和施氮量对反硝化细菌丰富度和多样性指数的影响如表 3－6 至表 3－8 所

示。SHN0 处理下 *nirK*、*nirS* 和 *nosZ* 的群落丰富度（Chao1 指数、ACE 指数）和 Shannon 指数较 SFN0 处理显著降低；但是，SHN360 处理下 *nirK*、*nirS* 和 *nosZ* 的群落丰富度和 Shannon 指数较 SFN360 处理显著增加。淡水灌溉条件下，施用氮肥显著降低 3 种基因型（*nirK*、*nirS* 和 *nosZ*）反硝化细菌群落丰富度（Chao1 指数、ACE 指数）和 Shannon 指数；咸水灌溉条件下，施用氮肥显著增加 *nirS* 型反硝化细菌丰富度、Shannon 指数，显著增加 *nosZ* 型反硝化细菌丰富度，显著增加 *nirK* 型反硝化细菌的 Shannon 指数，但显著降低了 *nirK* 型反硝化细菌 Chao1 指数。

表 3-6　咸水灌溉对土壤 *nirK* 型反硝化细菌丰富度和多样性指数的影响

处　理	序列数	Chao1 指数	ACE 指数	Shannon 指数	Simpson 指数
SFN0	75 247±11 637a	2 322±24a	2 538±29a	9.69±0.060a	0.996±0.001a
SHN0	42 612±5 032b	2 180±24b	2 140±40b	8.49±0.075d	0.990±0.004a
SFN360	42 064±5 089b	1 688±22d	1 676±46c	8.73±0.067c	0.981±0.019a
SHN360	48 206±3 895b	2 116±22c	2 168±35b	9.15±0.040b	0.993±0.001a
两因素方差分析（显著性）					
施氮量（N）	**	***	***	**	ns
水盐度（S）	*	***	ns	***	ns
交互作用（N×S）	**	***	***	***	ns

表 3-7　咸水灌溉对土壤 *nirS* 型反硝化细菌丰富度和多样性指数的影响

处　理	序列数	Chao1 指数	ACE 指数	Shannon 指数	Simpson 指数
SFN0	54 133±11 214a	2 733±13b	2 929±38b	8.75±0.066a	0.982±0.001c
SHN0	63 140±3 119a	2 544±17c	2 782±25c	8.56±0.032b	0.985±0.001b
SFN360	46 735±5 883a	2 414±18d	2 575±30d	8.45±0.074b	0.975±0.002d
SHN360	46 297±8 829a	2 917±26a	3 144±38a	8.83±0.085a	0.988±0.001a
两因素方差分析（显著性）					
施氮量（N）	*	*	ns	ns	ns
水盐度（S）	ns	***	***	*	***
交互作用（N×S）	ns	***	***	***	***

表 3-8　咸水灌溉对土壤 *nosZ* 型反硝化细菌丰富度和多样性指数的影响

处　理	序列数	Chao1 指数	ACE 指数	Shannon 指数	Simpson 指数
SFN0	89 082±7 862a	2 703±19a	2 857±20a	9.13±0.031a	0.993±0.002a
SHN0	49 478±3 878c	2 098±13d	2 169±24d	8.97±0.051b	0.994±0.001a
SFN360	69 349±5 057b	2 376±16c	2 437±31c	8.86±0.095c	0.990±0.006a
SHN360	89 578±10 305a	2 547±23b	2 669±27b	9.07±0.032ab	0.991±0.005a
两因素方差分析（显著性）					
施氮量（N）	*	***	*	*	ns
水盐度（S）	*	***	***	ns	ns
交互作用（N×S）	**	***	***	**	ns

四、反硝化细菌群落结构变化及差异性分析

nirK 型反硝化细菌目水平群落结构见彩图 3－4（a）。总体上相对丰度最高的优势微生物种群为根瘤菌目（Rhizobiales），淡水灌溉处理根瘤菌目的相对丰度为 63.28%，高于咸水灌溉处理（51.18%）。SHN360 处理中根瘤菌目相对丰度最低，仅为 37.61%，分别较 SFN0、SFN360 和 SHN0 处理低 42.35%、38.79%和 42.06%。咸水灌溉处理下伯克氏菌目（Burkholderiales）、Enterobacterales、Rhodobacterales、丙酸杆菌目（Propionibacteriales）、Gemmatimonadales 和鞘脂单胞菌目的相对丰度显著高于淡水灌溉处理。在不施氮肥处理下，咸水灌溉显著降低 Rhodospirillales、硝化螺旋菌目（Nitrospirales）和 Pseudomonadales 的相对丰度。但是在施氮肥处理下，咸水灌溉显著增加 Rhodospirillales、硝化螺旋菌目和 Pseudomonadales 的相对丰度。

nirS 型反硝化细菌目水平上的主要微生物种群为伯克氏菌目、Rhodocyclales、Pseudomonadales、黄单胞菌目（Xanthomonadales）和亚硝化单胞菌目［彩图 3－4（b）］，这 5 个微生物种群占总相对丰度的 77.64%～87.95%。随着灌溉水盐度的增加，伯克氏菌目相对丰度显著降低（从 59.31%降低至 43.84%），但是 Pseudomonadales、黄单胞菌目和亚硝化单胞菌目相对丰度显著增加（分别从 5.51%、2.42%和 1.51%增至 9.54%、3.94%和 2.60%）。在不施氮肥处理，咸水灌溉显著增加 Rhodocyclales 相对丰度（从 18.89%增至 23.24%）；而在施氮肥处理下，咸水灌溉显著降低 Rhodocyclales 相对丰度（从 17.07%降低到 13.07%）。

nosZ 型反硝化细菌目水平上的主要微生物种群为根瘤菌目、Gemmatimonadales、Pseudomonadales、伯克氏菌目和 Rhodobacterales［彩图 3－4（c）］，这 5 个微生物种群占总相对丰度的 59.48%～85.74%。随着灌溉水盐度的增加，根瘤菌目和 Gemmatimonadales 相对丰度显著增加（相对丰度分别从 16.37%、12.17%增至 24.67%、24.35%）。在不施氮肥处理下，咸水灌溉显著降低伯克氏菌目和 Rhodobacterales 相对丰度（分别从 17.34%、6.79%降至 9.95%、5.44%）；而在施氮肥处理下，咸水灌溉显著增加伯克氏菌目相对丰度（从 5.11%增至 7.59%）。

使用 LEfSe（$LDA>3.5$，$P<0.05$）进行组间比较分析，得出不同处理下反硝化细菌群落显著差异种群（彩图 3－5）。*nirK* 型反硝化细菌共有 38 个显著差异物种［彩图 3－5（a）］。总体上，咸水灌溉处理下 *nirK* 型反硝化细菌差异物种的数量高于淡水灌溉处理；施用氮肥后，差异物种数量增加，特别是 SHN360 处理共有 19 个显著差异物种。其中 Gammaproteobacteria，*Citrobacter* 和 Enterobacteriaceae 的相对丰度显著高于其他处理。*nirS* 型反硝化细菌共有 39 个显著差异种群［彩图 3－5（b）］，SFN0 有 1 个、SFN360 有 3 个、SHN0 有 21 个和 SHN360 有 14 个。总体上，咸水灌溉处理下 *nirS* 型反硝化细菌差异物种数量高于淡水灌溉处理；淡水灌溉处理下施用氮肥增加差异物种数量，而咸水灌溉条件下施用氮肥降低差异物种数量。*nosZ* 型反硝化细菌共有 31 个显著差异物种，咸水灌溉增加 *nosZ* 型反硝化细菌显著差异物种数量［彩图 3－5（c）］，特别是 SHN0 处理共有 16 个差异物种。其中芽单胞菌门，假黄色单胞菌属（*Pseudoxanthomonas*）和 Opitutae 的相对丰度显著高于其他处理。

五、相关性分析

反硝化细菌（*nirK*、*nirS* 和 *nosZ*）群落结构与环境因子间的关系见彩图 3－6。*nirK* 型反硝化细菌与环境因子的 RDA 分析结果显示［彩图 3－6（a）］，轴 1 和轴 2 共解释总变异的 61.63%，SFN0、SFN360 与 SHN0、SHN360 在轴 1 上分开，SHN0 与 SHN360 在轴 2 上分开。咸水灌溉和施用氮肥显著改变 *nirS* 基因型反硝化细菌群落［彩图 3－6（b）］，轴 1 解释总变异的 47.18%，轴 2 解释总变异的 12.55%。咸水灌溉和施用氮肥也显著改变 *nosZ* 型反硝化细菌群落［彩图 3－6（c）］，轴 1 解释了总变异的 26.33%，轴 2 解释总变异的 14.42%。SFN0 处理和 SFN360 处理与 SHN0 处理和 SHN360 处理下 *nirS* 和 *nosZ* 型反硝化细菌群落在轴 1 上分开，轴 2 将施氮肥处理（SHN360、SFN360）与不施氮肥处理（SHN0、SFN0）分开。环境因子方面，*nirK*、*nirS* 和 *nosZ* 基因型反硝化细菌群落与土壤含水量、盐分、铵态氮含量、pH 和全氮含量相关；*nirK* 和 *nosZ* 基因型反硝化细菌群落还与有机质含量相关，而受其他环境因子的影响较小。

土壤 N_2O 排放通量与土壤理化性质、反硝化基因相对丰度和反硝化酶活性相关性见图 3－7，土壤 N_2O 排放通量与土壤含水量和盐分呈负相关关系（其中和含水量呈显著负相关，相关系数为－0.678），与土壤硝态氮含量、有机质、全氮、*nirK*、*nirS* 和 *nosZ* 基因相对丰度、反硝化酶活性呈极显著的正相关关系，特别是 *nirS* 基因相对丰度与 N_2O 排放通量相关系数（0.948）高于 *nirK*（0.844）和 *nosZ*（0.761）的相关系数。

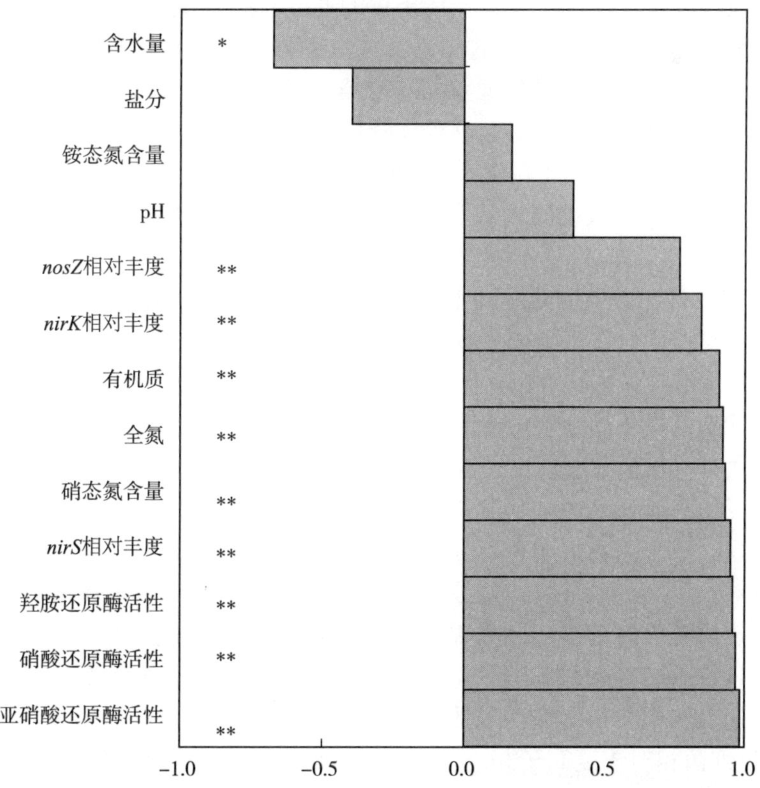

图 3－7　N_2O 排放通量与土壤理化性质、反硝化基因相对丰度、反硝化酶活性相关性

盐分是影响土壤 N_2O 排放重要因素之一。本研究结果表明，长期咸水灌溉显著降低土壤 N_2O 排放，这与 Wei 等（2018）的研究结果相似，其研究发现利用 2g・L^{-1} 或 8g・L^{-1} 咸水灌溉，土壤 N_2O 排放通量均显著低于淡水灌溉。原因可能是咸水灌溉抑制土壤有机质的分解，从而导致潜在矿化氮的减少；也可能是因为经过长期咸水灌溉，土壤中积累的盐分显著降低硝化和反硝化速率，抑制参与硝化、反硝化微生物的生长，进而降低 N_2O 排放通量。氮肥施用是农田土壤 N_2O 排放通量增加的主要因素。本研究中施肥显著增加 N_2O 排放通量，Van 等（2017）的研究也发现施用氮肥显著增加稻田土壤 N_2O 排放通量。本研究中，在施肥后的前 3d，土壤 N_2O 排放通量占整个施肥周期 N_2O 累积排放通量的 80%，这可能因为尿素在施肥后 3d 基本水解完成，土壤中铵态氮和硝态氮达到较高浓度，硝化、反硝化作用强烈，导致 N_2O 集中排放。相似地，有研究也证实 N_2O 排放速率与土壤铵态氮和硝态氮浓度呈显著正相关关系。

咸水灌溉和施用氮肥显著改变土壤理化性质，进而影响 N_2O 排放。硝态氮作为反硝化作用的底物，是影响 N_2O 排放通量的重要因素。本研究中土壤硝态氮含量与 N_2O 排放通量呈极显著正相关关系，且相关性系数最高（相关系数为 0.927，$P<0.01$），Zhu 等（2011）的研究也表明菜地土壤中硝态氮浓度与 N_2O 排放存在显著正相关关系。咸水灌溉下土壤全氮含量下降，矿化速度减慢，可能间接降低 N_2O 排放。有机质也是影响 N_2O 排放的重要因素，Huang 等（2013）研究表明，有机质高的土壤 N_2O 排放通量多。本研究中 N_2O 排放与有机质呈极显著正相关关系，可能是因为咸水灌溉降低了土壤有机质含量，N_2O 排放也相应减少。土壤水分通过调控土壤的通气状况、氧化还原状况来影响 N_2O 的产生与排放。Mkhabela 等（2006）的研究表明，土壤 N_2O 排放通量随土壤水分含量的增加而增加。但本研究中，N_2O 排放通量与土壤含水量呈显著负相关关系，有两种可能的原因，一是由于盐分显著抑制反硝化过程，降低 N_2O 排放，土壤含水量变化对于反硝化细菌影响较微弱；二是取决于土壤含水量的范围，旱地土壤水少气多，通气性较好，抑制了土壤的反硝化，N_2O 排放主要来源是硝化作用，含水量增加土壤通气性变差，抑制硝化作用进行，减少 N_2O 排放。

N_2O 排放主要是在微生物的驱动下进行，咸水灌溉导致土壤盐分增加，可能会抑制土壤酶活性和参与反硝化作用的微生物活性，从而降低 N_2O 排放。本研究中咸水灌溉显著降低硝酸还原酶、亚硝酸还原酶、羟胺还原酶活性。这可能是因为盐分造成土壤微生物渗透胁迫，从而抑制微生物分泌酶的数量。Magalhães 等（2005）的研究也表明河口沉积物中的盐分显著抑制反硝化酶活性。咸水灌溉抑制了反硝化酶活性，相应的反硝化细菌数量也会发生改变。有研究表明，盐分中的 Cl^- 通过渗透胁迫可以直接抑制反硝化细菌生长。本研究发现，咸水灌溉显著降低了 *nosZ*、*nirK* 和 *nirS* 的相对丰度，但是施肥条件下，咸水灌溉对土壤 *nosZ* 的相对丰度无显著影响。原因可能是咸水灌溉后土壤含水量显著增加，造成土壤通气性变差，*nosZ* 基因对氧气较为敏感，可能刺激了 *nosZ* 基因型反硝化细菌的生长（Gomes et al.，2018）。本研究中 *nirS* 的相对丰度显著高于 *nirK*。Mosier 等（2010）的研究结果与本研究的结果相似，其研究表明在含盐较高的河口沉积物中，*nirK* 型反硝化细菌相对丰度高于 *nirS* 型反硝化细菌，且在反硝化作用中 *nirK* 型反硝化细菌比 *nirS* 型反硝化细菌扮演更重要的角色。

咸水灌溉条件下，反硝化细菌相对丰度改变可能是由于其多样性发生了变化。本研究中，淡水灌溉条件下，施用氮肥显著降低反硝化细菌（*nirK*、*nirS* 和 *nosZ*）丰富度指数和 Shannon 指数，这可能是因为本研究中长期施用化学氮肥，导致微生物多样性下降。但是，咸水灌溉条件下，施用氮肥显著增加反硝化细菌丰富度指数和 Shannon 指数，说明盐分和施用氮肥的交互作用改变了反硝化细菌群落结构。一般认为 *nosZ* 基因相对比较稳定，但咸水灌溉和施用氮肥显著提高 *nosZ* 型反硝化细菌丰富度指数和 Shannon 指数。Yang 等（2015）研究也得到相似的结果，盐分与 *nosZ* 基因多样性呈正相关关系，这可能是由于长期咸水灌溉，盐分改变土壤环境，导致 *nosZ* 型细菌发生适应性改变。在本研究中，*nirK* 型反硝化细菌目水平群落结构中根瘤菌目相对丰度最高，为主导微生物类型，这与前人研究结果一致。但是施用氮肥会降低根瘤菌目的相对丰度。*nirS* 型反硝化细菌中伯克氏菌目为主导微生物种群，但咸水灌溉后伯克氏菌目的相对丰度显著降低。*nosZ* 型反硝化细菌中根瘤菌目和伯克氏菌目为主要微生物菌群，这与 Meng 等（2017）的研究结果一致。另外，咸水灌溉和施用氮肥增加 *nirK*、*nirS* 和 *nosZ* 型反硝化细菌显著差异物种，且 *nirS* 型增加最多，说明 3 种基因型反硝化细菌群落结构组成对灌溉水盐度和施氮量均有不同程度的响应，*nirS* 型反硝化细菌群落结构组成对这种响应最为活跃。

土壤 N_2O 排放是个复杂的过程。本研究表明，N_2O 排放既与土壤理化性质有关，又与 *nirK*、*nirS*、*nosZ* 型反硝化细菌相对丰度和酶活性存在显著相关关系。这与 Butterbach-Bahl 等（2013）的研究结果相似。然而，Attard 等（2011）研究表明，N_2O 排放仅与土壤理化性质有关，与反硝化微生物相对丰度无关。另外，本研究中 N_2O 排放通量与 3 种基因型反硝化细菌相对丰度均呈极显著正相关关系，特别是与 *nirS* 型反硝化细菌相对丰度相关性最高，说明 *nirK*、*nirS* 和 *nosZ* 型反硝化细菌均对咸水灌溉棉田土壤中 N_2O 排放存在贡献，且 *nirS* 型反硝化细菌可能是该过程的主导微生物菌群。

综上，咸水灌溉可显著降低 N_2O 排放，对减少温室气体排放有一定贡献，但是利用咸水进行灌溉需要控制好灌溉水盐度，因为较高的灌溉水盐度会导致土壤盐分大量增加，同时增加 NO_3^- - N 淋洗损失，降低氮肥利用率。因此，今后需要权衡好灌溉水盐度、氮肥利用率、作物产量以及 N_2O 排放之间的关系，寻找最优配比，实现农业、环境资源的高效利用和可持续发展。

主要参考文献

刘杏认，赵光昕，张晴雯，等，2018. 生物炭对华北农田土壤 N_2O 通量及相关功能基因丰度的影响［J］. 环境科学，39（8）：3816 - 3825.

Attard E，Recous S，Chabbi A，et al.，2011. Soil environmental conditions rather than denitrifier abundance and diversity drive potential denitrification after changes in land uses［J］. Global Change Biology，17（5）：1975 - 1989.

Bernhard A E，Landry Z C，Blevins A，et al.，2010. Abundance of ammonia-oxidizing archaea and bacteria along an estuarine salinity gradient in relation to potential nitrification rates［J］. Applied Environmental Microbiology，76（4）：1285 - 1289.

Butterbach-Bahl K，Baggs E M，Dannenmann M，et al.，2013. Nitrous oxide emissions from soils：how well do we understand the processes and their controls?［J］. Philosophical Transactions of the Royal Society B: Biological Sciences, 368 (1621): 20130122.

Caffrey J M, Bano N, Kalanetra K, et al., 2007. Ammonia oxidation and ammonia-oxidizing bacteria and archaea from estuaries with differing histories of hypoxia [J]. The ISME Journal, 1 (7): 660.

Dang H, Li J, Chen R, et al., 2010. Diversity, abundance, and spatial distribution of sediment ammonia-oxidizing Betaproteobacteria in response to environmental gradients and coastal eutrophication in Jiaozhou Bay, China [J]. Applied Microbiology and Biotechnology, 76 (14): 4691-4702.

Gao J, Hou L, Zheng Y, et al., 2018. Shifts in the Community dynamics and activity of ammonia-oxidizing prokaryotes along the Yangtze estuarine salinity gradient [J]. Journal of Geophysical Research: Biogeosciences, 123 (11): 3458-3469.

Gomes J, Khandeparker R, Bandekar M, et al., 2018. Quantitative analyses of denitrifying bacterial diversity from a seasonally hypoxic monsoon governed tropical coastal region [J]. Deep Sea Research Part II: Topical Studies in Oceanography, 156: 34-43.

He H, Zhen Y, Mi T, et al., 2018. Ammonia-oxidizing Archaea and Bacteria differentially contribute to ammonia oxidation in sediments from adjacent waters of Rushan Bay, China [J]. Frontiers in Microbiology, 9: 116.

Huang T, Gao B, Christie P, et al., 2013. Net global warming potential and greenhouse gas intensity in a double-cropping cereal rotation as affected by nitrogen and straw management [J]. Biogeosciences, 10 (12): 7897-7911.

Inubushi K, Barahona M A, Yamakawa K, 1999. Effects of salts and moisture content on N_2O emission and nitrogen dynamics in Yellow soil and Andosol in model experiments [J]. Biology and Fertility of Soils, 29 (4): 401-407.

Jin T, Zhang T, Ye L, et al., 2011. Diversity and quantity of ammonia-oxidizing Archaea and Bacteria in sediment of the Pearl River Estuary [J]. China Applied Microbiology and Biotechnology, 90 (3): 1137-1145.

Mosier A C, Francis C A, 2008. Relative abundance and diversity of ammonia-oxidizing archaea and bacteria in the San Francisco Bay estuary [J]. Environmental Microbiology, 10 (11): 3002-3016.

Malash N M, Flowers T J, Rsgsb R, 2008. Effect of irrigation methods, management and salinity of irrigation water on tomato yield, soil moisture and salinity distribution [J]. Irrigation Science, 26 (4): 313-323.

Mkhabela M S, Gordon R, Burton D, et al., 2006. Ammonia and nitrous oxide emissions from two acidic soils of Nova Scotia fertilised with liquid hog manure mixed with or without dicyandiamide [J]. Chemosphere, 65 (8): 1381-1387.

Magalhães C M, Joye S B, Moreira R M, et al., 2005. Effect of salinity and inorganic nitrogen concentrations on nitrification and denitrification rates in intertidal sediments and rocky biofilms of the Douro River estuary, Portugal [J]. Water Research, 39 (9): 1783-1794.

Mosier A C, Francis C A, 2010. Denitrifier abundance and activity across the San Francisco Bay estuary [J]. Environmental Microbiology Reports, 2 (5): 667-676.

Meng H, Wu R, Wang Y F, et al., 2017. A comparison of denitrifying bacterial community structures and abundance in acidic soils between natural forest and re-vegetated forest of Nanling Nature Reserve in southern China [J]. Journal of environmental management, 198: 41-49.

Pulla Reddy Gari N, 2013. Evaluating the effects of organic amendment applications on nitrous oxide emissions from salt-affected soils [D]. State of California: University of California.

Szukics U, Grigulis K, Legay N, et al., 2019. Management versus site effects on the abundance of nitrifiers and denitrifiers in European mountain grasslands [J]. Science of the Total Environment, 648: 745-753.

Sehy U, Ruser R, Munch J C, 2003. Nitrous oxide fluxes from maize fields: relationship to yield, site-specific fertilization, and soil conditions [J]. Agriculture, Ecosystems & Environment, 99 (1-3): 97-111.

Santoro A E, Boehm A B, Francis C A, 2006. Denitrifier community composition along a nitrate and salinity gradient in a coastal aquifer [J]. Applied and Environmental Microbiology, 72 (3): 2102-2109.

Van Trinh M, Tesfai M, Borrell A, et al., 2017. Effect of organic, inorganic and slow-release urea fertilisers on CH_4 and N_2O emissions from rice paddy fields [J]. Paddy and Water Environment, 15 (2): 317-330.

Wang H, Gilbert J A, Zhu Y, et al., 2018. Salinity is a key factor driving the nitrogen cycling in the mangrove sediment [J]. Science of The Total Environment, 631-632: 1342-1349.

Wang D, Chen Z, Sun W, et al., 2009. Methane and nitrous oxide concentration and emission flux of Yangtze Delta plain river net [J]. Science in China Series B: Chemistry, 52 (5): 652-661.

Wei Q, Xu J, Liao L, et al., 2018. Water salinity should be reduced for irrigation to minimize its risk of increased soil N_2O emissions [J]. International Journal of Environmental Research and Public Health, 15 (10): 2114.

Yang A, Zhang X, Agogué H, et al., 2015. Contrasting spatiotemporal patterns and environmental drivers of diversity and community structure of ammonia oxidizers, denitrifiers, and anammox bacteria in sediments of estuarine tidal flats [J]. Annals of Microbiology, 65 (2): 879-890.

Zhu T, Zhang J, Cai Z, 2011. The contribution of nitrogen transformation processes to total N_2O emissions from soils used for intensive vegetable cultivation [J]. Plant and Soil, 343 (1-2): 313-327.

第四章 生物炭对棉田土壤有机碳、氮及棉花产量的影响

秸秆还田作为农田秸秆的主要利用方式之一，不仅可以促进养分循环、改良土壤肥力，还可以增加作物产量。虽然传统的秸秆直接还田有许多优点，但也存在一些局限性，如造成土壤微生物与作物幼苗争夺养分和降低出苗率等（杨旭等，2015）。也有研究发现秸秆直接还田显著提高农田土壤二氧化碳排放通量。近年来，将秸秆热解炭化制成生物炭还田成为秸秆利用的新途径。有研究表明，作物秸秆在限氧条件下高温裂解形成的生物炭对于提高土壤有机碳存储、减少二氧化碳排放、改善土壤肥力等具有重要作用。

氮是植物的必需营养元素，也是影响作物产量的主要限制因子之一。土壤氮素主要以有机氮形态存在，占土壤全氮含量的95%以上，是植物所需矿质氮的源和汇。土壤有机氮库的含量和组成直接影响土壤氮素有效性和供氮能力。因此，深入理解土壤有机氮库及其组成的变化，对土壤培肥与合理施肥具有重要意义。土地利用方式、土壤类型、灌溉、施肥及耕作管理等对土壤有机氮及各组分含量均有显著影响。研究表明，施肥显著影响土壤有机氮组分，有机肥和无机肥配施可增加土壤有机氮含量，提高土壤供氮能力和土壤肥力水平。秸秆还田是改良土壤、培肥地力的重要途径。研究发现，长期棉花秸秆还田既可增加土壤酸解氨基酸态氮和酸解氨基糖态氮含量，提高土壤供氮能力，又能增加酸解未知态氮和非酸解氮含量，增强土壤氮库稳定性（马芳霞等，2018）。但也有研究表明，秸秆还田主要是提高了土壤有机氮组分中未知态氮的含量和比例，对其他组分无显著影响。目前，秸秆炭化还田作为我国重点推广的秸秆综合利用技术备受关注。大量研究表明，秸秆生物炭可显著改善土壤肥力状况，提高作物产量和养分利用率（孙宁川等，2016）。李玥等（2017）研究发现，连续施用炭基肥或生物炭显著提高棕壤土酸解铵态氮和酸解氨基酸态氮含量，活化了土壤氮素。陈坤（2017）报道生物炭可以增加土壤有机氮库容量，提高土壤酸解氨基酸态氮含量，但降低了酸解未知态氮含量。秸秆还田和施氮肥是农田土壤培肥和作物增产的重要措施，但目前对于土壤有机氮的研究多数针对单一影响因素，关于双因素或多因素的研究较少（吴汉卿等，2018）。同时，针对秸秆直接还田和生物炭还田配施氮肥对土壤有机氮组分影响的比较研究还鲜见报道。因此，本章基于田间定位试验，研究棉花秸秆还田、生物炭还田及施氮量对滴灌棉田土壤有机氮及各组分含量的影响，为土壤有机氮库调控以及合理施肥提供依据。

第一节 生物炭对棉田表层土壤有机碳、氮的影响

田间定位试验于2014年在新疆石河子天业园区（44°18′N，86°02′E；海拔443m）开

展。试验地地势开阔，土壤类型为灌耕灰漠土，质地为壤土。试验开始前耕层土壤基本理化性质：有机质 13.5g · kg^{-1}、全氮 0.89g · kg^{-1}、碱解氮 36.8mg · kg^{-1}、有效磷 22.4mg · kg^{-1}、速效钾 284mg · kg^{-1}。试验作物为棉花，品种为新陆早 64 号。

试验采用有机碳和施氮肥 2 因素“3×3”完全随机区组设计。施碳处理为不施有机碳（对照）、施用棉花秸秆（秸秆）、施用生物炭（生物炭）（分别以 CK、ST、BC 表示）。ST 处理棉花秸秆的施用量为 6t · hm^{-2}，BC 处理生物炭的施用量为 3.7t · hm^{-2}（与棉花秸秆的有机碳总量相等）。三个施氮（N）水平为 0kg · hm^{-2}、300kg · hm^{-2}、450kg · hm^{-2}（分别以 N0、N300、N450 表示）。共 9 个处理，每个处理重复 3 次，共 27 个小区，每个小区面积为 $30m^2$。为防止试验小区间的养分侧渗，各小区间设置隔离带。

棉花秸秆采自试验地上一年所种植的棉花，每年作物收获后收取棉花秸秆，带回室内晾干备用。生物炭由棉花秸秆在厌氧条件下 450℃热解 6h 制成。供试棉花秸秆与生物炭在施用前经 70℃烘干至恒重，粉碎过 1mm 筛后密封保存。棉花秸秆有机碳含量385g · kg^{-1}，全氮含量 1.60g · kg^{-1}；生物炭有机碳含量 625g · kg^{-1}，全氮含量 0.89g · kg^{-1}。棉花秸秆和生物炭在每年翻地播种前均匀撒施于地表，然后翻耕至 20cm 土层。棉花种植采用膜下滴灌机采棉模式（66+10）cm，一膜三管六行，滴灌毛管置于两行作物之间，滴灌毛管滴头间距 25cm。棉花于每年 4 月中下旬播种，干播湿出，播种后滴出苗水 30mm。棉花生长期间灌水 9 次，6 月上旬开始至 8 月中下旬结束，灌水周期为 7～10d。各处理磷（P_2O_5）、钾（K_2O）肥的施用量相同，分别为 105kg · hm^{-2} 和 75kg · hm^{-2}，全部作基肥在播种前一次性施入。氮肥使用尿素，在棉花生长期间分 5 次随水滴施（从第 2 次灌水开始至第 6 次灌水结束）。其他栽培管理措施参照当地大田生产。

2017—2018 年（定位试验连续开展的第 4—5 年）在田间定位试验的基础上采集土壤样品，测定土壤总有机碳（TOC 分析仪测定）、土壤全氮（凯氏定氮法测定）、土壤有机氮组分（采用 Bremner 法测定）。棉花收获期采集棉花植株样品，测定棉花全氮含量（凯氏定氮法测定）；在棉花吐絮期测定棉花籽棉产量，并在收获期实收计产。

一、土壤有机碳

土壤有机碳含量受施氮量影响显著（$P<0.05$），表现为土壤有机碳含量随施氮量的增加而增加（图 4-1）。无论是否施用氮肥，施用生物炭和秸秆均能显著增加土壤有机碳含量，但配施氮肥对土壤有机碳含量的提高更显著，尤其是生物炭处理下。2017 年，不施氮肥条件下（N0），BC 处理和 ST 处理土壤有机碳含量较 CK 处理分别增加 25.1%和 13.5%；在施氮肥条件下（N300、N450），BC 处理和 ST 处理土壤有机碳含量较 CK 处理分别增加 31.0%、65.8%和 16.0%、36.0%。2018 年土壤有机碳含量趋势与 2017 年一致，不施氮肥条件下（N0），BC 处理和 ST 处理土壤有机碳含量较 CK 处理分别增加 26.1%和 14.0%；在施氮肥条件下（N300、N450），BC 处理和 ST 处理土壤有机碳含量较 CK 处理分别增加 35.1%、76.1%和 17.9%、39.7%。

二、土壤全氮

土壤全氮含量受施氮量影响显著（$P<0.05$），表现为土壤全氮含量随施氮量的增加而

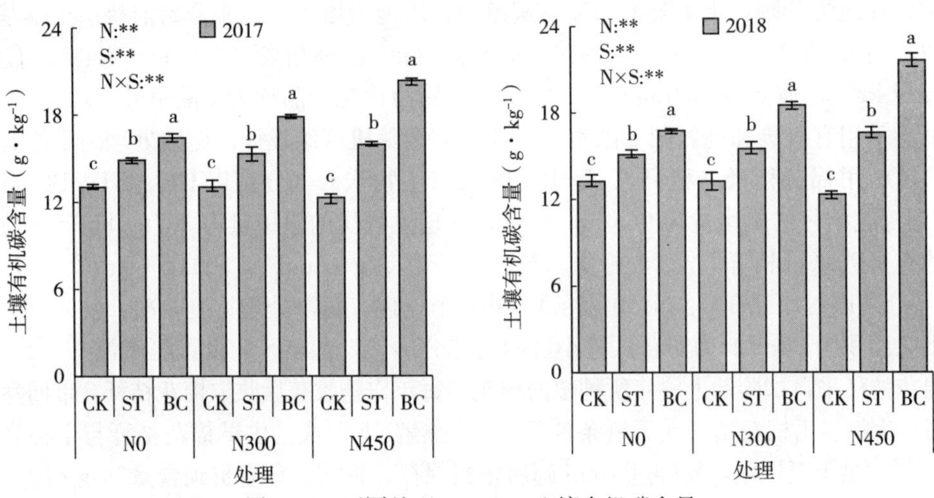

图 4-1　不同处理 0～20cm 土壤有机碳含量

增加（图 4-2）。无论是否施用氮肥，施用生物炭和秸秆均能显著增加土壤全氮含量，但配施氮肥对土壤全氮的提高更显著。2017 年，不施氮肥条件下，BC 处理和 ST 处理土壤全氮含量较 CK 处理分别增加 4.8%和 8.2%；在施氮肥条件下（N300、N450），BC 处理和 ST 处理土壤全氮含量较 CK 处理分别增加 31.5%、27.3%和 28.3%、33.1%。2018 年土壤全氮含量较 2017 年趋势有所变化，不施氮肥条件下，BC 处理和 ST 处理土壤全氮含量较 CK 处理分别增加 6.1%和 10.8%，均达到显著差异水平；在配施氮肥条件下（N300、N450），BC 处理和 ST 处理土壤全氮含量较 CK 处理分别增加 37.2%、32.5%和 38.4%、33.5%。

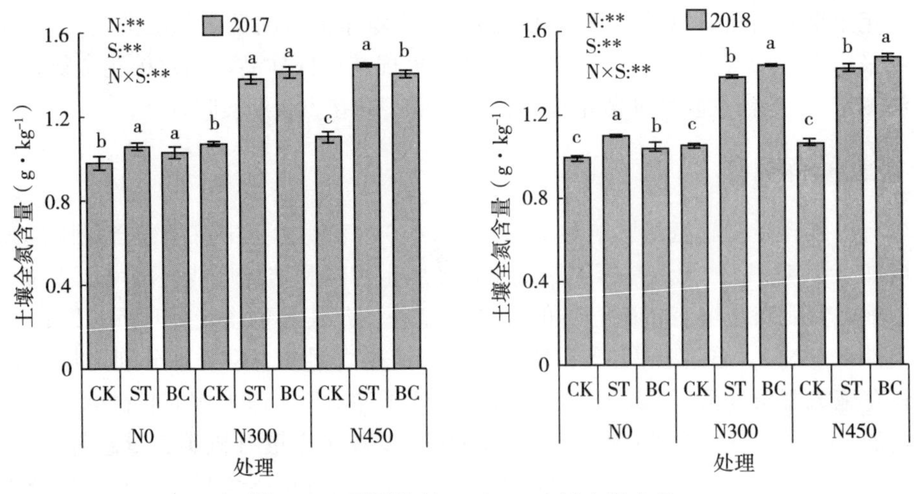

图 4-2　不同处理 0～20cm 土壤全氮含量

三、土壤碳氮比

土壤碳氮比受施氮量影响显著（$P<0.05$），表现为土壤碳氮比随施氮量的增加而降低（图 4-3）。不施氮肥条件下，BC 处理和 ST 处理土壤碳氮比较 CK 处理分别增加

19.4%和5.1%，且BC处理土壤碳氮比显著高于ST处理。2017年，在N300条件下，BC处理与CK处理的土壤碳氮比无显著差异，但ST处理的土壤碳氮比显著低于CK处理和BC处理，且分别较CK处理和BC处理下降11.0%和14.8%；N450条件下，BC处理土壤碳氮比较CK处理显著提高了30.3%。2018年，ST处理土壤碳氮比在N0和N450条件下较CK处理无显著差异，但在N300条件下显著降低了12.4%；而BC处理在N0和N450条件下均较CK处理显著增加土壤碳氮比，分别增加了19.3%和27.3%。

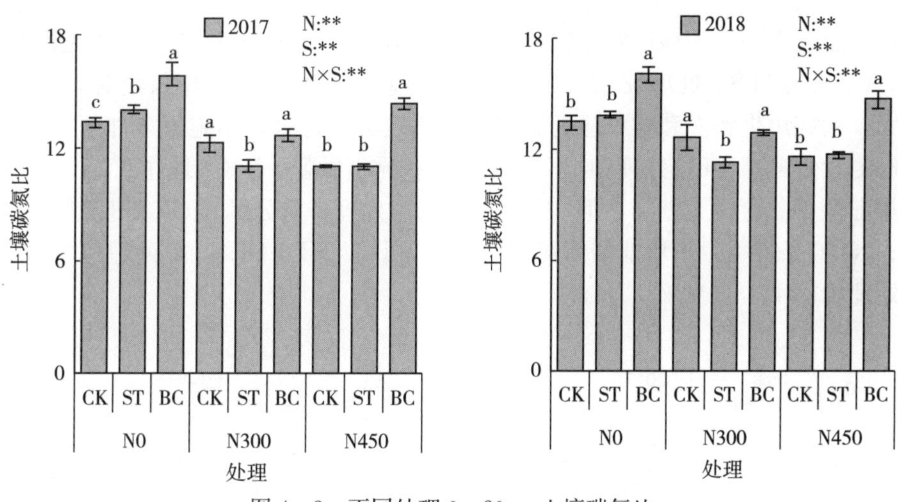

图4-3　不同处理0～20cm土壤碳氮比

四、土壤有机氮组分含量

（一）酸解氮和非酸解氮

施氮量显著影响土壤酸解氮含量，N450处理土壤酸解氮含量最高，其次是N300处理，分别较N0处理增加33.2%和29.8%（图4-4）。在三个施氮量水平下生物炭和秸秆处理间无差异，但均显著高于不施有机碳处理；尤其是在施氮肥条件下，生物炭和秸秆处

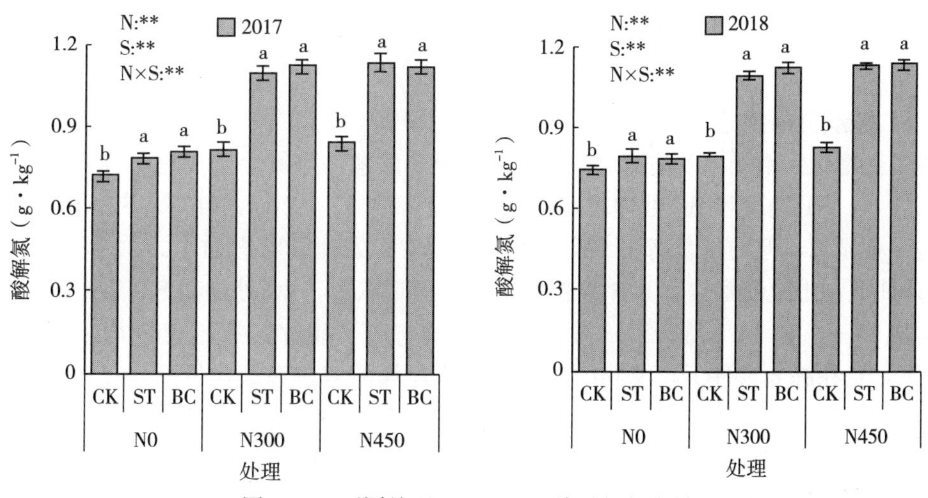

图4-4　不同处理0～20cm土壤酸解氮含量

理土壤酸解氮含量较不施有机碳处理增加程度更大。2017 年，不施氮条件下，BC 处理和 ST 处理土壤酸解氮含量较 CK 处理分别增加 9.7%和 12.5%；而在施氮条件下（N300、N450），BC 处理和 ST 处理土壤酸解氮则较 CK 处理分别增加 35.7%、32.9%和 33.3%、36.6%。2018 年，土壤酸解氮含量变化趋势与 2017 年一致，不施氮条件下，BC 处理和 ST 处理土壤酸解氮含量较 CK 处理分别增加 5.3%和 7.0%；而在施氮条件下（N300、N450），BC 处理和 ST 处理土壤酸解氮则较 CK 处理分别增加 40.6%、37.0%和 36.5%、36.8%。

施用氮肥、生物炭和秸秆对非酸解氮含量影响不大（图 4－5）。2017 年无论施氮还是不施氮，BC 处理和 ST 处理较 CK 处理均无显著差异。2018 年，施氮量对非酸解氮含量影响不大，而施用生物炭和秸秆显著影响土壤非酸解氮含量；不施氮条件下，ST 处理土壤非酸解氮含量最高，BC 处理和 CK 处理之间差异不显著；N300 条件下，BC 处理和 ST 处理土壤非酸解氮含量无差异，但均显著高于 CK 处理，且分别较 CK 处理增加 26.6%和 19.0%；N450 条件下，土壤非酸解氮含量表现为 BC>ST>CK，BC 处理和 ST 处理分别较 CK 处理增加 42.8%和 23.3%。

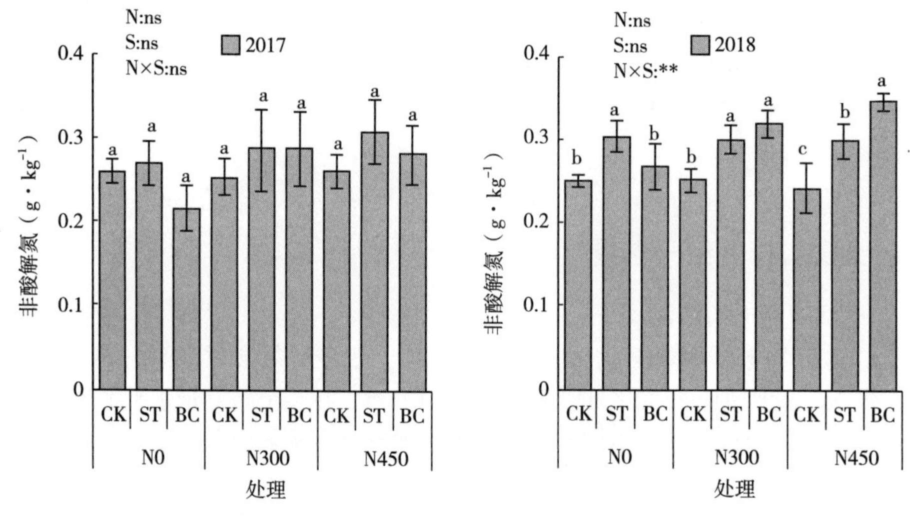

图 4－5　不同处理 0～20cm 土壤非酸解氮含量

（二）酸解氮各组分

施用生物炭、秸秆以及施氮肥均显著提高土壤酸解铵态氮含量（图 4－6）。2017 年不施氮条件下，ST 处理和 BC 处理较 CK 处理无显著差异；N300 条件下，ST 处理与 BC 处理间差异不显著，但均显著高于 CK 处理，且较 CK 处理分别增加 10.8%和 17.4%；在 N450 条件下，土壤酸解铵态氮含量表现为 BC>ST>CK，BC 处理和 ST 处理较 CK 处理分别增加 24.9%和 14.6%。2018 年，无论施氮与否，酸解铵态氮含量均表现为 BC>ST>CK，且在施氮条件下，N300 和 N450 处理土壤酸解铵态氮含量平均较 N0 处理分别增加 25.6%和 39.9%；N0 条件下，ST 处理与 CK 处理间差异不显著，而 BC 处理则较 CK 处理增加了 15.7%；N300 和 N450 条件下，ST 处理和 BC 处理分别较 CK 处理增加 9.9%、28.0%和 7.2%、16.8%，且 BC 处理较 ST 处理分别增加 16.4%和 9.0%。

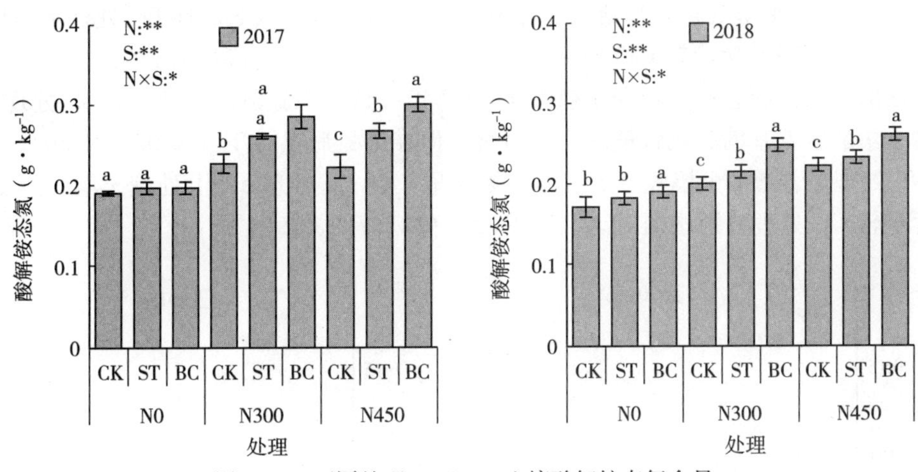

图 4-6 不同处理 0～20cm 土壤酸解铵态氮含量

综合施用生物炭和秸秆条件下，施氮肥处理（N300 和 N450）酸解氨基酸态氮含量显著高于不施氮肥处理（N0）（图 4-7）。施用生物炭和秸秆对土壤酸解氨基酸态氮含量的影响在三个施氮量下的变化趋势一致，ST 处理最高，其次是 BC 处理，CK 处理最低。2017 年，N0 条件下，BC 处理与 CK 处理的酸解氨基酸态氮无显著差异，ST 处理较 CK 处理增加 15.1%；在 N300 和 N450 条件下，ST 处理和 BC 处理酸解氨基酸态氮含量较 CK 处理分别增加 36.1%、14.9%和 41.8%、13.0%。2018 年，土壤酸解氨基酸态氮含量变化趋势与 2017 年一致，N0 条件下 BC 处理与 CK 处理间无显著差异，而 ST 处理较 CK 处理增加 12.1%；N300 和 N450 条件下，ST 处理和 BC 处理酸解氨基酸态氮含量较 CK 处理分别增加 44.6%、20.1%和 44.6%、24.8%。

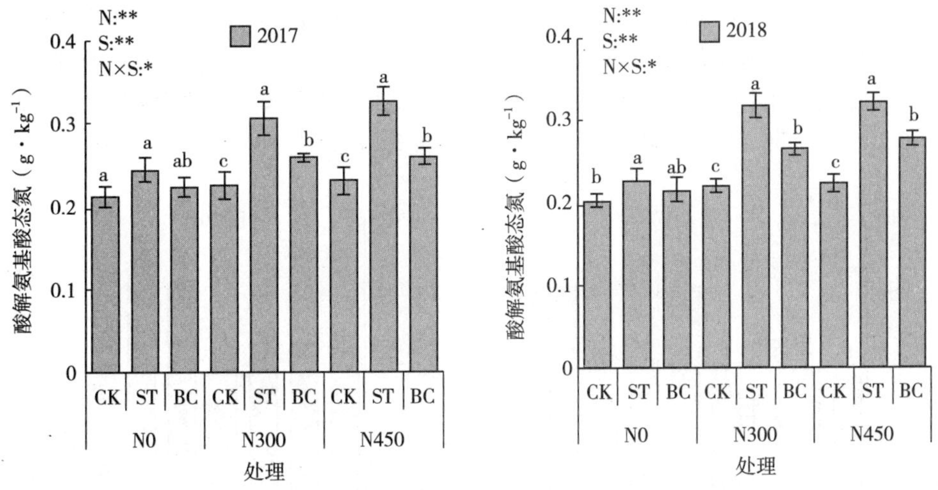

图 4-7 不同处理 0～20cm 土壤酸解氨基酸态氮含量

总体上，施氮肥显著影响酸解氨基糖态氮含量（图 4-8）。在生物炭和秸秆条件下，施氮肥显著增加了酸解氨基糖态氮含量，且 N300 和 N450 处理间差异显著。2017 年，不施氮肥条件下，施用生物炭和秸秆对土壤酸解氨基糖态氮含量影响不显著；施氮肥条件下

（N300、N450），土壤酸解氨基糖态氮含量表现为BC>ST>CK，且BC处理和ST处理土壤酸解氨基糖态氮含量较CK处理分别增加60.3%、27.8%和71.1%、47.7%。2018年，土壤酸解氨基糖态氮含量变化趋势与2017年一致，不施氮肥条件下，BC处理和ST处理对土壤酸解氨基糖态氮含量影响不显著；但在施氮肥条件下（N300、N450），BC处理和ST处理显著增加土壤酸解氨基糖态氮含量，且BC处理和ST处理土壤酸解氨基糖态氮含量较CK处理分别增加45.2%、27.2%和47.7%、29.4%。

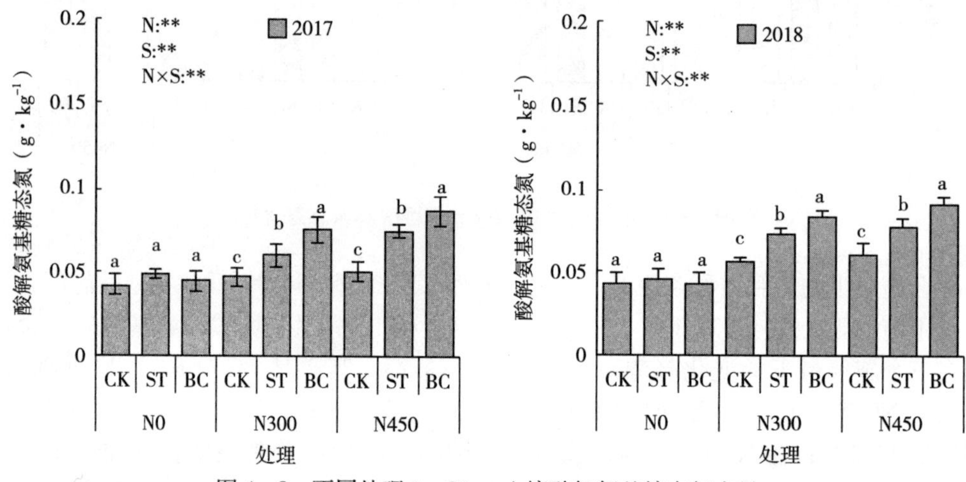

图4-8 不同处理0～20cm土壤酸解氨基糖态氮含量

施氮肥显著影响土壤酸解未知态氮含量（图4-9）。2017年不施氮肥条件下，ST处理与CK处理酸解未知态氮含量无显著差异，而BC处理显著高于ST和CK处理，且较CK增加了24.1%；在施氮条件下（N300、N450），BC处理和ST处理较CK处理分别增加了66.9%、52.0%和48.9%、45.0%，其中N300条件下BC处理较ST处理显著增加9.8%。2018年，不施氮条件下BC处理和ST处理酸解未知态氮含量较CK处理间差异均不显著；而施氮条件下（N300、N450），BC处理和ST处理较CK处理分别增加了62.9%、51.0%和60.8%、56.6%，其中N300条件下BC处理较ST处理显著增加7.9%。

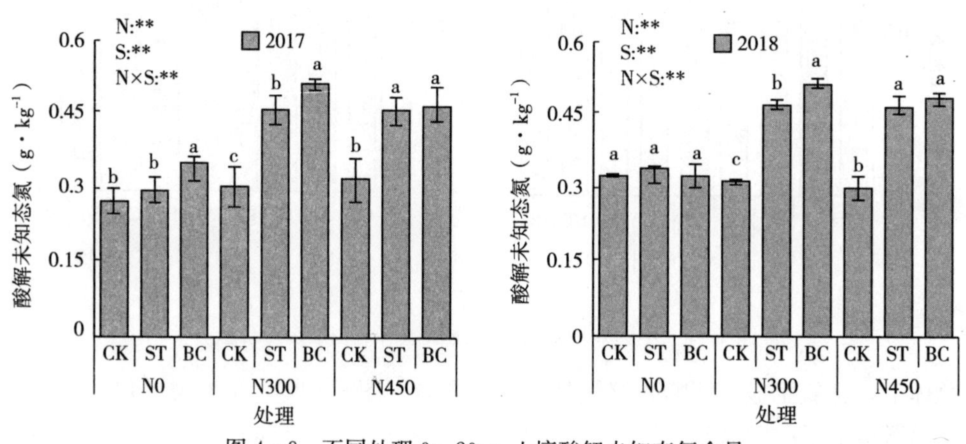

图4-9 不同处理0～20cm土壤酸解未知态氮含量

(三)土壤有机氮组成

生物炭和秸秆的施用不仅对土壤有机氮含量产生了影响，同时土壤有机氮库的组成也发生了变化（表4-1）。2017年，不施氮条件下，BC处理的非酸解氮较CK处理降低了20.68%，酸解未知态氮增加了17.9%。N300条件下，ST处理酸解铵态氮比例降低了14.2%，而BC处理则降低了酸解铵态氮比例和酸解氨基酸态氮比例，分别为10.8%、12.9%；同时，ST处理的酸解未知态氮较CK处理增加了18.0%，而BC处理的酸解未知态氮和酸解氨基糖态氮则较CK处理分别显著增加了27.0%、23.3%。N450条件下，ST处理降低了酸解铵态氮比例，为12.8%。而BC处理则较CK降低了酸解氨基酸态氮比例，为11.4%；但BC处理的酸解未知态氮和酸解氨基糖态氮较CK处理分别增加了17.0%、35.6%。

表4-1 不同处理0～20cm土壤有机氮库组成

施氮量	施有机碳	酸解氮（%）										非酸解氮（%）	
		铵态氮		氨基酸态氮		氨基糖态氮		未知态氮		合计			
		2017	2018	2017	2018	2017	2018	2017	2018	2017	2018	2017	2018
N0	CK	19.6a	17.7b	21.6a	20.5a	4.3a	4.3a	27.9b	32.3a	73.3b	74.8a	26.6a	25.2a
	ST	19.2a	17.2b	23.0a	20.8a	4.6a	4.1a	27.7b	30.2a	74.5b	72.3a	25.5a	27.7a
	BC	19.9a	19.4a	21.8a	20.6a	4.3a	4.1a	32.9a	30.4a	78.9a	74.5a	21.1b	25.5a
	平均值	19.6B	18.1B	22.1A	20.6A	4.4B	4.2B	29.5B	31.0A	75.6B	73.8B	24.4A	26.2A
N300	CK	23.2a	20.1a	21.0a	21.0b	4.3b	5.4a	27.8b	28.5c	76.2a	74.9a	23.8a	25.1a
	ST	19.9b	16.7c	22.2a	22.9a	4.3b	5.2a	32.8a	32.1b	79.2a	76.9a	20.8a	23.1a
	BC	20.7b	18.8b	18.3b	18.4c	5.3a	5.7a	35.3a	34.0a	79.6a	76.8a	20.4a	23.2a
	平均值	21.3A	18.5B	20.5B	20.8A	4.6B	5.4A	31.9A	31.5A	78.3A	76.2A	21.7B	23.8B
N450	CK	22.6a	22.9a	20.9a	20.9b	4.5b	5.7a	28.3b	27.8b	76.3a	77.3a	23.7a	22.7a
	ST	19.7b	18.4b	22.6a	22.6a	5.2b	5.4a	31.2ab	32.6a	78.7a	79.0a	21.3a	21.0a
	BC	22.2a	19.4b	18.5b	18.8c	6.1a	6.1a	33.1a	32.3a	79.9a	76.5a	20.1a	23.5a
	平均值	21.5A	20.2A	20.7B	20.8A	5.3A	5.7A	30.8AB	30.9A	78.3A	77.6A	21.7B	22.4B
两因素方差分析（显著性）													
施氮量（N）		**	**	*	ns	**	**	ns	ns	*	**	*	**
施有机碳（S）		**	**	**	**	**	ns	**	**	**	ns	**	ns
交互作用（N×S）		ns	**	ns	**	ns	ns	ns	**	ns	ns	ns	ns

注：同一列标注不同小写字母表示处理间差异显著（$P<0.05$），同一列大写字母表示平均值间差异显著性（$P<0.01$）。显著性水平：**，$P<0.01$；*，$P<0.05$；ns，$P\geqslant0.05$。下同

2018年，不施氮条件下，BC处理的酸解铵态氮较CK处理增加了9.6%。施氮条件下（N300、N450），ST处理的酸解铵态氮分别降低了16.9%、19.7%，而BC处理则降低了酸解铵态氮库和酸解氨基酸态氮库，分别降低了6.5%、15.3%和10.1%、12.4%；同时，ST处理增加了酸解未知态氮库和酸解氨基酸态氮库，分别增加了12.6%、17.3%和9.1%、8.13%，而BC处理增加了酸解未知态氮库，分别增加了19.3%、16.2%。

综上分析，施用氮肥（300kg·hm^{-2}和450kg·hm^{-2}）或生物炭和秸秆均能增加土壤全氮含量，尤其是生物炭和秸秆配施氮肥对土壤全氮含量的提高更显著。李玥等（2017）

研究也表明生物炭单施或施用炭基肥均有效提高了土壤全氮含量。已有大量长期定位试验证明有机肥与化肥配施能够显著增加土壤有机碳和全氮含量。但也有研究认为长期单施化肥（氮肥）对土壤全氮含量无直接影响。张永全等（2015）报道秸秆还田配施氮肥 180～270kg · hm^{-2}对小麦-玉米轮作农田土壤有机碳和全氮含量均无显著影响。然而，贾倩等（2017）研究表明，随着施氮量的增加棉花-油菜轮作农田的有机残落物显著增加，即使在秸秆不还田条件下，施氮量＞300kg · hm^{-2}时，土壤全氮含量也会显著增加。说明土壤全氮、有机碳含量受气候、土壤类型、施肥量和作物种类等综合影响。

本研究发现，不施氮肥条件下（N0），生物炭处理土壤全氮含量显著低于秸秆处理。这可能是由于秸秆的含氮量（1.60g · kg^{-1}）明显高于生物炭（0.89g · kg^{-1}），因此在不施氮肥条件下，秸秆直接还田对土壤全氮的提升作用高于施用生物炭。但在施用氮肥条件下，由于生物炭和秸秆增强了土壤对氮素的保持能力，减少了氮素损失，进而显著提高土壤全氮含量。已有研究表明，棉花秸秆生物炭可显著增加肥料^{15}N 的土壤残留率，降低^{15}N淋洗损失率（李琦等，2015）；同时，棉花秸秆生物炭还显著减少了滴灌棉田的氨挥发损失，且氨挥发积累量显著低于施用棉花秸秆（Li et al.，2016）。陈坤（2017）连续 7 年的生物炭等有机物料配施化肥定位试验也发现，生物炭富含有机碳、氮，可增加土壤有机质和全氮含量，土壤全氮含量表现为猪粪腐肥＞生物炭颗粒＞秸秆还田处理。

本研究表明，施用秸秆、生物炭和施氮肥对土壤有机氮组分含量影响显著，且二者存在明显的交互效应。施氮肥显著增加土壤酸解氮及酸解氮各组分的含量，对非酸解氮含量无显著影响，这与其他学者针对单施化肥（氮肥）对土壤有机氮各组分含量影响的研究结果存在较大差异（任金凤等，2017；张玉树等，2014；贾倩等，2017）。但在秸秆不还田条件下（单施化肥），施氮肥显著增加了土壤酸解氮及酸解氮组分中铵态氮含量，而对酸解氮组分中氨基酸态氮、未知态氮以及非酸解氮含量无影响，这与任金凤等（2017）、巨晓棠等（2004）的研究结果相似。

有研究也发现，棉花秸秆还田显著增加酸解氨基酸态氮、酸解铵态氮、酸解氨基糖态氮、酸解未知态氮以及非酸解氮的含量（马芳霞等，2018）；施用生物炭及炭基肥也能显著增加土壤酸解氮及酸解氮组分中铵态氮、氨基酸态氮含量（李玥等，2017）。但也有研究认为，施用生物炭和秸秆对酸解未知态氮和非酸解氮没有显著影响（任金凤等，2017；赵士诚等，2014）。这可能是由于气候条件、土壤特性、施肥量等不同所致。

关于施用生物炭和秸秆对土壤有机氮组分的研究报道较少。本研究发现，施用秸秆的土壤酸解氮含量与施用生物炭无明显差异，但酸解铵态氮、酸解氨基糖态氮含量表现为生物炭＞秸秆，酸解氨基酸态氮为秸秆＞生物炭，二者酸解未知态氮含量的差异较小。酸解铵态氮主要来源于土壤固定态铵和吸附态铵，是当季作物可直接吸收利用的有效态氮，可表征土壤的供氮潜力（Lv et al.，2013）。酸解氨基糖态氮主要来源于土壤微生物细胞壁，其含量与土壤微生物数量、群落结构等密切相关。生物炭处理酸解铵态氮、酸解氨基糖态氮含量高于秸秆处理，可能是由于生物炭一方面具有极大的比表面积和电负性，提高了土壤对酸解铵态氮的吸持能力（李玥等，2017）；另一方面生物炭复杂的孔隙结构，也为微生物提供了良好的生存环境，促进微生物的生长和繁殖（陈坤，2017）。有研究表明，在施氮量较高的情况下，生物炭处理土壤酸解铵态氮含量显著高于秸秆处理（Li et al.，

2016)。此外，与秸秆直接还田相比，施用高量生物炭也更有利于增加土壤微生物量，维持较高的微生物活性（张星等，2015)。酸解氨基酸态氮主要来源于土壤中有机物质的降解，是土壤中有效氮的“过渡库”(Lv et al.，2013)。秸秆含氮量高且易于降解，可能是秸秆直接还田土壤酸解氨基酸态氮含量高于生物炭处理的主要原因。

本研究中，不同处理土壤有机氮各组分占全氮的比例为：酸解未知态氮(31.12%）>非酸解氮（24.14%）>酸解氨基酸态氮（20.71%）>酸解铵态氮(18.94%）>酸解氨基糖态氮（2.09%)，这与前人的研究结果基本一致（张永全等，2015；王媛等，2010)。徐阳春等（2002）也认为土壤酸解氮中主要为氨基酸态氮、未知态氮，铵态氮次之，氨基糖态氮最低。施用生物炭、秸秆和氮肥不仅影响土壤有机氮各组分含量，也改变了土壤有机氮库的组成。但目前对于施用秸秆和施氮肥对土壤有机氮组成或分布影响的研究结果不尽相同。王媛等（2010）研究表明，单施化肥降低土壤酸解氮及其组分中铵态氮、氨基糖态氮占全氮的比例，非酸解氮比例增加；秸秆还田配施化肥同样降低了土壤酸解氮及其组分中铵态氮、氨基糖态氮的比例，但酸解氨基酸态氮、酸解未知态氮和非酸解氮的比例增加。李世清等（2004）研究表明，单施化肥仅增加了土壤酸解氨基糖态氮和非酸解氮占全氮的比例，其他组成均有所降低；而秸秆还田配施化肥增加了土壤酸解氮及其组分中铵态氮、氨基酸态氮、氨基糖态氮的比例，仅酸解未知态氮和非酸解氮比例降低。马芳霞等（2018）研究表明，秸秆还田增加了土壤酸解氨基酸态氮和酸解氨基糖态氮占全氮比例，降低了酸解未知态氮比例。本研究表明，增施氮肥提高了土壤酸解氮及其组分中铵态氮、氨基糖态氮占全氮的比例，降低了非酸解氮比例；秸秆配施氮肥显著增加了酸解氨基酸态氮和酸解未知态氮的比例，酸解铵态氮比例降低；生物炭配施氮肥则主要增加了酸解未知态氮的比例，酸解铵态氮和酸解氨基酸态氮的比例均显著降低。肖巧琳等（2011）研究也发现，秸秆还田显著增加了酸解未知态氮占全氮的比例。有研究指出，有机肥和化肥配施条件下土壤酸解氮增加，尤其是酸解氨基酸态氮和酸解未知态氮的变化较大（彭令发等，2003)。巨晓棠等（2004）认为有机肥提升的酸解氮组分主要是分解程度较低的酸解未知态氮，而化肥则主要提升了比较容易被分解的酸解铵态氮。

第二节　生物炭对土壤有机碳和全氮含量的垂直分布的影响

一、有机碳垂直分布

施用生物炭和秸秆增加了整个土壤剖面上的有机碳的分布，且0～100cm土层中各处理下有机碳含量随着土层深度的增加呈下降趋势（图4-10)。不施氮条件下，秸秆处理土壤有机碳含量增加10.1%～81.6%，而生物炭处理则增加22.3%～113.7%。N300条件下，秸秆处理有机碳含量增加9.9%～72.7%，而生物炭处理增加28.8%～105.8%。在N450条件下，秸秆处理有机碳含量增加2.7%～70.9%，而生物炭处理增加54.1%～95.6%。由此可见，生物炭处理较秸秆处理对土壤剖面有机碳含量的影响更大。

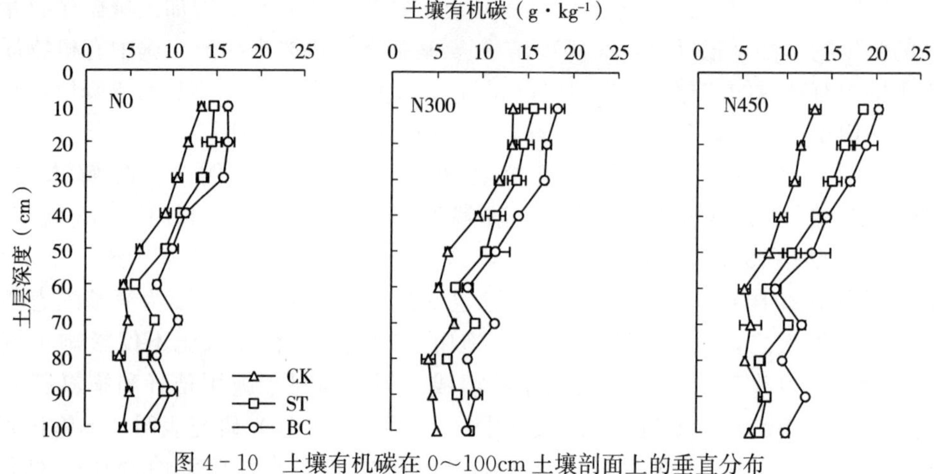

图 4-10　土壤有机碳在 0～100cm 土壤剖面上的垂直分布

二、全氮垂直分布

土壤全氮含量剖面分布趋势和土壤有机碳含量剖面分布趋势大体一致，0～100cm 土层中各处理下土壤全氮含量随着土层深度的增加呈下降趋势（图 4-11）。生物炭和秸秆的施用均可以增加下层土壤全氮分布，且随着施氮量的增加生物炭作用更明显。N0 和 N300 条件下，与单施氮肥处理（CK）相比，生物炭和秸秆对 0～30cm 土层土壤全氮分布增加显著，分别增加 8.4%～38.7%、8.3%～37.0%，但生物炭与秸秆之间无差异。在 N450 条件下，与单施氮肥处理相比，秸秆对 0～40cm 土层土壤全氮分布增加显著，为 11.1%～34.3%，而生物炭处理则对 0～50cm 土层土壤全氮分布增加显著，为 14.5%～38.8%，且生物炭处理在对下层土壤全氮分布增加程度要优于秸秆处理。

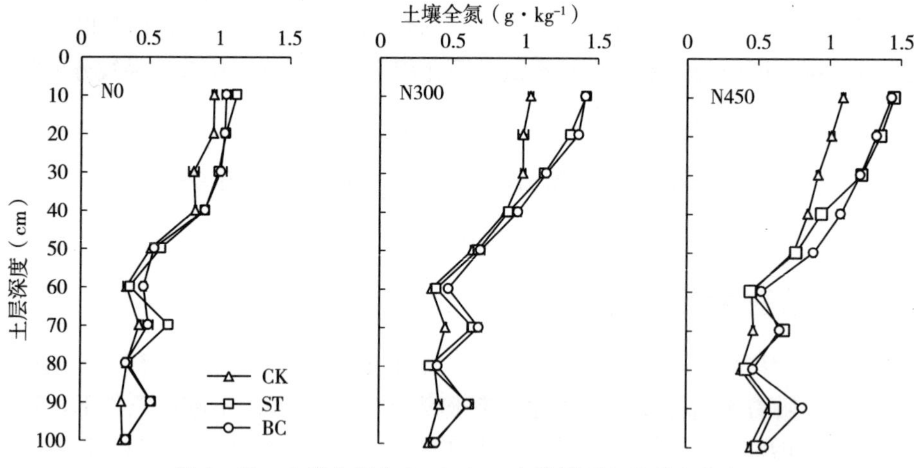

图 4-11　土壤全氮在 0～100cm 土壤剖面上的垂直分布

三、碳氮比垂直分布

施用生物炭和秸秆均能增加土壤碳氮比，但氮肥的施用降低了生物炭和秸秆对土壤碳氮比的增加效果（图 4－12）。施用秸秆对 0～30cm 土层土壤碳氮比无影响，但增加了下层土壤碳氮比，而生物炭处理则明显增加了整个土壤剖面上的碳氮比。N0 条件下，秸秆处理在 0～40cm 土层对土壤碳氮比无影响，但显著增加 40cm 以下土层的土壤碳氮比，增加 7%～33.2%；而生物炭处理则显著增加了各个土层的土壤碳氮比，增加 12%～178%。N300 条件下，秸秆处理较单施氮肥处理显著降低了 0～20cm 土层土壤碳氮比，分别降低 14%和 17%；而生物炭处理则对 0～20cm 土层土壤碳氮比无显著影响；同时，秸秆增加了下层土壤碳氮比，为 18.1%～59.5%，而生物炭处理的下层土壤碳氮比增加 10.4%～95.9%。在 N450 条件下，秸秆处理较单施氮肥处理增加了 40～80cm 土层土壤碳氮比，增加 6.2%～51.3%；而生物炭处理则显著增加了整个剖面土层土壤碳氮比，增加 15.5%～46.4%。

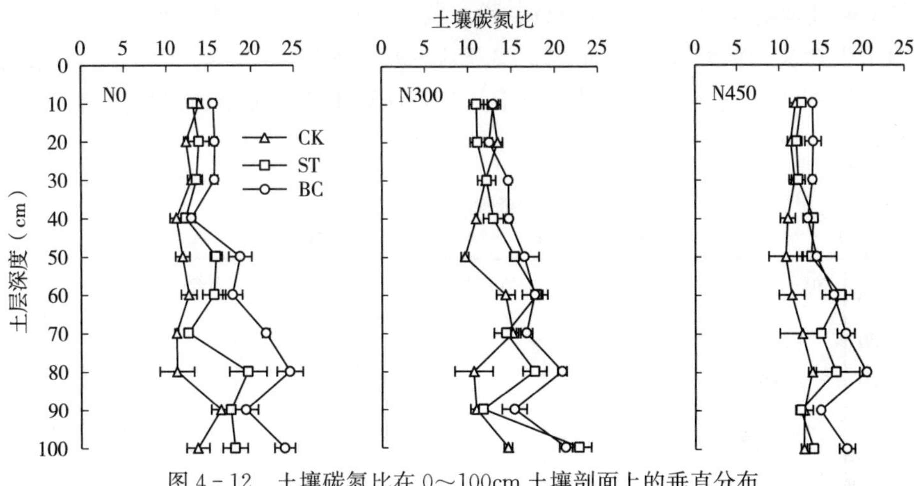

图 4－12　土壤碳氮比在 0～100cm 土壤剖面上的垂直分布

四、有机氮组分垂直分布

（一）酸解氮和非酸解氮

酸解氮在土壤剖面上的分布趋势与全氮分布趋势相似（图 4－13）。生物炭和秸秆处

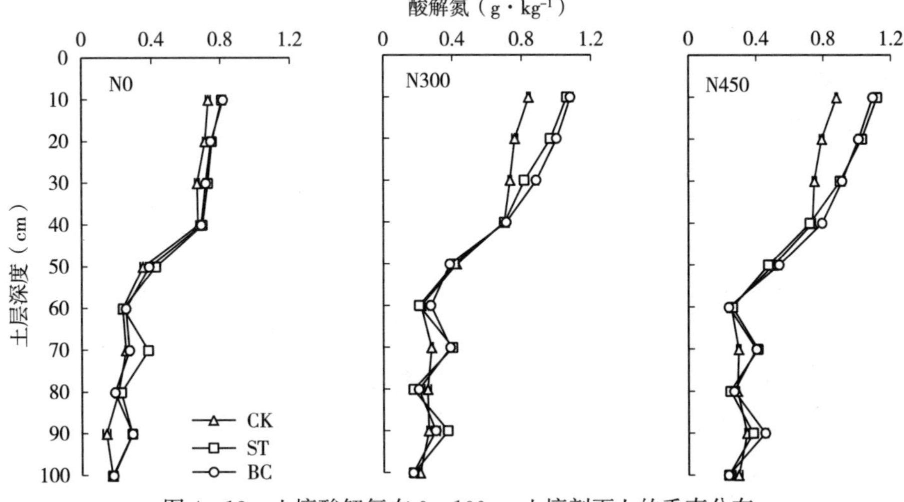

图 4－13　土壤酸解氮在 0～100cm 土壤剖面上的垂直分布

理间土壤酸解氮含量差异不显著，但生物炭和秸秆的施用均能增加表层土壤（0～30cm）和下层土壤（70cm、90cm）酸解氮含量，且在施氮条件下效果更显著。不施氮条件下，生物炭和秸秆处理的表层土壤酸解氮分别增加 11.8%和 20.5%，下层土壤酸解氮分别增加 105%和 104%。而施氮条件下，生物炭和秸秆处理的表层土壤酸解氮分别增加 31.7%和 30.3%，下层土壤酸解氮分别增加 36.1%和 38.9%。

非酸解氮在剖面上的分布无规律（图 4-14）。生物炭和秸秆均能增加非酸解氮在土壤剖面上的分布，且随着施氮量的增加生物炭和秸秆的作用越明显。在表层土壤（0～30cm）中，生物炭与秸秆处理间差异不明显；而在下层土壤中，生物炭对增加非酸解氮在土壤剖面上分布的作用更显著。不施氮条件下，秸秆处理表层土壤（0～40cm）非酸解氮分布较 CK 处理增加 28.5%～80.8%，而生物炭处理较 CK 处理增加 19.7%～99.3%；下层土壤中生物炭和秸秆处理分别增加 23.7%～99.7%和 37.5%～41.7%。施氮条件下（N300、N450），生物炭和秸秆处理较单施氮肥处理对土壤非酸解氮剖面分布增幅分别为 38.5%～151.8%和 20.0%～98.0%。

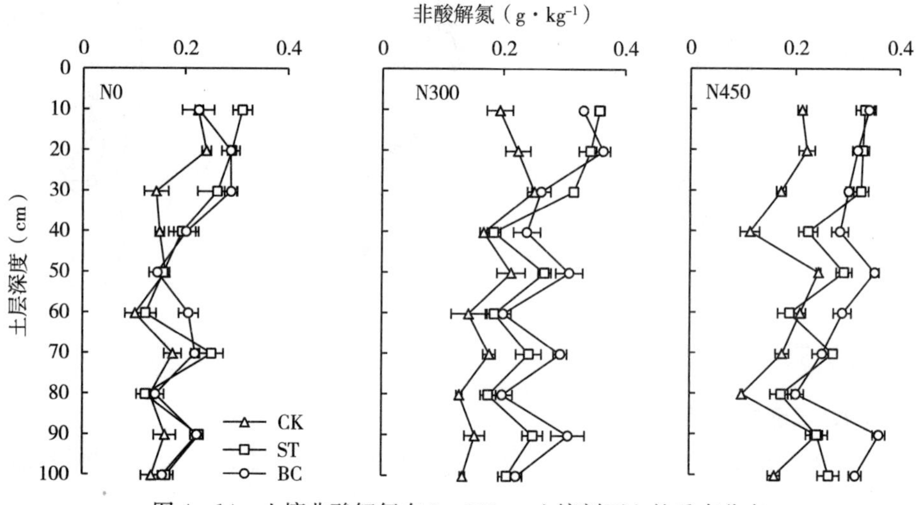

图 4-14　土壤非酸解氮在 0～100cm 土壤剖面上的垂直分布

（二）酸解氮各组分

施用生物炭和秸秆在不同施氮条件下对土壤酸解铵态氮的剖面分布影响不同（图 4-15）。不施氮条件下，生物炭和秸秆增加了酸解铵态氮在 0～60cm 土层上的分布，分别较 CK 处理增加了 9.4%～58.1%和 9.0%～48.0%。N300 条件下，生物炭和秸秆较单施氮肥处理增加了表层（0～20cm）土壤和下层（40cm、70cm）土壤的酸解铵态氮含量，分别增加了 11.3%～53.4%和 11.2%～93.1%。N450 条件下，秸秆处理下较单施氮肥处理增加了表层（10cm、30cm）土壤酸解铵态氮含量，分别较单施氮肥处理增加 16.1%和 12.0%；而生物炭处理则增加了 20～50cm 土层土壤的酸解铵态氮含量，增加了 13.2%～21.1%。

生物炭和秸秆均能增加土壤酸解氨基酸态氮剖面分布，且秸秆处理对剖面酸解氨基酸态氮分布影响更显著（图 4-16）。不施氮条件下，生物炭处理较 CK 处理增加了 40cm 和 90cm 土层酸解氨基酸态氮的含量，分别增加 40.8%和 102.9%；而秸秆处理则增加了

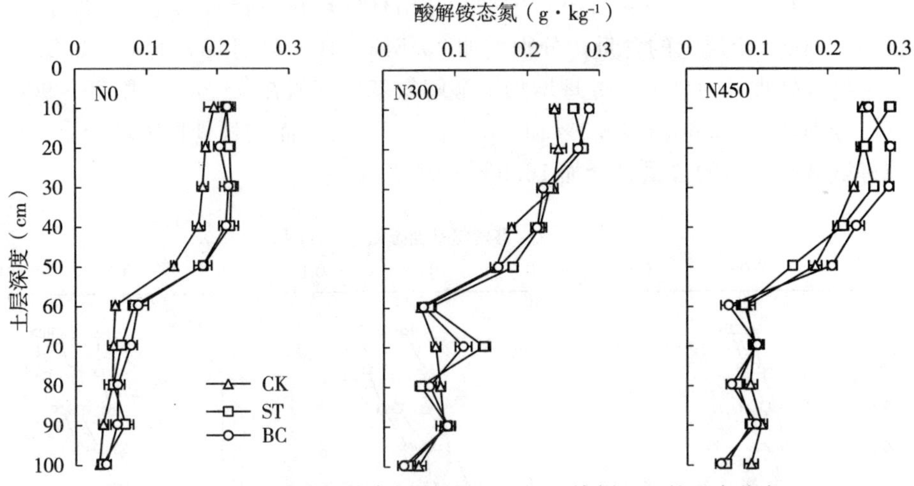

图 4-15　土壤酸解铵态氮在 0～100cm 土壤剖面上的垂直分布

20cm、40cm、50cm 及 80cm 土层酸解氨基酸态氮含量，且分别增加了 13.1%、58.6%、27.0%和 95%。N300 条件下，生物炭较单施氮肥处理增加了 30cm 土层酸解氨基酸态氮的含量，为 18.9%；而秸秆处理则增加了 10cm、30cm、40cm 及 90cm 土层酸解氨基酸态氮含量，分别增加 24.4%、22.3%、23.1%和 26.5%。N450 条件下，生物炭处理较单施氮肥，增加了 10cm、40cm、70cm 和 90cm 土层酸解氨基酸态氮的含量，分别增加 12.9%、12.9%、35.2%和 17.5%；而秸秆则增加了酸解氨基酸态氮在 0～30cm 土层上的含量，且增加 18.3%～31.8%。

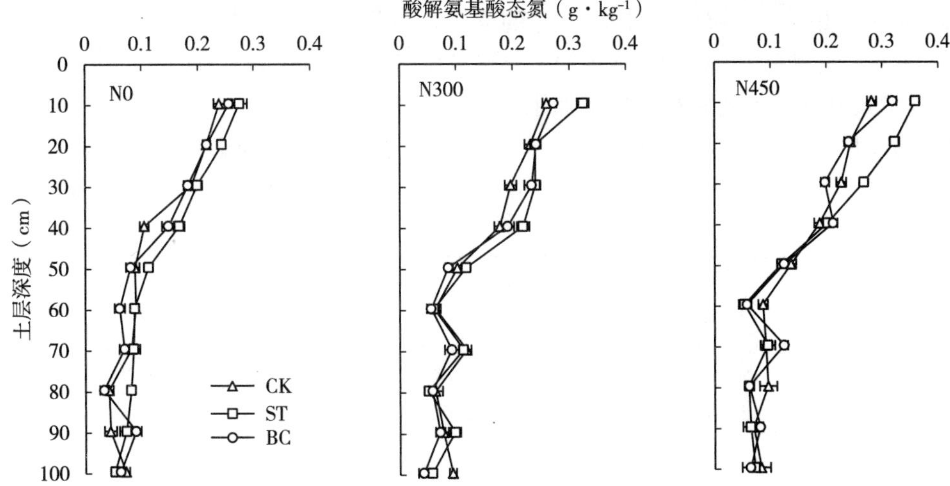

图 4-16　土壤酸解氨基酸态氮在 0～100cm 土壤剖面上的垂直分布

施用生物炭和秸秆增加了酸解氨基糖态氮在土壤剖面上的分布，且生物炭对酸解氨基糖态氮分布的影响要高于秸秆（图 4-17）。不施氮条件下，生物炭和秸秆较 CK 处理增加了 0～50cm 土层酸解氨基糖态氮的含量，分别增加 7.2%～43.1%和 13.3%～42.4%；同时，生物炭和秸秆还增加了酸解氨基糖态氮在 90cm 土层上的含量，较 CK 处理分别增加 294.7%和 254.1%。N300 条件下，生物炭和秸秆处理较单施氮肥处理增加了酸解氨基糖态氮在 0～100cm 土层上的含量，分别增加 23.5%～160.4%和 17.4%～72.2%。N450 条件下，生物炭处理较单施氮肥处理增加了酸解氨基糖态氮在 0～50cm 和 70～90cm 土层上的含量，分别增加 35.6%～49.3%和 15.0%～75.6%；而秸秆处理则增加了 0～100cm 土层中酸解氨基糖态氮的含量，增加 16.9%～91.2%。

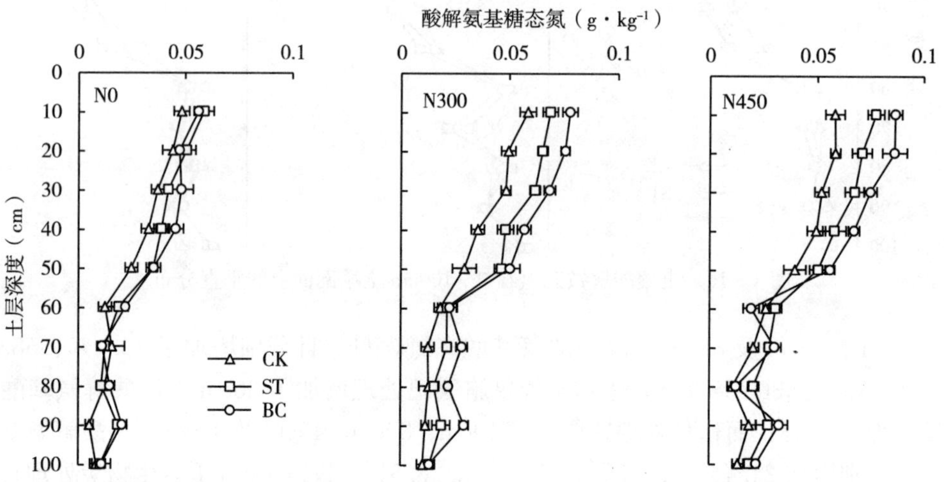

图 4-17　土壤酸解氨基糖态氮在 0～100cm 土壤剖面上的垂直分布

施用生物炭和秸秆增加了酸解未知态氮在土壤剖面上的分布，且生物炭和秸秆配施氮肥效果更显著（图 4-18）。不施氮条件下，生物炭处理较 CK 处理增加了酸解未知态氮在 10cm、70cm、90cm 土层上的含量，分别增加 17.0%、12.8%和 126.6%；秸秆处理增加了 70cm、90cm 和 100cm 土层酸解未知态氮的含量，分别增加 113.3%、137.7%和 23.1%。N300 条件下，生物炭和秸秆处理均增加了酸解未知态氮在 0～30cm、70cm、90～100cm 土层上的含量，分别较单施氮肥处理增加了 43.1%～75.1%、108.7%、27.5%～49.3%和 12.6%～62.1%、69.6%、18.8%～87.5%。N450 条件下，生物炭和秸秆处理较单施氮

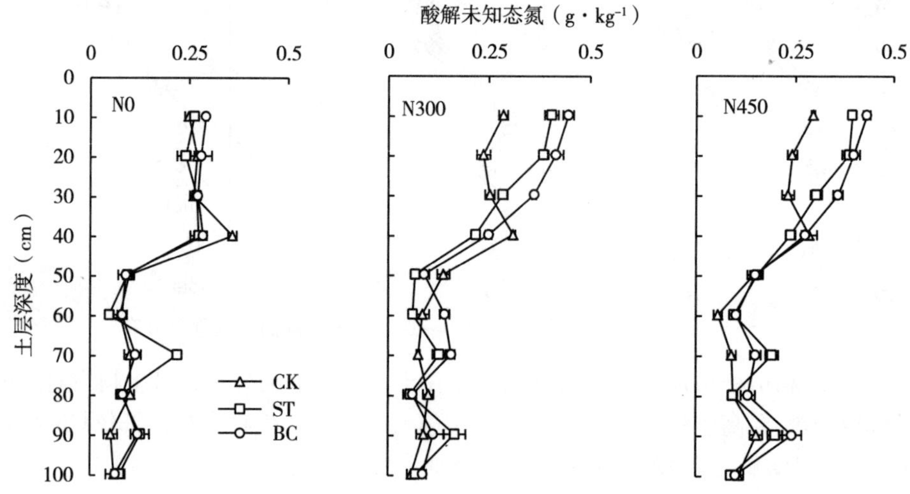

图 4-18　土壤酸解未知态氮在 0～100cm 土壤剖面上的垂直分布

肥处理增加了酸解未知态氮在0～30cm、60～70cm和90cm土层上的分布，分别较单施氮肥处理增加了46.8%～65.0%、66.8%～83.0%、58.6%和30.8%～60%、73.2%～112.9%、31.3%。

综上分析，田间定位试验结果显示，无论施氮（N300、N450）还是不施氮（N0），施用生物炭和秸秆增加了0～100cm土壤总有机碳含量，且在施氮条件下更显著。在本研究中，通过5年田间定位试验发现，秸秆与生物炭处理下土壤表层有机碳含量增加，这与前人研究结果一致，而底层土壤有机碳含量增加的原因可能是因为生物炭和秸秆的施用增加了土壤游离态有机碳和水溶性有机碳含量。高梦雨等（2018）研究发现，施用生物炭和炭基肥不仅显著增加土壤总有机碳含量，同时还显著增加了土壤游离颗粒态有机碳和可溶性有机碳含量，且炭基肥处理增加效果更显著。李琦等（2014）也发现，生物炭和秸秆的施用显著增加了土壤水溶性有机碳含量，且在配施氮肥的条件下更显著。张鹏鹏等（2016）也有同样的发现，秸秆的施用能显著增加土壤水溶性有机碳含量。另外，本试验所施用的生物炭和秸秆均过1mm筛后均匀翻压到田间，随着施用年限的增加，部分被淋洗至下层积累，从而导致底层土壤有机碳含量增加。

对于土壤全氮含量来说，单施氮肥增加了表层土壤全氮含量。生物炭和秸秆的施用在N0和N300条件下显著增加了0～30cm土层的全氮含量；在N450条件下，秸秆处理显著增加了0～40cm土层全氮含量，而生物炭处理则显著增加了0～100cm土壤全氮含量。从总体来看，40cm以下土层土壤全氮含量出现波动性变化，且波峰和波谷位置与土壤总有机碳的变化趋势一致。前人研究结果表明，有机物料的长期施用可以增加氮素在土壤中的移动性，长期在表层施用生物炭和秸秆可增加下层土壤全氮含量。另外，有研究结果表明，施用生物炭和秸秆显著增加了土壤硝态氮和可溶性有机氮（李影等，2018），这些氮的移动性较强，会随着灌溉水向土壤下层迁移，生物炭和秸秆的施用显著增加了下层土壤碳氮比，当底层土壤碳氮比大于15.2时，微生物会增强对土壤氮素的固持能力，从而增加土壤全氮含量。

土壤有机氮各组分剖面分布总体趋势为随着土层深度加深而降低。土壤酸解氮在剖面上的分布趋势与土壤全氮剖面分布一致，说明土壤全氮含量的增加主要是增加了酸解氮含量。生物炭和秸秆的施用增加了0～40cm土层非酸解氮含量，这是因为生物炭和秸秆的施用增加了表层土壤酸解铵态氮和酸解氨基酸态氮含量所致。徐阳春等（2002）研究结果发现，长期耕作施肥可以促进酸解铵态氮和酸解氨基酸态氮向非酸解氮转化，从而使得非酸解氮在土壤中积累。本试验结果发现，施用生物炭和秸秆增加了0～50cm土层酸解铵态氮的含量。相关研究表明，生物炭和秸秆的施用显著增加土壤酸解铵态氮含量，而生物炭负电性质和巨大比表面积更是提高了其对土壤酸解铵态氮的固持（李玥等，2017）。而生物炭和秸秆显著增加了下层土壤有机碳含量，使土壤碳氮比增加，也增强了土壤对氮素的固持。本试验中，土壤氨基糖态氮剖面结果显示，生物炭和秸秆增加了其在0～60cm土层中的含量。酸解氨基糖态氮的来源主要与土壤微生物有关，说明碳向下层迁移和下层土壤对铵的固定为微生物的繁殖提供了所需的养分资源，促进了微生物的生长繁殖（孟繁昊等，2018）。秸秆处理增加0～40cm土层土壤酸解氨基酸态氮含量的程度高于生物炭处理，这可能是因为生物炭处理下微生物活性较高，一方面促进了酸解氨基酸态氮的矿化，另一方面促进了酸解氨基酸态氮向酸解未知态氮和非酸解氮的转化，从而导致酸解氨基酸态氮含量增加不明显。

第三节　生物炭对棉花产量及氮肥利用率的影响

一、棉花干物质

施用秸秆和生物炭及施氮显著增加了棉花的干物质重（表 4－2）。各氮素水平对棉花干物质量的影响为 N450＞N300＞N0。2017 年，N0 条件下，生物炭处理的棉花干物质重显著高于对照处理，较对照增加 68.0％，而秸秆处理与对照处理差异不显著；N300 和 N450 条件下，生物炭处理显著高于秸秆和对照处理，分别增加了 30.4％、54.2％和 11.9％、20.6％，但秸秆处理较对照无差异。2018 年，N0 条件下，秸秆和生物炭处理较对照增加 48.0％和 82.7％，且生物炭处理较秸秆处理增加 23.4％；N300 条件下，秸秆处理与生物炭处理间无显著差异，但分别较对照增加了 46.0％和 52.3％；N450 条件下，秸秆和生物炭处理较对照分别增加了 23.0％、32.6％，且生物炭处理较秸秆处理增加了 7.8％。因此，生物炭对棉花干物质积累效果优于秸秆。

表 4－2　棉花干物质积累量

施氮量	施有机碳	干物质重（t・hm^{-2}）							
		2017 年				2018 年			
		茎	叶	铃	合计	茎	叶	铃	合计
N0	CK	1.4b	2.0b	4.1a	7.5b	1.4b	1.9b	4.2b	7.5c
	ST	2.4a	3.8a	4.7a	10.9ab	2.3a	3.7a	5.0b	11.1b
	BC	2.7a	3.9a	6.0a	12.6a	3.0a	4.2a	6.6a	13.7a
平均值		2.2C	3.2C	4.9B	10.3C	2.2C	3.3C	5.3C	10.8C
N300	CK	3.6c	5.4b	6.3a	15.3b	2.8b	5.0b	5.9c	13.7b
	ST	4.9b	6.9b	6.3a	18.1b	5.2a	7.3a	7.5b	20.0a
	BC	6.2a	8.7a	8.7a	23.6a	4.9a	7.6a	8.5a	21.0a
平均值		4.9B	7.0B	7.1A	19.0B	4.3B	6.6B	7.3B	18.2B
N450	CK	5.2b	8.2a	8.4a	21.8b	4.9b	7.4b	6.3b	18.7c
	ST	5.6ab	8.5a	9.3a	23.5b	5.4ab	7.9ab	9.6a	23.0b
	BC	6.4a	9.6a	10.3a	26.3a	5.8a	8.9a	10.1a	24.8a
平均值		5.7A	8.8A	9.3A	23.8A	5.4A	8.1A	8.7A	22.1A
两因素方差分析（显著性）									
施氮量（N）		* *	* *	* *	* *	* *	* *	* *	* *
施有机碳（S）		* *	* *	ns	* *	* *	* *	* *	* *
交互作用（N×S）		ns	ns	ns	ns	*	ns	ns	ns

二、棉花氮素吸收

施用秸秆和生物炭以及施氮对棉花氮素吸收均产生了显著影响（表 4－3）。棉花的氮素吸收量在不同氮水平下表现为 N450＞N300＞N0，施有机碳处理下则表现为生物炭＞秸秆>对照。2017年，N0条件下，秸秆和生物炭处理较对照分别增加43.5%、120.1%，且生物炭处理较秸秆处理增加53.3%；N300和N450条件下，秸秆和生物炭处理较对照分别增加12.0%、22.9%和13.0%、23.1%，同时生物炭处理较秸秆处理分别增加了9.7%和9.0%。2018年，N0、N300、N450条件下，秸秆和生物炭处理较对照分别增加了34.2%、108.6%和12.6%、21.7%及5.5%、17.9%，生物炭处理较秸秆处理分别增加了55.4%、8.0%、11.7%。因此，生物炭处理下棉花对土壤氮素吸收优于秸秆处理。

表4-3　棉花氮素吸收总量

施氮量	施有机碳	氮素吸收量（kg·hm^{-2}）							
		2017年				2018年			
		茎	叶	铃	合计	茎	叶	铃	合计
N0	CK	1.6b	9.9b	21.8b	33.3c	2.0b	10.8b	17.6c	30.4c
	ST	2.5ab	19.2ab	26.1ab	47.8b	3.3ab	10.0b	27.5b	40.8b
	BC	4.4a	25.9a	43.0a	73.3a	4.1a	22.7a	36.5a	63.4a
平均值		2.8C	18.3C	30.3C	51.5C	3.2C	14.5C	27.2C	44.9C
N300	CK	14.6b	82.9ab	81.2b	178.7c	16.1c	68.9b	76.4b	161.4c
	ST	17.5a	80.7b	102.0a	200.2b	19.3b	72.0ab	90.5a	181.8b
	BC	18.4a	94.0a	107.4a	219.7a	21.4a	77.7a	92.3a	196.4a
平均值		16.8B	85.9B	96.8B	199.5B	18.9B	72.9B	88.1B	179.8B
N450	CK	20.5c	109.0b	102.4b	232.0c	19.4b	90.4b	103.5b	213.4c
	ST	25.2b	109.4b	127.7a	262.2b	22.4a	92.9b	108.9b	225.2b
	BC	17.8a	121.2a	136.7a	285.7a	23.4a	112.4a	116.7a	251.5a
平均值		24.5A	113.2A	122.2A	260.0A	21.7A	98.6A	109.7A	230.0A
两因素方差分析（显著性）									
施氮量（N）		**	**	**	**	**	**	**	**
施有机碳（S）		**	**	ns	**	**	**	**	**
交互作用（N×S）		*	ns	ns	ns	*	*	ns	ns

三、棉花产量

施用生物炭和秸秆显著增加了棉花产量（表4-4）。2017年，与对照相比，N0条件下生物炭和秸秆处理显著增加了棉花的单株结铃数，但对棉花单铃重无显著影响，产量较对照分别增加18.9%和16.2%；N300条件下，秸秆和生物炭处理棉花单株结铃数显著增加，生物炭处理还增加了棉花单铃重，但秸秆对单铃重无影响，二者处理下棉花产量分别增加12.5%和21.4%；N450条件下，生物炭处理棉花产量较对照和秸秆处理分别增加了20.7%和16.7%。2018年，与对照相比，N0条件下，秸秆和生物炭处理均显著增加了棉花单株结铃数和单铃重，棉花产量较对照分别增加了62.5%和65.6%；N300条件下秸秆处理显著增加了棉花单铃重，生物炭处理则增加了棉花单株结铃数，但秸秆处理棉花产量与对照无显著差异，而生物炭处理棉花产量较对照增加了11.3%；N450条件下，生物炭处理较对照显著增加了单株结铃数和棉花单铃重，且棉花产量分别较对照和秸秆处理增加29.0%和17.6%，秸秆处理产量则较对照增加了9.7%。综上，N0和N300条件下，生物炭和秸秆均显著增加了棉花产量，但生物炭和秸秆处理无显著差异；N450条件下生物炭处理棉花产量则显著高于秸秆处理。

表4-4 生物炭对棉花产量的影响

施氮量	施有机碳	2017年			2018年		
		单株结铃数	单铃重（g）	产量（$t \cdot hm^{-2}$）	单株结铃数	单铃重（g）	产量（$t \cdot hm^{-2}$）
N0	CK	3.0b	4.7a	3.7b	3.2b	3.9b	3.2b
	ST	3.5a	4.7a	4.3a	4.1a	4.8a	5.2a
	BC	3.6a	4.7a	4.4a	4.1a	4.8a	5.3a
	平均值	3.4B	4.7B	4.1B	3.8B	4.5B	4.6C
N300	CK	4.3b	4.9b	5.6b	5.2b	5.0b	6.2b
	ST	4.9a	5.0ab	6.3a	4.8b	5.3a	6.5ab
	BC	4.8a	5.3a	6.8a	6.1a	5.1ab	6.9a
	平均值	4.7A	5.1A	6.2A	5.3A	5.1A	6.5B
N450	CK	4.3b	5.0a	5.8b	5.1b	4.8b	6.2c
	ST	4.3b	5.2a	6.0b	5.4b	5.0ab	6.8b
	BC	4.8a	5.3a	7.0a	6.0a	5.3a	8.0a
	平均值	4.5A	5.2A	6.3A	5.5A	5.0A	7.0A
两因素方差分析（显著性）							
施氮量（N）		**	**	**	**	**	***
施有机碳（S）		**	*	**	**	**	**
交互作用（N×S）		ns	ns	ns	**	**	**

四、氮肥表观利用率

生物炭和秸秆显著提高了棉花氮肥表观利用率（图4-19）。2017年，N300条件下生

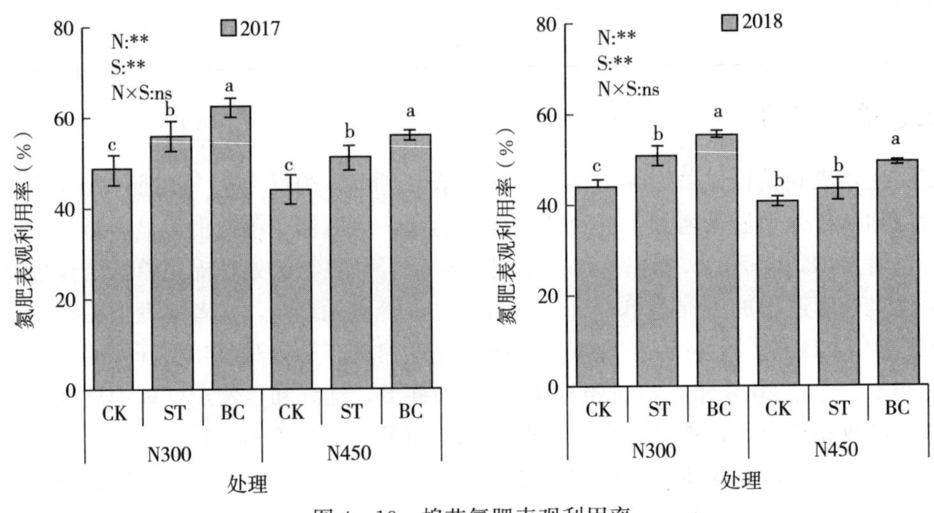

图4-19 棉花氮肥表观利用率

物炭和秸秆处理氮肥表观利用率分别较单施氮肥处理提高了 28.2%和 14.8%，而 N450 条件下则分别提高了 27.2%和 15.4%，且 N300 和 N450 条件下生物炭处理较秸秆处理氮肥表观利用率分别提高了 11.7%和 10.2%。2018 年，N300 条件下，生物炭和秸秆处理氮肥表观利用率分别较单施氮肥处理提高了 26.8%和 15.6%，且生物炭处理较秸秆处理提高了 9.7%；而 N450 条件下秸秆处理氮肥表观利用率较单施氮肥处理无显著差异，生物炭处理则分别较单施氮肥处理和秸秆处理增加了 20.9%和 13.4%。

综合以上，本试验研究表明生物炭的施用显著增加了棉花的干物质重。王智慧等（2018）研究结果表明，肥料减施条件下配施生物炭能够显著提高玉米各个生育时期的干物质重和产量。廖娜等（2015）研究结果也表明，生物炭配施氮肥显著增加了棉花干物质积累量。本试验中，随着生物炭和秸秆施用年限的增加，无论是施氮还是不施氮均能显著增加棉花干物质重。

本试验研究结果表明，施用生物炭和秸秆显著促进了棉花氮素吸收，同时施用氮肥也显著增加了氮素吸收量。这可能是因为生物炭和秸秆的施用减少了土壤氮素向深层土壤淋洗，使得氮素被土壤吸附在棉花根区范围内，从而有效地促进了棉花的吸收利用。张爱平等（2015）研究也获得了相似的结果。水稻的试验结果也表明，当生物炭施用量为 40t·hm^{-2} 时可显著提高水稻的氮素吸收能力。黄婷苗等（2015）的研究结果发现，秸秆还田显著增加了冬小麦地上部氮素积累量，且随着施氮量的增加而增加。杨宪龙等（2013）4 年田间定位试验结果也表明了秸秆配施氮肥显著增加了小麦和玉米的氮素积累，这都与本研究结果相似。

本研究结果表明，2017 年和 2018 年施氮处理平均棉花产量分别较不施氮处理高 52.4% 和 46.7%。N450 条件下，生物炭处理两年棉花产量均显著高于其他处理，说明施用生物炭有年际间的累积效应，这与前人研究结果一致（Zhang et al.，2012）。在 N300 和 N0 条件下，秸秆处理与生物炭处理间无显著差异，但棉花产量均显著高于单施氮肥处理，这主要是因为秸秆还田改善了土壤养分状况，提高了土壤肥力。从艳静等（2018）研究的连续 3 年玉米秸秆还田试验结果也表明秸秆还田显著提升了土壤养分含量，同时增加了作物产量，这与本研究结果一致。

连续两年试验结果表明，施用生物炭和秸秆显著提高了棉花氮肥表观利用率，但 2018 年 N450 条件下秸秆处理较单施氮肥处理的棉花氮肥表观利用率无显著差异。大量研究表明，施用生物炭和秸秆改善了土壤环境，提高了土壤养分含量，同时降低了土壤氮素损失，从而促进了棉花氮素吸收，提高了氮肥表观利用率（葛银凤等，2017）。

主要参考文献

陈坤，2017. 生物炭等有机物料定位施用对土壤微生物群落和有机氮的影响 [D]. 沈阳：沈阳农业大学.

从艳静，韩萍，2018. 连续 3 年玉米秸秆还田对土壤理化性状及作物产量的影响 [J]. 中国农学通报，34（17）：95-98.

高梦雨，江彤，韩晓日，等，2018. 施用炭基肥及生物炭对棕壤有机碳组分的影响 [J]. 中国农业科学，51（11）：2126-2135.

葛银凤，2017. 连续施用生物炭对土壤理化性质及氮肥利用率的影响 [D]. 沈阳：沈阳农业大学.

黄婷苗，郑险峰，侯仰毅，等，2015. 秸秆还田对冬小麦产量和氮、磷、钾吸收利用的影响 [J]. 植物营养与肥料学报，21 (4)：853-863.

贾倩，廖世鹏，卜容燕，等，2017. 不同轮作模式下氮肥用量对土壤有机氮组分的影响 [J]. 土壤学报，54 (6)：1547-1558.

巨晓棠，刘学军，张福锁，2004. 长期施肥对土壤有机氮组成的影响 [J]. 中国农业科学 (1)：87-91.

李琦，廖娜，张妮，等，2014. 棉花秸秆及其生物炭对滴灌棉田氨挥发的影响 [J]. 农业环境科学学报，33 (10)：1987-1994.

李琦，马莉，赵跃，等，2015. 不同温度制备的棉花秸秆生物炭对棉花生长及氮肥利用率 (^{15}N) 的影响 [J]. 植物营养与肥料学报，21 (3)：600-607.

李影，李斌，柳东阳，等，2018. 生物炭配施菌肥对植烟土壤养分和可溶性有机碳氮光谱特征的影响 [J]. 华北农学报，33 (6)：227-234.

李玥，余亚琳，张欣，等，2017. 连续施用炭基肥及生物炭对棕壤有机氮组分的影响 [J]. 生态学杂志 (7)：1-7.

廖娜，侯振安，李琦，等，2015. 不同施氮水平下生物炭提高棉花产量及氮肥利用率的作用 [J]. 植物营养与肥料学报，21 (3)：782-791.

李世清，李生秀，邵明安，等，2004. 半干旱农田生态系统长期施肥对土壤有机氮组分和微生物体氮的影响 [J]. 中国农业科学，37 (6)：859-864.

马芳霞，王忆芸，燕鹏，等，2018. 秸秆还田对长期连作棉田土壤有机氮组分的影响 [J]. 生态环境学报，27 (8)：1459-1465.

孟繁昊，高聚林，于晓芳，等，2018. 生物炭配施氮肥改善表层土壤生物化学性状研究 [J]. 植物营养与肥料学报，24 (5)：1214-1226.

彭令发，郝明德，来璐，2003. 土壤有机氮组分及其矿化模型研究 [J]. 水土保持研究，10 (1)：53-54.

任金凤，周桦，马强，等，2017. 长期施肥对潮棕壤有机氮组分的影响 [J]. 应用生态学报，28 (5)：1661-1667.

孙宁川，唐光木，徐万里，等，2016. 棉秆炭和炭基专用肥对棉花生长及产量的影响 [J]. 新疆农业科学，53 (1)：163-169.

王智慧，唐春双，赵长江，等，2018. 生物炭与肥料配施对土壤养分及玉米产量的影响 [J]. 玉米科学，26 (6)：146-151+159.

吴汉卿，张玉龙，张玉玲，等，2018. 土壤有机氮组分研究进展 [J]. 土壤通报，49 (5)：1240-1246.

王媛，周建斌，杨学云，2010. 长期不同培肥处理对土壤有机氮组分及氮素矿化特性的影响 [J]. 中国农业科学，43 (06)：1173-1180.

徐阳春，沈其荣，茆泽圣，2002. 长期施用有机肥对土壤及不同粒级中酸解有机氮含量与分配的影响 [J]. 中国农业科学，35 (4)：403-409.

肖巧琳，罗建新，杨琼，2011. 烟稻轮作中稻草还田对土壤有机氮各组分的影响 [J]. 土壤，43 (2)：167-173.

杨宪龙，路永莉，同延安，等，2013. 长期施氮和秸秆还田对小麦-玉米轮作体系土壤氮素平衡的影响 [J]. 植物营养与肥料学报，19 (1)：65-73.

杨旭，兰宇，孟军，等，2015. 秸秆不同还田方式对旱地棕壤 CO_2 排放和土壤炭库管理指数的影响 [J]. 生态学杂志，34 (3)：805-809.

张爱平，刘汝亮，高霁，等，2015. 生物炭对宁夏引黄灌区水稻产量及氮素利用率的影响［J］. 植物营养与肥料学报，21（5）：1352－1360.

张鹏鹏，刘彦杰，濮晓珍，等，2016. 秸秆管理和施肥方式对绿洲棉田土壤有机碳库的影响［J］. 应用生态学报，27（11）：3529－3538.

张永全，寇长林，马政华，等，2015. 长期有机肥与氮肥配施对潮土有机碳和有机氮组分的影响［J］. 土壤通报，46（3）：584－589.

张玉树，丁洪，王飞，等，2014. 长期施用不同肥料的土壤有机氮组分变化特征［J］. 农业环境科学学报，33（10）：1981－1986.

张星，刘杏认，张晴雯，等，2015. 生物炭和秸秆还田对华北农田玉米生育期土壤微生物量的影响［J］. 农业环境科学学报，34（10）：1943－1950.

赵士诚，曹彩云，李科江，等，2014. 长期秸秆还田对华北潮土肥力、氮库组分及作物产量的影响［J］. 植物营养与肥料学报，20（6）：1441－1449.

Bremner J M，1965. Organic forms of nitrogen［M］//Black C A，ed. Methods of soil analysis. Madison：American Society of Agronomy. 1238－1255.

Li Q，Liao N，Zhang N，et al.，2016. Effects of cotton（*Gossypium hirsutum* L.）straw and its biochar application on NH_3 volatilization and N use efficiency in a drip-irrigated cotton field［J］. Soil Science and Plant Nutrition，62（5－6）：534－544.

Lv H，He H，Zhao J，et al.，2013. Dynamics of fertilizer-derived organic nitrogen fractions in an arable soil during a growing season［J］. Plant and Soil，373（1）：595－607.

Zhang A F，Bian R J，Pan G X，et al.，2012. Effects of biochar amendment on soil quality，crop yield and greenhouse gas emission in a Chinese rice paddy：A field study of 2 consecutive rice growing cycles［J］. Field Crops Research，127：153－160.

第五章

棉花秸秆炭对土壤碳氮转化及微生物代谢活性的影响

秸秆还田是农田秸秆的主要利用方式之一，不仅可以促进土壤养分循环、改良土壤肥力，而且可以增加作物产量（张静等，2010）。虽然传统的秸秆直接还田有许多优点，但也伴随着一些局限性，如造成土壤微生物与作物幼苗争夺养分和降低出苗率等（杨旭等，2015）。同时，也有研究发现秸秆直接还田显著提高农田土壤二氧化碳排放通量（路文涛，2011；李成芳等，2011）。近年来，将秸秆热解炭化制成秸秆炭还田成为秸秆利用的新途径。有研究表明，作物秸秆在限氧条件下高温裂解形成的秸秆炭对于提高土壤有机碳存储、减少二氧化碳排放、改善土壤肥力等具有重要作用（陈温福等，2014）。土壤氮素含量限制农作物的生长发育。土壤无机氮和有机氮的组成比例和含量在维持土壤肥力和土壤氮素循环中占有重要的地位。

秸秆和生物炭的施用显著改变土壤微生物的生存环境，从而导致土壤微生物群落代谢活性发生变化（廖娜，2016）。有研究发现，农田秸秆直接还田土壤或秸秆炭还田土壤微生物的代谢活性均显著增加（徐一兰等，2017）。六类碳源的利用情况可以表示不同处理土壤微生物对不同碳源的代谢偏好（唐海明等，2018）。因此，本研究通过 5 年田间定位试验，探究棉花秸秆和秸秆炭施用对土壤养分的影响，采用 Biolog 技术分析棉花秸秆和秸秆炭的施用对土壤微生物代谢活性的影响，为秸秆资源的合理利用提供理论依据。

第一节　土壤有机碳、全氮养分初始值

田间定位试验于 2017—2018 年在石河子北泉镇定位试验站进行（44°18′N，86°02′E；海拔 443m）。该地区年均降水量 210mm，蒸发量 1 660mm，土壤类型为灌耕灰漠土，质地为壤土。耕层土壤基础指标：pH 8.58、有机碳 13.5g·kg^{-1}、全氮 0.89g·kg^{-1}、铵态氮 1.7mg·kg^{-1}、硝态氮 6.9mg·kg^{-1}、有效磷 16.4mg·kg^{-1}、速效钾 364mg·kg^{-1}。供试作物为棉花，品种新陆早 61。

研究采用田间定位试验，设置 4 个处理：对照（CK）、氮肥（N，单施氮肥）、秸秆（N+ST，氮肥配施棉花秸秆）、秸秆炭（N+BC，氮肥配施棉花秸秆炭）。试验中，秸秆施用量为 6t·hm^{-2}，秸秆炭施用量为 3.7t·hm^{-2}（与秸秆处理等碳量）。采用完全随机区组试验设计，每个处理重复 3 次，共 12 个试验小区，小区面积 34.2m^2。

每年棉花收获后，将秸秆全部拔出。一部分在高温（450℃）条件下，热解 6h 制备秸秆炭；另一部分粉碎后用于直接还田。棉花秸秆和秸秆炭在播种前均匀撒施并翻耕入土。

棉花种植模式为膜下滴灌，一膜三管六行，行距配置为10cm＋66cm＋10cm＋66cm＋10cm，株距10cm。棉花于每年4月下旬播种，播种后滴45mm出苗水。棉花全生育期共灌水9次，盛蕾期开始，吐絮期前结束，灌水周期为7～12d，灌溉定额为450mm。试验中氮肥使用尿素，施氮（N）量为300kg・hm^{-2}，在棉花生长期间分6次随水滴施。各处理磷钾肥施用量相同且全部作基肥，施用量分别为P_2O_5 105kg・hm^{-2}和K_2O 75kg・hm^{-2}。其他管理措施参照当地大田生产。

第二节　棉花秸秆炭对土壤有机碳和全氮含量的影响

秸秆和秸秆炭施用对土壤有机碳和全氮含量影响见图5-1。与初始值相比，连续单施氮肥处理（N）显著降低土壤有机碳含量。秸秆（N＋ST）和秸秆炭（N＋BC）处理显著提高土壤有机碳含量，且N＋BC处理有机碳含量高于N＋ST处理。N＋ST处理和N＋BC处理有机碳含量分别较N处理增加8.9%和48.4%。氮肥处理土壤的全氮含量显著高于初始值。秸秆和秸秆炭处理显著提高土壤全氮含量。不同处理全氮含量表现为N＋BC＞N＋ST＞N＞CK。秸秆处理土壤全氮含量较氮肥处理提高16.3%，秸秆炭处理全氮含量较氮肥处理高24.9%

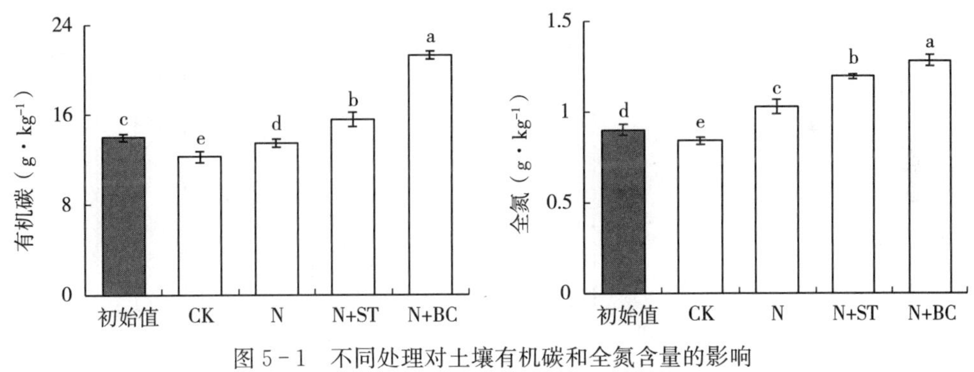

图5-1　不同处理对土壤有机碳和全氮含量的影响

第三节　棉花秸秆炭对土壤无机氮、有机氮组分及碳氮比的影响

一、无机氮

氮肥的施用显著增加土壤无机氮的含量（图5-2）。N＋ST处理和N＋BC处理土壤硝态氮和铵态氮含量显著高于N处理。N＋ST处理和N＋BC处理硝态氮含量较N处理提高26.3%和78.2%。与N处理相比，N＋ST处理和N＋BC处理铵态氮含量分别增加24.4%和18.4%。

二、有机氮组分

棉花秸秆和秸秆炭对土壤有机氮组分的影响见图5-3。N＋ST处理和N＋BC处理显

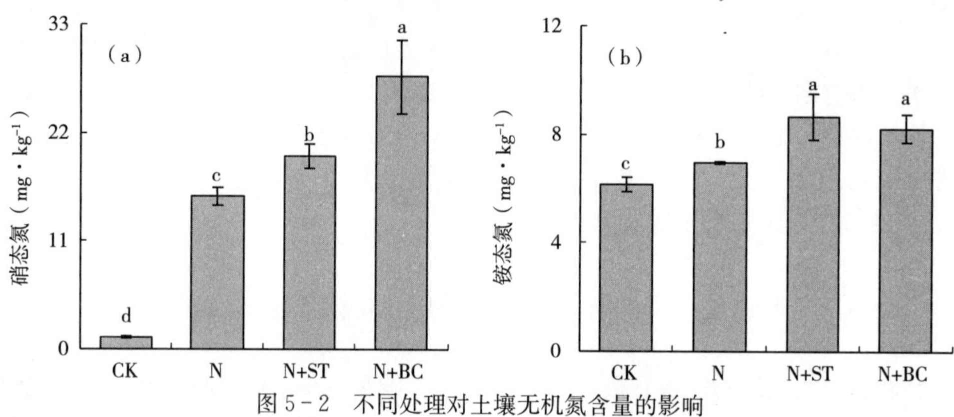

图 5-2　不同处理对土壤无机氮含量的影响

著提高土壤酸解氮和非酸解氮含量。其中 N+BC 处理酸解氮和非酸解氮含量最高，其次是N+ST处理。与 N 处理相比，N+ST 处理和 N+BC 处理酸解氮含量分别增加 20.4%和 38.3%。N+ST 处理和 N+BC 处理非酸解氮含量分别较 N 处理增加 9.8%和 19.4%。

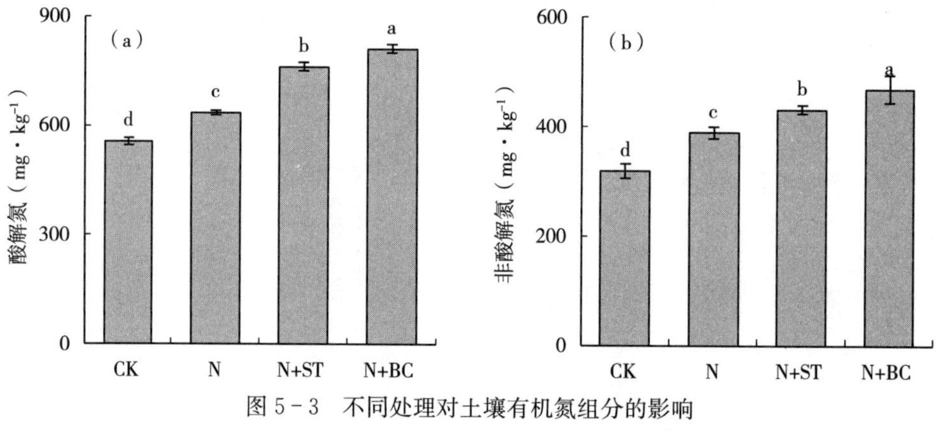

图 5-3　不同处理对土壤有机氮组分的影响

不同处理对土壤酸解氮组分的影响见图 5-4。与 N 处理相比，N+ST 处理和 N+BC 处理显著提高土壤酸解铵态氮、酸解氨基酸态氮、酸解氨基糖态氮和酸解未知态氮的含量。其中 N+BC 处理酸解铵态氮和酸解氨基糖态氮含量显著高于 N+ST 处理，而 N+ST 处理酸解氨基酸态氮含量显著高于 N+BC 处理。与氮肥处理相比，N+ST 处理和 N+BC 处理酸解铵态氮含量分别增加 8.3%和 27.3%；酸解氨基糖态氮含量分别增加 16.1%和 62.4%；酸解氨基酸态氮含量分别增加 27.2%和 17.3%。

三、土壤碳氮比

不同处理对土壤碳氮比（C/N）的影响见图 5-5。氮肥处理的土壤 C/N 和对照处理差异不显著。秸秆处理土壤 C/N 较氮肥处理显著降低。与氮肥处理相比，秸秆炭处理显著提高土壤 C/N。

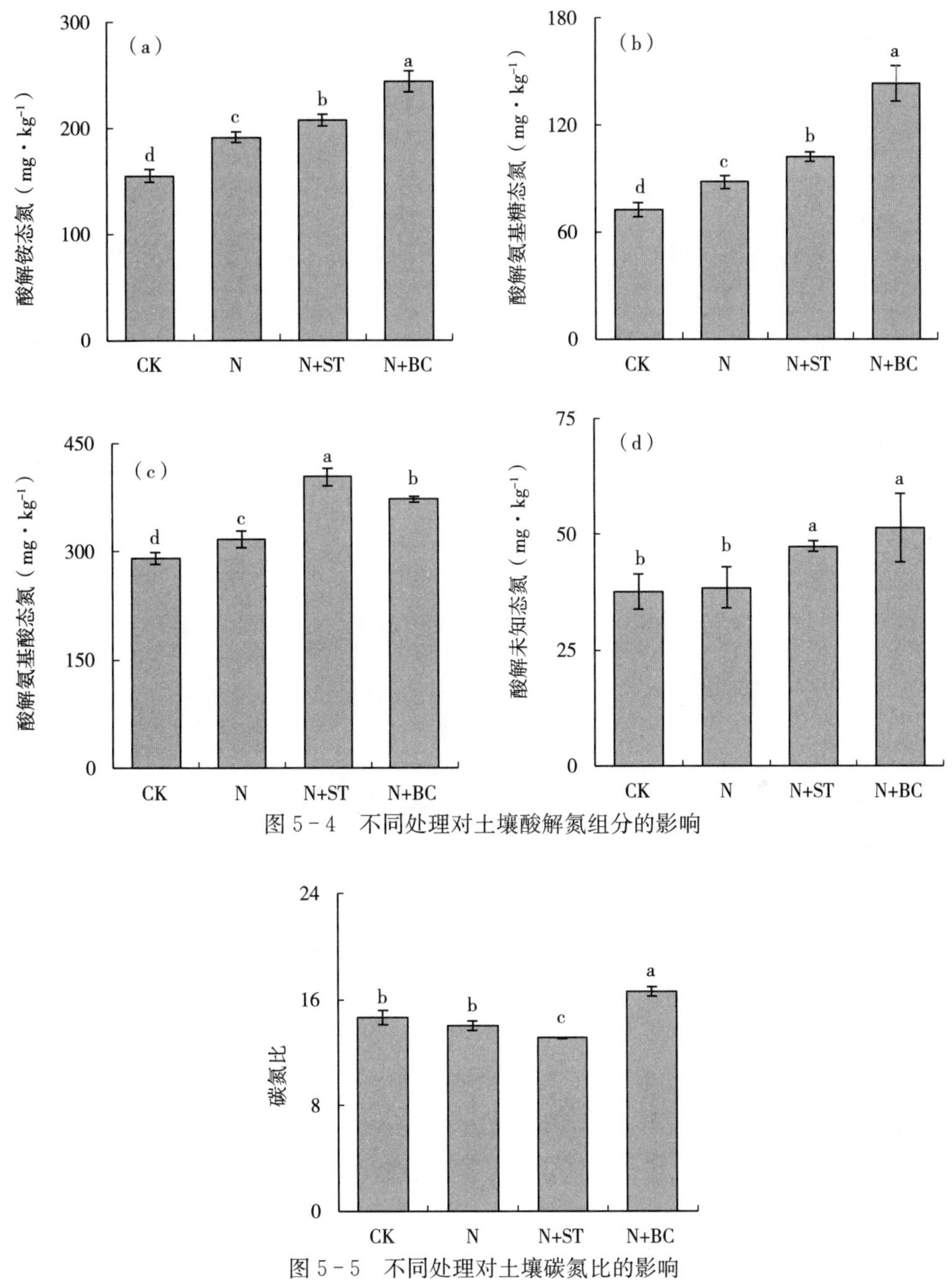

图 5-4　不同处理对土壤酸解氮组分的影响

图 5-5　不同处理对土壤碳氮比的影响

第四节　棉花秸秆炭对土壤微生物代谢活性的影响

一、平均单孔颜色变化率

在一定程度上，平均单孔颜色变化率（AWCD 值）能反映土壤微生物对碳源的代谢活性。彩图 5-1 为秸秆和秸秆炭施用后土壤连续培养 204h 的土壤微生物群落 AWCD 值随时间的变化动态。随着培养时间的延长，AWCD值不断增大。培养48h前，AWCD值变化不明显。培养48h后，各处理AWCD值迅速升高并趋于稳定状态。N+ST处理和N+BC处理AWCD值均高于N处理和CK处理，且N+ST处理高于N+BC处理。说明秸秆和秸秆炭可提高土壤微生物对碳源底物的代谢活性。

二、六类碳源利用活性

选取培养192h的结果分析土壤微生物对碳源的利用，如彩图5-2所示。从整体来看，土壤微生物对碳水化合物类碳源的利用活性最强，对胺类碳源的利用活性最弱。秸秆处理的微生物对碳水化合物类、氨基酸类、羧酸类、胺类和酚类碳源的利用均显著高于氮肥处理。与氮肥处理相比，秸秆炭处理微生物对氨基酸类、羧酸类、酚类和多聚物类碳源的利用显著提高。与秸秆炭处理相比，秸秆处理显著提高微生物对碳水化合物类、氨基酸类、羧酸类碳源的利用。秸秆炭处理对多聚物类碳源和酚类碳源的利用显著高于秸秆处理。

图5-6为土壤微生物对六大类碳源所含的31种碳源的利用情况。氮肥处理碳水化合物类中D-半乳糖酸-γ-内酯、D-甘露醇和α-D-葡萄糖-1-磷酸代谢活性显著高于对

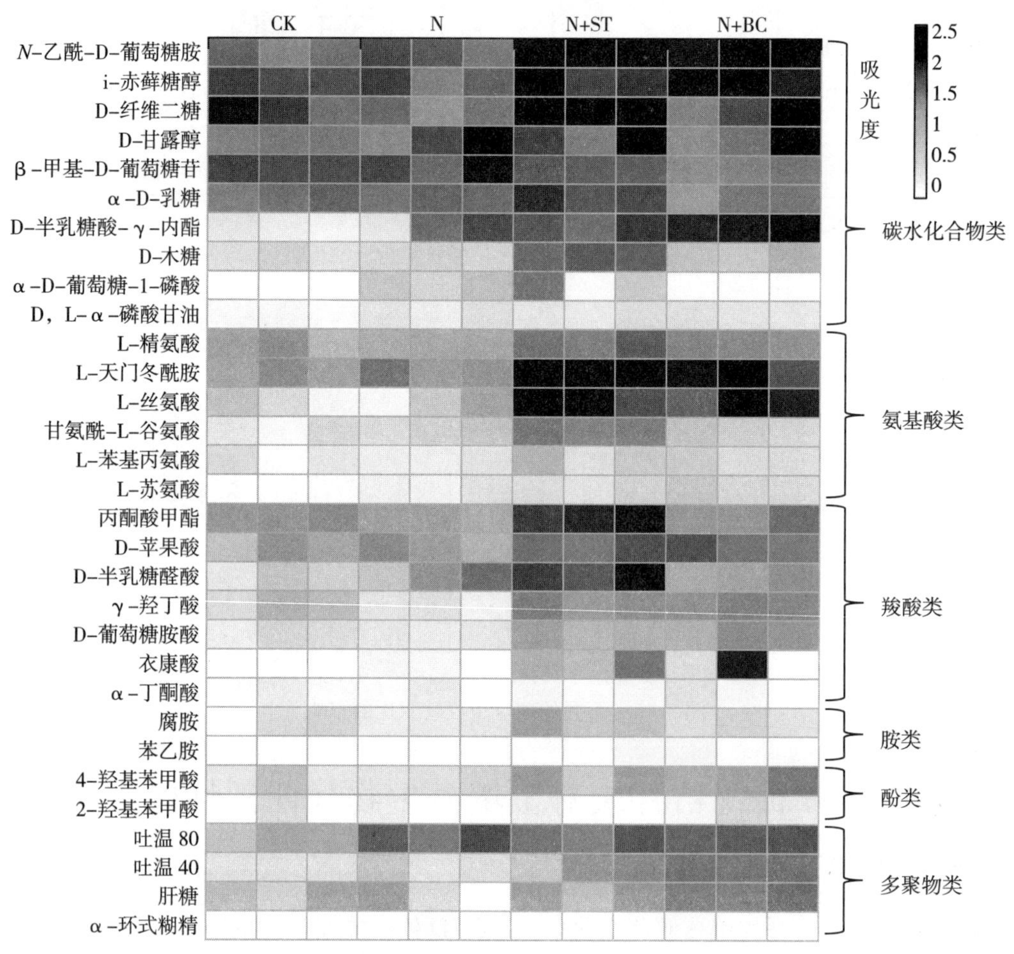

图5-6 不同处理土壤微生物对31种碳源利用热图

照。秸秆处理碳水化合物类碳源中D-纤维二糖、*N*-乙酰-D-葡萄糖胺、D-木糖、α-D-乳糖，氨基酸类碳源中甘氨酰-L-谷氨酸、L-精氨酸、D-半乳糖醛酸，羧酸类丙酮酸甲酯，胺类碳源中腐胺代谢活性最强。而生物炭处理酚类碳源中4-羟基苯甲酸，多聚物类碳源中肝糖和吐温40代谢活性最高。

三、土壤微生物对碳源利用特性的主成分分析

通过土壤微生物对碳源利用特性的主成分分析（PCA），共提取2个主成分（彩图5-3）。第1主成分（PC 1）方差贡献率为82.68%，第2主成分（PC 2）的方差贡献率为11.65%，累计方差贡献率为94.33%。说明PC 1和PC 2是微生物群落碳源利用变异的主要来源，可以解释变异的绝大部分信息。秸秆、秸秆炭处理与氮肥处理、对照在PC 1轴分开，秸秆与秸秆炭处理、对照与氮肥处理在PC 2轴上分开，表明氮肥处理或配施秸秆和秸秆炭处理的土壤微生物群落对碳源的利用影响存在明显差异。秸秆或秸秆炭显著提高土壤微生物对碳源的代谢活性，其中N+BC处理主要提高微生物对多聚物类和酚类碳源的利用，而N+ST处理对碳水化合物类及胺类碳源的代谢活性较强。

土壤的肥力水平可以用土壤有机碳含量来衡量。结果表明，与初始值相比，N处理土壤有机碳含量显著降低。说明持续施用氮肥导致土壤有机质分解消耗。N+ST处理和N+BC处理有机碳和全氮含量显著高于N处理，表现为N+BC>N+ST>N。有研究发现施用生物炭显著提高土壤有机碳含量（尚杰等，2015）。黄金花等（2015）研究发现，长期连作棉田秸秆还田的土壤有机碳含量高于不还田处理。Wei等（2015）在连续4年秸秆还田试验中发现，西北半干旱地区土壤全氮含量显著增加。生物炭还田后土壤全氮含量也显著增加（Ma et al.，2016），这与我们的结果一致。这可能是由于秸秆和生物炭自身的碳和氮含量较高。

无机氮是作物氮素营养的主要来源。秸秆和秸秆炭处理土壤无机氮含量均较氮肥处理显著提高。有研究表明，不同施用量秸秆的土壤表层硝态氮含量均显著高于未还田土壤。通过田间定位试验发现，秸秆处理显著增加土壤铵态氮含量。这可能是因为秸秆是一种高活性的有机物质，进入土壤后很快分解产生大量无机氮。Haider等（2017）研究发现，温带沙质土壤经过生物炭改良后表层土壤中硝态氮含量显著增加。土壤铵态氮含量在生物炭改良的土壤中也显著增加（Yang et al.，2015）。生物炭具有丰富的孔隙和巨大的比表面积，并且表面存在丰富的极性和非极性位点，使生物炭能够吸附有机分子和相关营养物质（Kanthle et al.，2016）。生物炭疏松多孔的结构也可以改善土壤的通气性，从而促进土壤的硝化作用（Deluca et al.，2006）。此外较高的碳氮比也可以增加微生物对无机氮的固定作用（Zavalloni et al.，2011）。N+ST处理和N+BC处理土壤中酸解氮和非酸解氮的含量显著高于N处理，且N+BC处理显著高于N+ST处理。酸解氮是有机氮中活性较强的组成部分，而非酸解氮是有机氮中较为稳定的组成部分。这意味着秸秆或秸秆炭除可以增加土壤中较为活跃的有机氮组分，还可以提高稳定态有机氮组分。Malhi等（2011）也发现，土壤有机氮的含量在长期秸秆还田条件下显著增加。酸解铵态氮主要来源于土壤固定和吸附态的铵，反映土壤的供氮潜力，是一种可在当季被作物利用的氮。酸解氨基糖态氮主要来源于微生物的细胞壁，其含量与土壤微生物的数量和群落结构密切相关。酸解氨基酸态氮主要来源于土壤有机质的降解，是土壤有效氮的过渡库。本研究中，

N+BC处理土壤中的酸解氨基糖态氮和酸解铵态氮含量显著高于N+ST处理，这可能是由于生物炭的复杂结构有利于土壤微生物的生存。生物炭巨大的比表面积和电负性提高了铵态氮的吸附能力。N+ST处理酸解氨基酸态氮的含量显著高于N+BC处理，这可能是由于秸秆易降解，施入土壤后被微生物分解，产生大量的酸解氨基酸态氮。

棉花秸秆和秸秆炭显著提高土壤微生物的处理代谢活性，增强生物对碳源的利用能力。有研究发现，氮肥配施秸秆和生物炭处理的土壤微生物AWCD值显著高于单施氮肥处理（顾美英等，2016）。秸秆处理的微生物代谢活性在本试验中显著高于秸秆炭。可能是由于秸秆中含有丰富的活性物质，施入土壤后迅速分解，为土壤微生物的生长提供丰富的营养物质，从而提高土壤微生物的代谢活性（唐明海等，2018）。六类碳源利用及主成分分析发现，土壤碳水化合物类和胺类碳源的利用活性在秸秆处理中显著增加。有研究发现，秸秆显著提高根际微生物对氨基酸类和碳水化合物类碳源的利用。顾美英等（2016）研究发现，秸秆直接还田可增强土壤微生物对羧酸类和碳水化合物类碳源的利用活性。也有研究发现，黑土中施入玉米秸秆除显著提高微生物对碳水化合物类碳源的利用外，酚类、多聚物类碳源的利用也显著增强。这可能是由于土壤自身性质、秸秆类型等外界条件的差异造成的。PCA分析表明，秸秆炭处理的土壤微生物对多聚物类、酚类等结构复杂碳源的代谢活性显著提高。许文欢等（2015）和Khodadad等（2011）均发现施用生物炭可显著提高微生物对多聚物类碳源的代谢活性。还有研究表明，生物炭处理也可显著增强土壤微生物对羧酸类碳源的代谢活性（张璐等，2019）。秸秆或秸秆炭处理土壤微生物对碳源的代谢活性及类型有着明显差异，可能是由于秸秆与秸秆炭自身组成和稳定性之间的差异所致。本研究对六大类碳源所包含的31种碳源利用情况对比分析发现，秸秆处理碳水化合物类碳源中D-纤维二糖、*N*-乙酰-D-葡萄糖胺、D-木糖、α-D-乳糖和胺类碳源中腐胺代谢活性显著增大。秸秆炭处理主要增加酚类碳源中4-羟基苯甲酸和多聚物类碳源中吐温40、肝糖代谢活性。

综上，连续单施氮肥土壤有机碳含量显著降低，而氮肥配施棉花秸秆或秸秆炭处理显著提高土壤有机碳和全氮含量，表现为秸秆炭>秸秆。秸秆炭处理显著提高土壤碳氮比，而秸秆处理土壤碳氮比显著降低。秸秆炭处理土壤无机氮和有机氮组分中酸解铵态氮、酸解氨基糖态氮、非酸解氮含量均显著高于秸秆处理。秸秆处理酸解氨基酸态氮含量显著高于秸秆炭。秸秆和秸秆炭处理显著提高土壤微生物的代谢活性。各处理微生物代谢活性表现为秸秆>秸秆炭>氮肥、对照。秸秆处理土壤微生物对易降解的碳水化合物类、胺类等碳源的利用能力显著高于秸秆炭处理。秸秆炭处理显著提高土壤微生物对多聚物类、酚类等结构复杂碳源的代谢活性。

主要参考文献

陈温福，张伟明，孟军，2014. 生物炭与农业环境研究回顾与展望［J］. 农业环境科学学报，33（5）：821-828.

顾美英，唐光木，葛春辉，等，2016. 不同秸秆还田方式对和田风沙土土壤微生物多样性的影响［J］. 中国生态农业学报，24（4）：489-498.

黄金花，刘军，杨志兰，等，2015. 秸秆还田下长期连作棉田土壤有机碳活性组分的变化特征［J］. 生态环境学报，24（3）：387－395.

廖娜，2016. 生物炭对滴灌棉田土壤微生物的影响［D］. 石河子：石河子大学.

路文涛，2011. 秸秆还田对宁南旱作农田土壤理化性状及作物产量的影响［D］. 杨凌：西北农林科技大学.

李成芳，寇志奎，张枝盛，等，2011. 秸秆还田对免耕稻田温室气体排放及土壤有机碳固定的影响［J］. 农业环境科学学报，30（11）：2362－2367.

尚杰，耿增超，陈心想，等，2015. 施用生物炭对旱作农田土壤有机碳、氮及其组分的影响［J］. 农业环境科学学报，34（3）：509－517.

唐海明，肖小平，李超，等，2018. 冬季覆盖作物秸秆还田对双季稻田根际土壤微生物群落功能多样性的影响［J］. 生态学报，38（18）：6559－6569.

徐一兰，唐海明，程爱武，等，2017. 长期施肥对大麦-双季稻种植方式中大麦根际土壤微生物群落功能多样性的影响［J］. 四川农业大学学报，35（2）：144－150.

许文欢，张雅坤，王国兵，等，2015. 不同施肥方式对苏北杨树人工林土壤微生物炭源代谢的影响［J］. 生态学杂志，34（7）：1791－1797.

杨旭，兰宇，孟军，等，2015. 秸秆不同还田方式对旱地棕壤 CO_2 排放和土壤碳库管理指数的影响［J］. 生态学杂志，34（3）：805－809.

张静，温晓霞，廖允成，等，2010. 不同玉米秸秆还田量对土壤肥力及冬小麦产量的影响［J］. 植物营养与肥料学报，16（3）：612－619.

张璐，阎海涛，任天宝，等，2019. 有机物料对植烟土壤养分、酶活性和微生物群落功能多样性的影响［J］. 中国烟草学报，25（2）：55－62.

Deluca T H, Mackenzie M D, Gundale M J, et al., 2006. Wildfire-produced charcoal directly influences nitrogen cycling in ponderosa pine forests [J]. Soil Science Society of America Journal, 70 (2): 448-453.

Haider G, Steffens D, Moser G, et al., 2017. Biochar reduced nitrate leaching and improved soil moisture content without yield improvements in a four-year field study [J]. Agriculture, Ecosystems & Environment, 237: 80-94.

Kanthle A K, Lenka N K, Lenka S, et al., 2016. Biochar impact on nitrate leaching as influenced by native soil organic carbon in an Inceptisol of central India [J]. Soil and Tillage Research, 157: 65-72.

Khodadad C L M, Zimmerman A R, Green S J, et al., 2011. Taxa-specific changes in soil microbial community composition induced by pyrogenic carbon amendments [J]. Soil Biology & Biochemistry, 43 (2): 385-392.

Ma N, Zhang L, Zhang Y, et al., 2016. Biochar improves soil aggregate stability and water availability in a mollisol after three years of field application [J]. PLoS ONE, 11 (5): e0154091.

Malhi S S, Nyborg M, Solberg E D, et al., 2011. Long-term straw management and N fertilizer rate effects on quantity and quality of organic C and N and some chemical properties in two contrasting soils in Western Canada [J]. Biology and Fertility of Soils, 47 (7): 785-800.

Wei T, Zhang P, Wang K, et al., 2015. Effects of wheat straw incorporation on the availability of soil nutrients and enzyme activities in Semiarid Areas [J]. PLoS ONE, 10 (4): e0120994.

Yang F, Cao X, Gao B, et al., 2015. Short-term effects of rice straw biochar on sorption, emission, and transformation of soil NH_4^+-N [J]. Environmental Science and Pollution Research, 22 (12): 9184-9192.

Zavalloni C, Alberti G, Biasiol S, et al., 2011. Microbial mineralization of biochar and wheat straw mixture in soil: A short-term study [J]. Applied Soil Ecology, 49 (2): 45-51.

第六章

生物炭施用对土壤细菌群落组成的影响

秸秆炭是秸秆在高温条件热解炭化形成的，是具有丰富孔隙和巨大比表面积的稳定富碳产物（Gul et al.，2015）。秸秆炭对于提高土壤有机碳存储、减少二氧化碳排放、改善土壤肥力等具有重要作用（陈温福等，2014）。关于秸秆或秸秆炭对土壤养分含量、作物产量等方面的影响已有很多报道（徐国鑫等，2018；Wang et al.，2015）。土壤微生物的群落组成、活性和稳定性对土壤功能非常重要（Cui et al.，2017）。秸秆和生物炭的施用直接改变土壤微生物生存的外界环境，微生物群落组成也因此发生一系列的改变（廖娜，2016）。已有研究表明，施用秸秆生物炭显著影响土壤微生物群落组成（程扬等，2018）。尤其是氨氧化细菌和反硝化细菌的相对丰度发生显著变化（Zhang et al.，2012）。也有报道称生物炭的添加提高了硝化螺旋菌属的相对丰度（Sorrenti et al.，2017）。在盆栽条件下，生物炭的添加总体上使氨氧化古菌的相对丰度增加了 67.3%。

新疆地区棉花秸秆资源丰富，为秸秆炭化还田提供充足的生物质基础。但是，目前针对滴灌条件下秸秆施用和秸秆炭施用微生物群落变化对比的研究较少，滴灌农田土壤微生物群落组成对于持续秸秆炭施用的响应还不明确。因此，采用 16S rRNA 测序技术分析持续施用秸秆和秸秆炭土壤微生物群落组成的变化，旨在为干旱区秸秆和秸秆炭资源的合理利用提供理论依据。

第一节　细菌群落组成

本章处理同第五章。采用 DNA 提取试剂盒 FastDNA™ SPIN Kit for Soil（MP Biomedicals，Solon，OH，USA），按照操作说明称取 5g 新鲜土壤提取土壤总 DNA。

PCR 采用 16S rDNA 基因的 V3－V4 区（515F－806R）（5′－3′）：GTGCCAGCMGCCGCGGTAA、GGACTACHVGGGTWTCTAAT 为测序引物，对稀释后的 DNA 进行 PCR 扩增。

检测 PCR 产物，并进行回收。采用 Illumina 公司的 TruSeq Nano DNA LT Library Prep Kit 制备测序文库，经检测合格后，通过 HiSeq 2500 PE250 进行高通量测序。

一、细菌群落组成多样性

对土壤细菌 16S rRNA 基因 V3－V4 区进行高通量测序，共获得有效序列 199 546 条（表 6－1）。氮肥处理操作分类单元（OTUs）数量显著高于对照。N＋ST 处理和 N＋BC 处理 Shannon 指数与 Simpson 指数显著高于 N 处理。说明秸秆和秸秆炭可以提高土壤细菌群落多样性。与 N 处理相比，N+ST 处理 Chao1 指数和 ACE 指数显著降低。

表 6-1　土壤细菌群落多样性指数

处理	操作分类单元	Shannon 指数	Simpson 指数	Chao1 指数	ACE 指数
CK	5 228b	10.41b	0.997 9b	3 644ab	3 863ab
N	5 796a	10.48b	0.998 0b	4 135a	4 400a
N+ST	5 732a	10.67a	0.998 4a	3 350b	3 484b
N+BC	5 512ab	10.68a	0.998 4a	3 573ab	3 759ab

对不同处理土壤细菌群落进行主成分分析（PCA），如彩图 6-1 所示。共提取 2 个主成分，第 1 主成分（PC1）方差贡献率为 62.32%，第 2 主成分（PC2）的方差贡献率为 20.14%，累计方差贡献率为 82.46%，说明 PC1 和 PC2 是微生物群落结构变异的主要来源，可以解释变异的绝大部分信息。CK、N+BC 处理与 N、N+ST 处理在 PC1 轴分开，N 处理与其他处理在 PC2 轴上分开，说明不同处理间土壤细菌群落结构存在明显差异。其中 N+BC 处理与 CK 处理间差异较小。

二、不同水平细菌群落组成

各处理土壤细菌群落的优势门为变形菌门、放线菌门、酸杆菌门、芽单胞菌门、绿弯菌门（Chloroflexi）、拟杆菌门（Bacteroidetes）、硝化螺旋菌门（Nitrospirae）、浮霉菌门（Planctomycetes），平均相对丰度大于 1%，合计约占总细菌的 96.7%（彩图 6-2）。与对照相比氮肥处理提高放线菌门、绿弯菌门和拟杆菌门相对丰度，降低酸杆菌门、芽单胞菌门和硝化螺旋菌门的相对丰度。秸秆处理变形菌门、放线菌门和拟杆菌门相对丰度高于 N 处理和 N+BC 处理。秸秆炭处理酸杆菌门、芽单胞菌门和硝化螺旋菌门相对丰度高于 N 处理和 N+ST 处理。

通过序列对比得到各样品中相对丰度大于 1%的前 21 个菌科（彩图 6-3）。与氮肥和秸秆炭处理相比，配施秸秆噬纤维菌科（Cytophagaceae）、黄单胞菌科（Xanthomonadaceae）、酸微菌科（Acidimicrobiaceae）、微杆菌科（Microbacteriaceae）相对丰度提高；秸秆炭处理芽单胞菌科（Gemmatimonadaceae）、Blastocatellaceae _（Subgroup _ 4）、亚硝化单胞菌科、硝化螺旋菌科（Nitrospiraceae）、0319-6A21、Haliangiaceae 相对丰度增加。

通过序列对比得到各样品中相对丰度前 21 的菌属（彩图 6-4）。N 处理链霉菌属（*Streptomyces*）、*Iamia*、斯科曼氏球菌属（*Skermanella*）、玫瑰弯菌属（*Roseiflexus*）、土壤红杆菌属（*Solirubrobacter*）、游动放线菌属（*Actinoplanes*）、节杆菌属（*Arthrobacter*）、芽球菌属（*Blastococcus*）相对丰度高于对照，但降低 RB41、*Haliangium*、H16 相对丰度。N+ST 处理较 N 处理和 N+BC 处理提高类诺卡氏菌属、*Ilumatobacter*、溶杆菌属、变杆菌属（*Variibacter*）相对丰度。N+BC 处理硝化螺旋菌属、RB41、*Haliangium*、H16、苍白杆菌属（*Ochrobactrum*）、*Vibrionimonas* 相对丰度高于 N 处理和 N+ST 处理。

三、细菌群落 LEfSe 差异分析

通过 LEfSe 组间比较分析，进一步找出不同处理土壤细菌群落在相对丰度上有差异的物种。不同处理细菌群落 *LDA*>4 的显著差异物种如彩图 6-5 所示。各处理均有代表性差异物种，表明 N、N+ST、N+BC 处理与 CK 处理间群落组成差异明显。氮肥处理的绿弯菌门中的绿弯菌纲（Chloroflexia）及绿弯菌目（Chloroflexales），热微菌纲（Thermomicrobia）及 JG30 _ KF _ CM45，放线菌门中的 Frankiales 及地嗜皮菌科（Geodermatophilaceae），微球菌科（Micrococcaceae）及节杆菌属显著高于其他处理。秸秆处理的放线菌门及其中的放线菌纲（Actinobacteria），微球菌目（Micrococcales）、小单孢菌目（Micromonosporales）、丙酸杆菌目，微杆菌科、小单孢菌科（Micromonosporaceae）、Nocardioidaceae，拟杆菌门及其中的噬纤维菌纲（Cytophagia）、鞘脂杆菌纲（Sphingobacteriia），噬纤维菌目（Cytophagales）、鞘脂杆菌目（Sphingobacteriales），噬纤维菌科，*Ohtaekwangia*，变形菌门的 α-变形菌纲（Alphaproteobacteria）及其中的根瘤菌目，根瘤菌科（Rhizobiaceae）的相对丰度显著高于其他处理。秸秆炭处理的硝化螺旋菌门及其中的硝化螺旋菌纲（Nitrospira），硝化螺旋菌目，硝化螺旋菌科，β-变形菌纲及其中的亚硝化单胞菌目和亚硝化单胞菌科的相对丰度显著高于其他处理。

第二节　细菌群落组成与碳源代谢活性的相关性分析

对土壤细菌群落组成（属水平的相对丰度）与微生物代谢活性（六大类碳源代谢活性）进行 Pearson 相关分析（表 6-2）。溶杆菌属、*Ilumatobacter* 和变杆菌属与碳水化合物类、氨基酸类、羧酸类、胺类呈显著正相关关系。类诺卡氏菌属与碳水化合物类、氨基酸类、胺类碳源呈显著正相关关系。苍白杆菌属与羧酸类、多聚物类呈显著正相关关系。硝化螺旋菌属和 *Vibrionimonas* 与多聚物类呈显著正相关关系。

表 6-2　属水平土壤细菌群落组成与碳源代谢活性的相关性分析

属	碳水化合物类	氨基酸类	羧酸类	胺类	酚类	多聚物类
RB41	−0.681*	−0.589*	−0.556	−0.479	−0.224	−0.315
Sphingomonas	0.246	0.507	0.372	0.448	0.311	0.143
Arthrobacter	0.173	0.112	0.045	0.037	−0.376	−0.052
Haliangium	−0.719**	−0.689*	−0.634*	−0.700*	−0.020	−0.196
Nitrospira	−0.173	−0.015	0.072	−0.549	0.331	0.628*
H16	−0.659*	−0.585*	−0.545	−0.653*	−0.016	−0.045
Blastococcus	0.284	0.278	0.161	0.132	−0.259	0.014
Roseiflexus	−0.133	−0.299	−0.359	−0.145	−0.733**	−0.497
Ochrobactrum	0.525	0.534	0.579*	0.299	0.559	0.797**
Solirubrobacter	−0.149	−0.295	−0.293	−0.261	−0.611*	−0.315
Lysobacter	0.759**	0.828**	0.814**	0.935**	0.356	0.257
Iamia	0.690*	0.645*	0.555	0.542	0.310	0.360

（续）

属	碳水化合物类	氨基酸类	羧酸类	胺类	酚类	多聚物类
Actinoplanes	0.390	0.221	0.153	0.171	−0.311	−0.112
Skermanella	0.454	0.239	0.163	0.313	0.022	0.016
Gemmatimonas	−0.238	−0.164	−0.264	−0.239	0.023	−0.320
Vibrionimonas	0.473	0.502	0.507	0.222	0.519	0.817**
Streptomyces	0.557	0.430	0.496	0.472	0.033	0.203
Nocardioides	0.624*	0.628*	0.548	0.597*	−0.028	0.151
Variibacter	0.694*	0.747**	0.643*	0.881**	0.230	0.231
Ilumatobacter	0.704*	0.823**	0.789**	0.666*	0.353	0.473

第三节　细菌群落组成与土壤养分冗余分析

将土壤细菌群落相对丰度较大的前21个优势菌属与土壤理化性质进行冗余分析（RDA）来评估土壤环境因子、处理、细菌群落组成（属水平）之间的关系（彩图6-6）。分析显示，第一排序轴解释率为60.51%，第二排序轴解释率为20.21%，累积解释率为80.72%。氮肥、秸秆处理和对照、秸秆炭处理在第一排序轴分开，秸秆、秸秆炭处理与对照、氮肥处理在第二排序轴分开。土壤有机碳（SOC）、全氮（TN）、无机氮（NH_4^+-N、NO_3^--N）和酸解氮（AON）含量与鞘脂单胞菌属、硝化螺旋菌属、苍白杆菌属、*Vibrionimonas*、*Ilumatobacter*、溶杆菌属、变杆菌属、*Iamia*、类诺卡氏菌属呈显著正相关关系。且N+BC处理和N+ST处理位于有机碳和氮素养分含量较高的区域。说明秸秆炭和秸秆增加了土壤养分含量，从而促进了这些微生物群落的生长。H16、RB41、*Haliangium*和芽单胞菌属与土壤有机碳含量和N+BC处理正相关性较好，说明秸秆炭可提高土壤有机碳含量，有利于这些微生物的生存。链霉菌属、斯科曼氏球菌属、芽球菌属、游动放线菌属、节杆菌属、玫瑰弯菌属、土壤红杆菌属与氮肥处理显著正相关。

土壤细菌为土壤微生物的主要组成部分，细菌群落的变化可反应微生物群落的变化，因此我们对土壤细菌群落组成进行分析。本研究结果表明，秸秆和秸秆炭处理的多样性指数均显著增加。秸秆处理还降低了土壤细菌群落的丰富度。唐明海等（2018）研究表明，秸秆的施用可以显著增加水稻根际微生物的多样性指数和均匀度指数。胡瑞文等（2018）发现生物炭处理的土壤微生物多样性和均匀度指数显著高于其他处理。

氮肥处理显著提高放线菌门、拟杆菌门和绿弯菌门的相对丰度，降低硝化螺旋菌门、芽单胞菌门和酸杆菌门的相对丰度。亚热带森林中施用氮肥使绿弯菌门的相对丰度显著增加。研究发现绿弯菌门具有反硝化能力（Si et al.，2018）。说明施氮有利于反硝化微生物的生存。秸秆显著提高放线菌门、变形菌门、拟杆菌门的相对丰度。有研究发现，施用秸秆后土壤中变形菌门相对丰度较高（Yang et al.，2019）。放线菌在土壤碳循环和有机质后期转化过程中发挥了关键作用。作物秸秆富含碳和氮以及大量易降解的纤维素和半纤维素物质，水稻秸秆还田可显著增加能降解有机材料和植物聚合物的拟杆菌门、变形菌门相对丰度（Kim et al.，2007）。拟杆菌门、变形菌门相对丰度随土壤有机碳含量的增加而增加。变形菌门也与土壤反硝化密切相关。说明秸秆施用促进了纤维素分解菌的生长，从而促进了秸秆的分解，同时秸秆还田土壤的反硝化作用增强。本研究发现，秸秆炭处理显著提高酸杆菌门、芽单胞菌门和硝化螺旋菌门相对丰度。程扬等（2018）研究表明，施用秸秆生物炭 $5t \cdot hm^{-2}$，玉米根际土壤酸杆菌门相对丰度显著增加，变形菌门相对丰度降低。王颖等（2019）报道施用生物炭后土壤硝化螺旋菌门、放线菌门、厚壁菌门的相对丰度显著增加。这与本研究结果基本一致。属水平细菌群落组成的分析表明，氮肥处理显著提高链霉菌属、*Iamia*、斯科曼氏球菌属、玫瑰弯菌属、土壤红杆菌属、游动放线菌属、节杆菌属、芽球菌属相对丰度。有研究发现，链霉菌属具有反硝化功能，能将硝酸盐还原为 N_2O（谢梦佩，2016）。也有研究发现链霉菌属为一种根际促生菌（高雪峰，2017）。节杆菌属具有反硝化作用，并有一定的固氮能力（萨如拉等，2017）。孙棋棋（2018）发现芽球菌属相对丰度与硝态氮含量显著正相关。本研究中，秸秆处理显著提高类诺卡氏菌属、*Ilumatobacter*、溶杆菌属、变杆菌属的相对丰度。节杆菌属和溶杆菌属能够还原硝酸盐，并利用植物残体（萨如拉等，2017）。进一步说明秸秆施用促进了纤维素分解菌的生长。生物炭处理显著提高硝化螺旋菌属、RB41、*Haliangium*、H16、苍白杆菌属、*Vibrionimonas* 的相对丰度。硝化螺旋菌属可以将氨氧化成亚硝酸，参与硝化作用的第一阶段（萨如拉等，2017）。已有研究发现，好氧反硝化细菌多包含于苍白杆菌属（赵文慧等，2020）。Han 等（2017）发现，施氮条件下生物炭处理可以增加硝化螺旋菌属的相对丰度，且随着生物炭添加量的增加，硝化螺旋菌属的相对丰度增加（Abujabhah et al.，2018）。生物炭的添加提高了硝化细菌的相对丰度和活性，并刺激潜在的硝化速率，从而增加了土壤中氮的有效性（Prommer et al.，2014）。

亚硝化单胞菌在土壤反硝化过程中起着重要作用，属于一种反硝化细菌（赵文慧等，2020）。LEfSe 差异分析结果表明，施氮主要提高土壤的反硝化作用，秸秆的施用促进了纤维素分解菌和根际促生菌的生长，秸秆炭对土壤的硝化和反硝化作用均有显著提高，显著增加了土壤硝化螺旋菌属、*Vibrionimonas* 和苍白杆菌属的相对丰度，提高了多聚物类复杂碳源的代谢。

主要参考文献

陈温福，张伟明，孟军，2014. 生物炭与农业环境研究回顾与展望 [J]. 农业环境科学学报，33（5）：821-828.

程扬，刘子丹，沈启斌，等，2018. 秸秆生物炭施用对玉米根际和非根际土壤微生物群落结构的影响 [J]. 生态环境学报，27（10）：1870-1877.

高雪峰，2017. 短花针茅荒漠草原优势植物根系分泌物及其主要组分对土壤微生物的影响 [D]. 呼和浩特：内蒙古农业大学.

胡瑞文，刘勇军，周清明，等，2018. 生物炭对烤烟根际土壤微生物群落碳代谢的影响 [J]. 中国农业科技导报，20（9）：49-56.

廖娜，2016. 生物炭对滴灌棉田土壤微生物的影响 [D]. 石河子：石河子大学.

萨如拉，杨恒山，高聚林，等，2017. 短期玉米秸秆还田对土壤细菌多样性的影响 [J]. 干旱区资源与环境，31（9）：145-149.

孙棋棋，2018. 侵蚀环境中土壤微生物群落变化特征 [D]. 北京：中国科学院大学.

唐海明，肖小平，李超，等，2018. 冬季覆盖作物秸秆还田对双季稻田根际土壤微生物群落功能多样性的影响［J]. 生态学报，38（18)：6559－6569.

王颖，孙层层，周际海，等，2019. 生物炭添加对半干旱区土壤细菌群落的影响［J]. 中国环境科学，39（5)：2170－2179.

谢梦佩，2016. 城市有机垃圾热解生物炭对紫色土氮素特征与微生物群落结构的影响［D]. 重庆：重庆大学.

徐国鑫，王子芳，高明，等，2018. 秸秆与生物炭还田对土壤团聚体及固碳特征的影响［J]. 环境科学，39（1)：355－362.

赵文慧，马垒，徐基胜，等，2020. 秸秆与木本泥炭短期施用对潮土有机质及微生物群落组成和功能的影响［J]. 土壤学报，57（1)：153－164.

Abujabhah I S, Doyle R B, Bound S A, et al., 2018. Assessment of bacterial community composition, methanotrophic and nitrogen-cycling bacteria in three soils with different biochar application rates [J]. Journal of Soils and Sediments, 18 (1): 148－158.

Cui J, Wang J, Xu J, et al., 2017. Changes in soil bacterial communities in an ever green broad-leaved forest in east China following 4 years of nitrogen addition [J]. Journal of Soils & Sediments, 17 (8): 2156－2164.

Gul S, Whalen J K, Thomas B W, et al., 2015. Physico-chemical properties and microbial responses in biochar-amended soils: Mechanisms and future directions [J]. Agriculture, Ecosystems & Environment, 206: 46－59.

Han G, Lan J, Chen Q, et al., 2017. Response of soil microbial community to application of biochar in cotton soils with different continuous cropping years [J]. Scientific Reports, 7 (1): 10184.

Kim J S, Sparovek G, Longo R M, et al., 2007. Bacterial diversity of terra preta and pristine forest soil from the Western Amazon [J]. Soil Biology and Biochemistry, 39 (2): 684－690.

Prommer J, Wanek W, Hofhansl F, et al., 2014. Biochar decelerates soil organic nitrogen cycling but stimulates soil nitrification in a temperate arable field trial [J]. PLoS ONE, 9 (1): e86 388.

Si Z H, Song X S, Wang Y H, et al., 2018. Intensified heterotrophic denitrification in constructed wetlands using four solid carbon sources denitrification efficiency and bacterial community structure [J]. Bioresource Technology, 267: 416－425.

Sorrenti G, Buriani G, Gaggìa F, et al., 2017. Soil CO_2 emission partitioning, bacterial community profile and gene expression of *Nitrosomonas* spp. and *Nitrobacter* spp. of a sandy soil amended with biochar and compost [J]. Applied Soil Ecology, 112: 79－89.

Wang J, Wang X, Xu M, et al., 2015. Crop yield and soil organic matter after long-term straw return to soil in China [J]. Nutrient Cycling in Agroecosystems, 102 (3): 371－381.

Yang Y F, Zhang S J, Li N, et al., 2019. Metagenomic insights into effects of wheat straw compost fertiliser application on microbial community composition and function in tobacco rhizosphere soil [J]. Scientific reports, 9 (1): 6168.

Zhang A F, Bian R J, Pan G X, et al., 2012. Effects of biochar amendment on soil quality, crop yield and greenhouse gas emission in a Chinese rice paddy: A field study of 2 consecutive rice growing cycles [J]. Field Research, 127: 153－160.

第七章 生物炭施用对土壤微生物群落功能的影响

宏基因组测序技术得到了人们的广泛关注，已成为研究各种环境中的微生物功能和代谢通路的重要方式之一（韩睿，2018）。宏基因组测序不仅可以分析群落的物种组成，还可以进一步分析群落内的基因功能以及代谢网络（郭昱东，2018）。本书基于 Biolog 和 16S 测序的研究在一定程度上说明秸秆和秸秆炭对土壤微生物代谢活性和细菌群落组成的影响。微生物的群落组成和功能是密切相关的。为了解棉花秸秆生物炭对土壤微生物的影响，我们采用高通量宏基因组测序技术，全面分析微生物群落的组成和功能以及土壤碳氮转化的整体途径。本章将不同处理土壤微生物基因序列与 NR 数据库、EggNOG 数据库、KEGG 数据库、CAZy 数据库进行对比，分析秸秆和秸秆炭处理关键酶基因的相对丰度，探究秸秆和生物炭施用对土壤微生物代谢功能的影响。

第一节 基于宏基因组土壤微生物群落组成

本章处理同第五章。基于 Illumina HiSeq 高通量测序平台，采用全基因组鸟枪法测序策略，将提取获得的微生物宏基因组总 DNA 随机打断为短片段，并构建合适长度的插入片段文库，对这些文库进行双端（Paired-end，PE）测序。将测序原始数据中部分质量较低的序列［比如长度过短、含有过多的模糊碱基、掺入接头（Adapter）或宿主基因组的序列］进行筛查和过滤，并对有效序列进行组装拼接。

每个样本选取不小于 300bp 的 Scaffolds/Scaftigs 序列，采用专门用于预测原核微生物和宏基因组基因序列的 MetaGeneMark（http：//exon. gatech. edu/ GeneMark/ metagenome）进行基因预测，并识别开放阅读框（Open Reading Frame，ORF），获得对应的蛋白序列。随后，采用 CD-HIT 将上述蛋白序列按照 90%的序列相似度进行归并去冗余，并选取最长的序列作为代表序列，获得非冗余蛋白序列集。

将非冗余蛋白序列集与 KEGG、EggNOG、CAZy、NCBI-NR 蛋白数据库比对，从而对各样本中的基因功能进行注释分析（派森诺生物技术有限公司，上海）。

一、NR 物种注释

与 NR 数据库进行比对得到物种注释信息（表 7 - 1）。各处理中微生物均以细菌为主，占测试结果的 96.73%～97.26%；其次为古菌和真核生物占 0.07%～1.5%。从总体看，与对照相比，氮肥处理细菌占比下降，而增加了古菌和真核生物的比例。秸秆和秸秆炭均显著提高土壤细菌的占比。秸秆处理细菌和真核生物的相对丰度显著高于秸秆炭处理。而秸秆炭处理古菌的相对丰度显著高于秸秆处理。对土壤微生物物种进行聚类分析（图 7-1）。秸秆处理与其他处理差异最明显，秸秆炭与对照间差异最小。

表 7-1　不同处理微生物类群注释（%）

处理	古菌	细菌	真核生物	病毒	其他序列
CK	0.85b	97.13b	0.27b	0.06bc	1.69a
N	1.19a	96.73d	0.31a	0.05c	1.71a
N+ST	0.67c	97.26a	0.30a	0.16a	1.65a
N+BC	0.92b	96.90c	0.26b	0.09b	1.84a

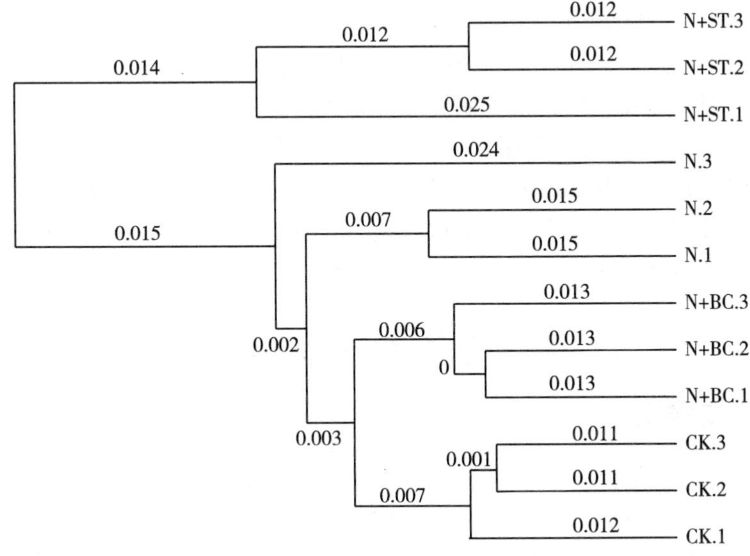

图 7-1　基于 Bray-Curtis 距离的 UPGMA 聚类分析图

二、土壤微生物群落组成

各处理土壤微生物群落前 16 的优势门类为变形菌门、放线菌门、芽单胞菌门、酸杆菌门、浮霉菌门、拟杆菌门、疣微菌门（Verrucomicrobia）、厚壁菌门（Firmicutes）、绿弯菌门、硝化螺旋菌门、奇古菌门（Thaumarchaeota）、异常球菌-栖热菌门（Deinococcus-Thermus）、广古菌门（Euryarchaeota）、蓝藻门（Cyanobacteria）、子囊菌门、担子菌门，相对丰度合计约占总微生物的 88.6%（彩图 7-1）。氮肥处理绿弯菌门、硝化螺旋菌门和奇古菌门相对丰度显著提高，降低了拟杆菌门的相对丰度。与氮肥和秸秆炭处理相比，秸秆处理显著增加变形菌门、拟杆菌门、疣微菌门和子囊菌门相对丰度。秸秆炭处理放线菌门显著高于秸秆和氮肥处理。

通过对细菌相对丰度前 16、真核生物相对丰度前 6 和古菌群落相对丰度前 4 的微生物进行对比分析（彩图 7-2）。氮肥处理显著提高土壤硝化螺旋菌属、*Nitrososphaera*、*Candidatus Nitrosocosmicus*、亚硝化侏儒菌属（*Nitrosopumilus*）、*Rhizophagus*、曲霉菌属的相对丰度，但降低伯克氏菌属（*Burkholderia*）、链霉菌属、小单胞菌属

(*Micromonospora*)、厌氧黏细菌属（*Anaeromyxobacter*）相对丰度。与氮肥和秸秆炭处理相比，秸秆处理梭孢壳属（*Thielavia*）、毛壳菌属、伯克氏菌属、*Variovorax*、*Ramlibacter*、溶杆菌属、假单胞菌属（*Pseudomonas*）、纤维堆囊菌属（*Sorangium*）的相对丰度显著提高。秸秆炭处理链霉菌属、伯克氏菌属、厌氧黏细菌属、小单孢菌属相对丰度显著高于氮肥和秸秆处理。

三、土壤微生物群落 LEfSe 差异分析

通过 LEfSe 组间比较分析不同处理土壤微生物群落在相对丰度上有显著差异的物种（彩图 7-3）。与对照相比，氮肥处理显著提高古菌中奇古菌门及其中的亚硝基球果菌纲(Nitrososphaeria)，亚硝基球果菌目（Nitrososphaerales），放线菌门中的嗜热菌纲(Thermoleophilia)，Solirubrobacterales，Conexibacteraceae，*Conexibacter*，变形菌门的α-变形菌纲，根瘤菌目及δ-变形菌纲中的原囊菌科（Archangiaceae）和原囊菌属(*Archangium*）相对丰度。秸秆处理显著提高放线菌门中的微球菌目及微杆菌科，拟杆菌门，α/β/δ/γ-变形菌纲及其中鞘脂单胞菌目，鞘脂单胞菌科（Sphingomonadaceae)，伯克氏菌目，多囊菌科（Polyangiaceae)，黄单胞菌目，黄单胞菌科，假黄色单胞菌属相对丰度。秸秆炭处理的放线菌门及其中的放线菌纲，变形菌门中的亚硝化单胞菌目和亚硝化单胞菌科相对丰度显著增大。

第二节　基于宏基因组土壤微生物功能注释

一、CAZy 功能注释

CAZy 将这些碳水化合物活性酶分为 6 大蛋白功能模块：糖基转移酶（GTs)、糖苷水解酶（GHs)、碳水化合物酯酶（CEs)、多糖裂解酶（PLs)、辅助氧化还原酶（AAs）以及碳水化合物结合模块（CBMs)（表 7-2)。N 处理降低碳水化合物结合模块、碳水化合物酯酶的相对丰度，微生物群落对碳水化合物的降解能力下降。与 N 处理相比，N+ST 处理和N+BC处理均显著增加碳水化合物结合模块、碳水化合物酯酶的相对丰度，且 N+ST>N+BC。N+ST 处理还增加了糖苷水解酶和多糖裂解酶的相对丰度，降低糖苷转移酶的相对丰度。

表 7-2　CAZy 碳水化合物活性酶相对丰度

处理	辅助氧化还原酶	碳水化合物结合模块	碳水化合物酯酶	糖苷水解酶	糖基转移酶	多糖裂解酶
CK	0.026 4a	0.226 7a	0.070 8b	0.302 7b	0.357 8a	0.015 3b
N	0.026 8a	0.219 4c	0.069 2c	0.307 4b	0.362 2a	0.014 7b
N+ST	0.025 4b	0.226 6a	0.072 3a	0.314 6a	0.343 7b	0.017 4a
N+BC	0.026 7a	0.223 5b	0.070 5b	0.303 1b	0.361 9a	0.014 3b

二、EggNOG 功能注释

将测序结果与 EggNOG 数据库进行对比（表 7-3)。EggNOG 将基因功能分为 20 个

大类。包含于四大功能中：新陈代谢（Metabolism）、细胞过程和信号转导（Cellular processes and signaling）、信息存储和处理（Information storage and processing）和未知的功能特征（Poverty characteristics）。功能注释结果表明，新陈代谢（Metabolism）为土壤微生物的主要功能。秸秆处理碳水化合物运输与代谢（G）功能较氮肥处理显著增大，氨基酸运输与代谢（E）、核苷酸的转运与代谢（F）功能降低。秸秆炭处理氨基酸运输与代谢（E）显著高于氮肥处理。

表 7-3　EggNOG 功能蛋白注释比例

处　　理	CK	N	N+ST	N+BC
信息存储和处理				
A RNA 加工和修饰	0.000 3a	0.000 4a	0.000 4a	0.000 4a
B 染色质结构和动力学	0.000 5a	0.000 4a	0.000 4a	0.000 5a
J 翻译、核糖体结构和生物发生	0.043 4b	0.043 6ab	0.043 1c	0.043 9a
K 转录	0.039 2b	0.040 2a	0.039 9ab	0.039 6ab
L 复制、重组和修复	0.056 2b	0.057 5a	0.055 4c	0.056 9ab
细胞过程和信号转导				
D 细胞周期调控、细胞分裂、染色体分配	0.007 5bc	0.007 5c	0.007 6b	0.007 7a
M 细胞壁/膜/包膜生物发生	0.056 7b	0.056 7b	0.057 3a	0.056 7b
N 细胞运动	0.004 9b	0.004 9b	0.005 7a	0.005 0b
O 翻译后修饰、蛋白质转换、伴侣蛋白	0.044 4b	0.044 3b	0.044 3a	0.044 5b
T 信号转导机制	0.075 0a	0.073 8b	0.075 0a	0.075 2a
U 细胞内运输、分泌和囊泡运输	0.014 1a	0.014 0a	0.014 0a	0.014 0a
V 防御机制	0.034 2a	0.033 4b	0.033 6ab	0.033 5b
新陈代谢				
C 能源生产与转换	0.081 9b	0.082 0ab	0.079 2c	0.082 8a
E 氨基酸运输与代谢	0.093 5b	0.093 2b	0.089 8c	0.094 1a
F 核苷酸转运与代谢	0.022 9b	0.022 9ab	0.022 6c	0.023 1a
G 碳水化全物运输与代谢	0.063 0b	0.063 4b	0.064 1a	0.062 8b
H 辅酶运输与代谢	0.027 3b	0.027 4b	0.026 8c	0.027 8a
I 脂质运输与代谢	0.036 1ab	0.035 8b	0.035 8b	0.036 6a
P 无机离子运输与代谢	0.051 3b	0.052 1b	0.053 1a	0.051 3c
Q 次生代谢产物生物合成、运输和分解代谢	0.025 1a	0.025 1a	0.025 0a	0.025 1a

第三节　KEGG 代谢通路

一、通路富集差异分析

基于 KEGG 功能注释进行微生物代谢通路富集差异分析（彩图 7-4）。与氮肥处理相比，秸秆处理碳代谢通路中三羧酸（TCA）循环通路富集增加，氮代谢通路富集降低；秸秆炭降低三羧酸循环通路富集，而对氮代谢通路富集无显著影响。

二、碳代谢通路

不同处理对土壤碳转化相关酶基因的影响见彩图 7-5。秸秆处理与其他处理差异最大，单独分为一组，增加了糖酵解和磷酸戊糖通路中 *GPI*、*gapN*、*FBA* 酶基因相对丰度，三羧酸（TCA）循环中 *mqo*、*LSC2*、*aarC* 酶基因相对丰度；降低了糖酵解和磷酸戊糖通路中 *tal-pgi*、*cutAB* 酶基因及甲烷代谢通路中 *fdoGHI*、*hdrA2B2C2*、*FDH*、*mvhA*、*mvhD* 酶基因相对丰度。秸秆炭处理与氮肥处理分为一组，但也存在差异。秸秆炭处理提高了糖酵解和磷酸戊糖通路中 *pgi-pmi* 酶基因和原核微生物碳固持通路中 *ALDO*、*smtA1B* 酶基因及甲烷代谢通路中 *mmoXYZ* 酶基因相对丰度。

三、氮代谢通路

氮代谢在土壤氮素养分中起到重要作用。本书主要研究硝化过程、反硝化过程、固氮过程、硝酸盐还原过程和有机氮合成过程等氮转化过程（彩图 7-6 至彩图 7-8）。氨单加氧酶（*amoA*、*amoB*、*amoC*）、羟胺氧化酶（*hao*）、亚硝酸盐氧化还原酶（*nxrA*、*nxrB*）、硝酸还原酶（*nar*、*nas*、*nap*）、亚硝酸还原酶（*nirK*、*nirS*）、一氧化氮还原酶（*norB*、*norC*）、氧化亚氮还原酶（*nosZ*）、固氮酶（*nifD*、*nifK*、*nifH*）、亚硝酸还原酶（*nirA*、*nirB*、*nirD*、*nrfA*、*nrfH*）、谷氨酸脱氢酶（*gudB*、*GDH2*、*GLUD1-2*、*gdhA*）、谷氨酰胺合成酶（*glnA*）、谷氨酸合成酶（*gltB*、*gltD*、*GLT1*、*GLU*）、氨甲酰磷酸合成酶（*CPS1*）是氮代谢过程中的关键酶。

如彩图 7-7 所示，N+ST 处理单独聚为一组。N+ST 处理增加了硝酸盐还原过程 *napAB*、*nirBD*、*nasAB*、*narB* 酶基因、一氧化氮还原酶基因 *norB* 和部分谷氨酸合成酶基因 *gltBD* 的相对丰度；降低了硝化过程 *amoABC*、*hao*、*nxrAB* 酶基因，反硝化过程 *narGHI*、*nirKS* 酶基因，固氮过程 *nifDH* 酶基因和谷氨酸合成过程 *glnA* 酶基因相对丰度。N+ST 处理显著增加了土壤亚硝酸盐还原酶（EC 1.7.1.15，EC 1.7.7.1，EC 1.7.2.2）、硝酸盐还原酶（EC 1.7.99.4）、一氧化氮还原酶（EC 1.7.2.5）、谷氨酸合成酶（EC 1.4.1.13，EC 1.4.1.14，EC 1.4.7.1）、氨甲酰磷酸合成酶（EC 6.3.4.16）的相对丰度；显著降低氨单加氧酶（EC 1.14.99.39）、亚硝酸盐氧化还原酶（EC 1.7.99.-）、亚硝酸还原酶（EC 1.7.2.1）、氧化亚氮还原酶（EC 1.7.2.4）、固氮酶（EC 1.18.6.1）、谷氨酸脱氢酶（EC 1.4.1.2，EC 1.4.1.3，EC 1.4.1.4）、谷氨酰胺合成酶（EC 6.3.1.2）的相对丰度。N+BC 处理和 N 处理聚为一组，差异较小，N+BC 处理增加了谷氨酸合成过程 *gdhA*、*GLUD1-2*、*gudB* 和 *GLU* 酶基因的相对丰度。N+BC 处理显著增加了羟胺氧化酶（EC 1.7.2.6）、谷氨酸脱氢酶（EC 1.4.1.2，EC 1.4.1.3，EC 1.4.1.4）、谷氨酰胺合成酶（EC 6.3.1.2）、谷氨酸合成酶（EC 1.4.1.13，EC 1.4.1.14，EC 1.4.7.1）相对丰度。

为进一步了解生物炭施用对土壤微生物群落的影响，我们采用宏基因组技术对土壤微生物群落和功能进行研究。通过 NR 物种注释发现，微生物均以细菌为主，其次为古菌。氮肥处理细菌占比下降，而增加古菌和真核生物的比例。秸秆显著提高土壤细菌、真核生物和病毒的占比，且群落结构与其他处理差异最明显。可能是由于秸秆自身易分解，释放出大量的养分有利于土壤细菌的生长繁殖。秸秆炭处理只增加了细菌群落的相对丰度，说明生物炭的施用有利于土壤细菌群落的生存。通过对微生物群落组成的分析表明，氮肥处理绿弯菌门、硝化螺旋菌门和奇古菌门显著高于对照。Fierer 等（2012）在两个长期施氮试验点的结果也表明，施氮可显著提高土壤中硝化螺旋菌门的相对丰度。氮肥的输入增加了亚热带森林中变形菌门和绿弯菌门的相对丰度。硝化螺旋菌门是土壤硝化作用的主要细菌（Daims et al.，2015）。然而，大多数绿弯菌门具有反硝化能力（Si et al.，2018）。奇古菌门是参与氨氧化作用的主要古菌（张伟等，2019）。说明施氮有利于硝化、反硝化微生物的生存。秸秆处理显著增加了变形菌门、拟杆菌门、疣微菌门和子囊菌门的相对丰度。有研究发现，秸秆施用显著增加变形门菌和疣微菌门的相对丰度（Yang et al.，2016）。植物秸秆富含碳、氮以及易降解的分子，如纤维素和半纤维素。变形菌门和拟杆菌门能降解有机物料和植物聚合物，水稻秸秆还田后其相对丰度显著增大（Calleja-Cervante et al.，2015）。变形菌门和拟杆菌门与土壤可利用碳呈正相关关系。变形菌门也与土壤反硝化过程密切相关。子囊菌门与土壤有机质分解密切相关并能促进植物根系的生长（李发虎等，2017）。秸秆处理微球菌目，微杆菌科，拟杆菌门，α/β/δ/γ-变形菌纲及其中鞘脂单胞菌目，鞘脂单胞菌科，伯克氏菌目，多囊菌科，黄单胞菌目，黄单胞菌科，假单胞菌属相对丰度显著增加。伯克氏菌目在反硝化过程中起着重要作用。假单胞菌可促进根际微生物生长（Han et al.，2017）；鞘脂单胞菌目是植物病原体的潜在拮抗物（Gopalakrishnan et al.，2015）；黄单胞菌与纤维素的降解密切相关；除反硝化作用外的氮循环主要由根瘤菌催化；微单孢菌对降解纤维素和几丁质等难降解物质具有重要作用。说明秸秆施用促进了纤维素分解菌的生长，从而增加了秸秆的分解，秸秆施用也增加了土壤的反硝化作用。本研究中，秸秆炭显著增加放线菌门、硝化螺旋菌门相对丰度。生物炭的丰富孔隙、较强的阳离子交换能力和吸附能力为微生物提供了适宜的栖息地，促进了微生物在土壤中的活动，影响了营养循环和有机质分解。Abujabhah 等（2018）发现生物炭的施用显著提高了硝化螺旋菌门的相对丰度，与本研究结果一致。放线菌在碳循环过程中和有机质分解后期发挥了关键作用。本研究中，秸秆炭处理的土壤中与硝化作用相关的亚硝化单胞菌目和亚硝化单胞菌科的相对丰度也显著增大。说明生物炭的添加提高了硝化细菌的相对丰度和活性，并促进土壤有机物质的分解，从而增加了土壤中氮的有效性（Sorrenti et al.，2017）。

秸秆显著增加碳水化合物酯酶（CEs）、糖苷水解酶（GHs）、碳水化合物结合模块（CBMs）、多糖裂解酶（PLs）。碳水化合物酯酶是植物纤维降解的关键。糖苷水解酶主要降解复杂碳水化合物分子，如淀粉、纤维素、木聚糖和几丁质。多糖裂解酶（PLs）在酸性多糖中裂解糖苷键。CBMs 可与多糖结合，使催化域更靠近底物，从而提高 GHs 降解复杂碳水化合物的催化效率。说明秸秆施用后土壤微生物对碳水化合物、多糖类物质的分解活性增强。本研究中，秸秆炭处理碳水化合物结合模块相对丰度高于氮肥处理。表明生物炭的施用对复杂碳水化合物的降解有促进作用。EggNOG 功能注释还发现秸秆处理碳水化合物运输与代谢（G）功能较氮肥和秸秆炭处理显著增大，氨基酸运输与代谢（E）功能降低。秸秆炭处理氨基酸运输与代谢（E）显著高于氮肥处理。说明施用秸秆可提高土壤碳水化合物运输与代谢功能，降低氨基酸运输与代谢功能，而生物炭对氨基酸运输与代谢功能显著增加。

三羧酸（TCA）循环利用糖类、脂类、氨基酸产生大量的 ATP 供微生物的生长。磷酸戊糖途径不仅可以为微生物提供能量，还可以为细胞的各种合成反应提供还原力，其中间产物也是许多细胞产物的合成原料。糖酵解是微生物对碳水化合物进行代谢的一种主要方式，是厌氧微生物获取能量的主要方式（韩睿，2018）。KEGG 碳代谢通路富集的差异分析表明，秸秆处理有机碳降解通路相关酶基因相对丰度显著增加，提高微生物群落对土壤有机碳的降解，秸秆炭处理显著提高微生物群落碳固持通路相关酶基因的相对丰度，增加了微生物群落对土壤碳的固持能力。

与氮代谢相关的酶基因中，秸秆处理与其他处理差异最大，与氮肥处理相比，秸秆显著增加了硝酸盐还原基因、一氧化氮还原酶基因和部分谷氨酸合成基因的相对丰度；降低硝化作用相关酶基因相对丰度。但 Luo 等人（2019）发现，氮肥配施稻草增加了 *amoA*、*narG*、*nirKS*、*norB*、*nosZ* 和 *nifH* 基因相对丰度，这可能是由外部条件不同导致的。同化硝酸盐还原是一个耗能的过程，其中硝酸盐被还原为铵并同化为氨基酸（Sias et al.，1980）。谷氨酸合成酶在谷氨酸合成中占有重要地位，其含量丰富，可增加氨基酸的合成。氨甲酰磷酸合成酶用于氨甲酰磷酸的合成，然后参与精氨酸的生物合成。结果表明，秸秆促进了土壤中的硝酸盐还原，提高了氨基酸的合成，氮肥处理与秸秆炭处理相似。与氮肥处理相比，秸秆炭处理提高了羟胺氧化酶（硝化）和谷氨酸合成酶基因的相对丰度。这表明生物炭的施用促进了土壤的硝化过程，并有利于氨基酸的合成。Liu 等（2014）发现生物炭处理显著增加在硝化过程中起重要作用的 *amoA* 基因相对丰度。Ducey 等（2013）发现，柳枝稷生物炭增加了 *nirS* 和 *nifH* 基因的相对丰度，而玉米秸秆生物炭增加了小麦土壤中 *amoA* 和 *nosZ* 基因的相对丰度（Liu 等，2017）。在重金属土壤中，施用 40t · hm^{-2}生物炭，植物根际和非根际产生 *nirS* 和 *nosZ* 基因的相对丰度较高（Huimin et al.，2018）。这些结果相似但不完全相同，可能是由于环境条件和生物炭本身的差异。谷氨酸的合成是无机氮向有机氮转化的重要环节。在我们的研究中，秸秆炭处理增加了谷氨酸合成酶基因的相对丰度。Salar 等（2017）得到了同样的结果，他们发现生物炭的应用增加了谷氨酰胺合成酶的活性。这说明生物炭的施用有利于谷氨酸的合成。而与对照相比，施氮增加了与氮代谢相关的酶基因中硝化、反硝化和固氮过程相关酶基因的相对丰度。有研究发现，氮肥的施用会提高硝化细菌和细菌硝化基因的相对丰度（Wang et al.，2018）。氮促进了硝化基因 *hao*、反硝化基因 *norB* 和 *nosZ* 相对丰度。氮增加了氨单加氧酶（*amoA*）、亚硝酸盐还原酶（*nirKS*）、固氮酶（*nifH*）基因相对丰度。氮肥处理显著增加了反硝化相关基因丰度，但对 *nifH* 丰度无影响。土壤中氮固定主要是通过 *nifH* 基因家族编码的固氮酶来实现的，被认为是铵的重要来源。*nifDH* 相对丰度的增加表明施氮改善了土壤微生物对氮的固定。说明单施氮肥可以提高土壤中的硝化、反硝化作用。

综上，秸秆处理提高了碳水化合物结合模块（CBMs）和碳水化合物酯酶（CEs）、糖苷水解酶（GHs）和多糖裂解酶（PLs）的相对丰度，降低辅助氧化还原酶（AAs）、糖苷转移酶（GTs）相对丰度，提高了微生物群落对纤维素、淀粉、几丁质等碳水化合物的降解。秸秆处理显著提高碳水化合物运输与代谢功能基因相对丰度，降低氨基酸运输与代谢功能基因的相对丰度。秸秆炭处理土壤微生物群落氨基酸运输与代谢功能基因相对丰度显著增加。KEGG 代谢通路富集差异分析表明，秸秆处理土壤碳代谢通路富集显著高于秸秆炭处理，秸秆炭处理氮代谢通路富集显著高于秸秆处理。碳代谢通路中，秸秆处理 TCA 循环相关酶基因显著增加；秸秆炭处理显著提高土壤微生物群落碳固持相关酶基因相对丰度。氮代谢通路中，秸秆处理增加参与氨基酸合成的氨甲酰磷酸合成酶基因的相对丰度，土壤反硝化、硝酸盐还原过程相关酶基因相对丰度也显著增加。秸秆炭处理谷氨酸合成过程的谷氨酸脱氢酶、谷氨酰胺合成酶和谷氨酸合成酶以及羟胺氧化酶（硝化）显著高于秸秆处理。

主要参考文献

郭昱东，2018. 北极融水成湖区域土壤微生物多样性及宏基因组学分析［D］. 青岛：青岛科技大学.

韩睿，2018. 青海农用沼气池发酵微生物群落结构与功能研究［D］. 武汉：华中师范大学.

李发虎，李明，刘金泉，等，2017. 生物炭对温室黄瓜根际土壤真菌丰度和根系生长的影响［J］. 农业机械学报，48（4）：265－270＋341.

张伟，杜钰，2019. 棉花长期连作对新疆农田土壤古菌群落演替的影响［J］. 生态环境学报，28（4）：769－775.

Abujabhah I S，Doyle R B，Bound S A，et al.，2018. Assessment of bacterial community composition, methanotrophic and nitrogen-cycling bacteria in three soils with different biochar application rates［J］. Journal of Soils and Sediments，18（1）：148－158.

Calleja-Cervantes M E，Menéndez S，Fernández-González A J，et al.，2015. Changes in soil nutrient content and bacterial community after 12 years of organic amendment application to a vineyard［J］. European Journal of Soil Science，66（4）：802－812.

Daims H，Lebedeva E V，Pjevac P，et al.，2015. Complete nitrification by Nitrospira bacteria［J］. Nature，528（7583）：504－509.

Ducey T F，Ippolito J A，Cantrell K B，et al.，2013. Addition of activated switchgrass biochar to an aridic subsoil increases microbial nitrogen cycling gene abundances［J］. Applied Soil Ecology，65：65－72.

Fierer N，Lauber C L，Ramirez K S，et al.，2012. Comparative metagenomic，phylogenetic and physiological analyses of soil microbial communities across nitrogen gradients［J］. The ISME Journal，6（5）：1007－1017.

Gopalakrishnan S，Srinivas V，Prakash B，et al.，2015. Plant growth-promoting traits of Pseudomonas geniculataisolated from chickpea nodules［J］. Biotech，5（5）：653－661.

Han G，Lan J，Chen Q，et al.，2017. Response of soil microbial community to application of biochar in cotton soils with different continuous cropping years［J］. Scientific Reports，7（1）：10184.

Huimin Z，Pan W，De C，et al.，2018. Short-term biochar manipulation of microbial nitrogen transformation in wheat rhizosphere of a metal contaminated Inceptisol from North China plain［J］. Science of The Total Environment，640－641：1287－1296.

Liu L，Shen G，Sun M，et al.，2014. Effect of biochar on nitrous oxide emission and its potential mechanisms［J］. Journal of the Air & Waste Management Association，64（8）：894－902.

Liu Q，Liu B，Zhang Y，et al.，2017. Can biochar alleviate soil compaction stress on wheat growth and mitigate soil N_2O emissions?［J］. Soil Biology and Biochemistry，104：8－17.

Luo G，Wang T，Li K，et al.，2019. Historical-nitrogen deposition and straw addition facilitate the resistance of soil multifunctionality to drying-wetting cycles [J]. Applied and Environmental Microbiology, 85 (8): 1-35.

Salar F A, Shahram T, 2017. Biochar improved nodulation and nitrogen metabolism of soybean under salt stress [J]. Symbiosis, 74 (3): 1-9.

Si Z H, Song X S, Wang Y H, et al., 2018. Intensified heterotrophic denitrification in constructed wetlands using four solid carbon sources denitrification efficiency and bacterial community structure [J]. Bioresource Technology, 267: 416-425.

Sias S R, Stouthamer A H, Ingraham J L, 1980. The assimilatory and dissimilatory nitrate reductases of pseudomonas aeruginosa are encoded by different genes [J]. Microbiology, 118 (1): 229-234.

Sorrenti G, Buriani G, Gaggìa F, et al., 2017. Soil CO_2 emission partitioning, bacterial community profile and gene expression of *Nitrosomonas* spp. and *Nitrobacter* spp. of a sandy soil amended with biochar and compost [J]. Applied Soil Ecology, 112: 79-89.

Wang F H, Chen S M, Wang Y Y, et al., 2018. Long-term nitrogen fertilization elevates the activity and abundance of nitrifying and denitrifying microbial communities in an upland soil: Implications for nitrogen loss from intensive agricultural systems [J]. Frontiers in Microbiology, 9: 2424.

Yang H, Hu J, Long X, et al., 2016. Salinity altered root distribution and increased diversity of bacterial communities in the rhizosphere soil of Jerusalem artichoke [J]. Scientific reports, 6: 20687.

第八章 生物炭对咸水滴灌棉田土壤水盐分布及理化性质的影响

新疆地处西北干旱区，淡水资源紧缺（刘赛华等，2020），灌溉水质也在日益恶化（刘雪艳等，2020），农业用水主要依赖于日益减少的地表水和储量丰富但具有一定含盐量的浅层地下水。干旱区石灰性土壤母质普遍含盐，在节水滴灌条件下，盐分并不能被淋洗出土体，若长期使用咸水灌溉必定造成土壤盐分累积，进而增大土壤次生盐渍化的风险（刘赛华等，2020）。相关研究表明，咸水灌溉会使土壤盐分表聚（季泉毅等，2016）、土壤理化性质恶化（冯棣等，2014），继而影响微生物活性和养分转化（马丽娟等，2019）。Zhu 等（2021）研究表明，在干旱地区长期使用咸水灌溉会导致作物根区土壤环境恶化并抑制植物生长。因此，咸水灌溉对干旱区农田的土壤理化性质、养分循环等产生的负面效应值得引起高度关注。

生物炭自身的多孔结构及较大的表面积使其具有较强的阳离子交换能力，利用生物炭对盐渍土进行改良，可有效缓解土壤盐分积累，减少盐胁迫对作物生长产生的不利影响。有研究表明，生物炭的施用提高了土壤的田间持水量、持水能力和含水率，有利于作物更好地利用水分（刘志凯等，2017）。生物炭具有多孔结构、大表面积和较高的阳离子交换能力，应用生物炭改良盐渍土有利于降低土壤含盐量，减缓盐胁迫，有效调控土壤盐分，抑制土壤次生盐渍化（朱成立等，2019）。施加生物炭可以显著提高洗盐效率，提高土壤蓄水、持水能力。

土壤水分、盐分是评价土壤盐渍化程度的重要参数，土壤的理化性质是土壤功能的基础，生物炭对改良咸水灌溉棉田土壤具有重要作用。本章旨在通过在咸水滴灌棉田土壤中施用生物炭，研究生物炭对棉田土壤盐分垂直分布、水分垂直分布、土壤理化性质的影响，为咸水资源的合理利用、土壤肥力提升和干旱区农业的可持续发展提供理论依据。

第一节　生物炭对咸水滴灌棉田土壤盐分和水分垂直分布的影响

一、土壤盐分的垂直分布

本研究在已连续开展 11 年（2009—2019 年）的咸水灌溉田间试验基础上进行。试验设置灌溉水盐度和有机物料 2 个因素，灌溉水盐度（EC）设 2 个处理：$0.35dS\cdot m^{-1}$ 和 $8.04dS\cdot m^{-1}$，分别代表淡水灌溉（FW）和咸水灌溉（SW）两种水质。试验中灌溉水的盐化处理采用在淡水中加入等量的 NaCl 和 $CaCl_2$（1∶1 质量比）混合盐进行配置，两种灌溉水的化学组成见表 8-1。有机物料种类设三个：对照（CK）、棉花秸秆（ST）、生物炭（棉花秸秆，BC）。棉花秸秆和生物炭的用量采用等碳量设计，棉花秸秆用量为

$6t \cdot hm^{-2}$，棉花秸秆生物炭用量为 $3.7t \cdot hm^{-2}$。试验采用完全随机区组设计，6 个处理，每个处理重复 3 次，共 18 个试验小区。

表 8-1　两种灌溉水的化学组成

灌溉水盐度 ($dS \cdot m^{-1}$)	pH	钠吸附比	离子含量 ($mol \cdot L^{-1}$)						
			K^+	Na^+	Ca^{2+}	Mg^{2+}	HCO_3^-	Cl^-	SO_4^{2-}
0.35	7.51	0.15	0.32	0.21	2.43	1.17	0.97	2.45	0.72
8.04	7.08	8.90	0.32	43.03	45.48	1.17	1.14	88.01	0.82

试验中棉花秸秆和生物炭在播种前一次性施入。2020 年棉花于 4 月 25 日播种，棉花生长季节为 4—9 月。灌溉采用滴灌，滴头流量为 $2.7L \cdot h^{-1}$，滴头间距 0.4m。为保证棉花出苗，在棉花播种后各处理均滴灌淡水 45mm。不同处理的灌水时间和灌水量均相同，灌溉水量利用水表控制。参照当地淡水滴灌棉田的灌溉管理，灌水从 6 月上旬开始至 8 月中旬结束，棉花生长期间共灌水 9 次，灌水周期为 7～10d。各年度试验中肥料的施用方法相同，氮肥使用尿素，全部作追肥，在棉花生长期间分 6 次随水滴灌。将尿素溶解后置于 15L 的塑料容器内，然后泵入滴灌管道。为满足棉花的养分需要，在播种前将磷肥（过磷酸钙）和钾肥（硫酸钾）作基肥一次性施入，用量分别为磷肥（P_2O_5）$105kg \cdot hm^{-2}$ 和钾肥（K_2O）$60kg \cdot hm^{-2}$。其他栽培管理措施同当地大田生产。

在播种前及收获后分别采集土壤样品，每个小区随机选择 6 个采样点，采集深度为 0～100cm，每 20cm 一层，分别测定土壤水分和盐分。在施肥结束后采集耕层 0～20cm 土壤样品，每个小区随机选择 6 个采样点。土样混合均匀后剔除其中的杂物，将土样分为两个部分，新鲜土样过 2mm 筛后进行土壤微生物特征的测定；另一部分土壤风干后，粉碎过筛，分别测定土壤理化性质和酶活性。每个小区随机取 3 株棉花，棉花植株自地表剪下，并分成叶、茎和蕾铃三部分，用蒸馏水洗净后，105℃下杀青 30min，70℃ 烘干 48h。将植株各部分称重后，粉碎过 1mm 筛。

土壤容重：采用环刀法测定。土壤孔隙度：由土壤的容重和比重计算土壤的总孔隙度。土壤含水量：采用烘干法测定。土壤盐度：采用电导率仪测定。土壤 pH：采用 pH 计测定。土壤有机质：TOC 法测定。全氮：采用半自动凯式定氮仪测定。有效磷：采用碳酸氢钠浸提法测定。速效钾：采用火焰光度计法测定。

由图 8-1 可以看出，咸水灌溉 0～100cm 剖面土壤盐度较淡水灌溉显著提高。总体上，咸水灌溉 0～20cm、20～40cm、40～60cm、60～80cm 和 80～100cm 的土壤盐度分别较淡水灌溉高 711%、621%、592%、469%和 388%。FW 处理和 SW 处理 0～100cm 土壤盐度总体表现为棉花收获时高于播种前，且 0～60cm 土壤盐度较低，60～80cm 和 80～100cm 土壤盐度较高。在棉花生育期内，施用秸秆和生物炭明显降低 FW 处理和 SW 处理 0～20cm 和 20～40cm 土壤盐度。交互作用表现为 FWBC 处理和 FWST 处理 0～20cm 和 20～40cm 土壤盐度分别较 FWCK 处理低 9.41%和 19.60%，13.43%和 6.26%；SWBC 处理和 SWST 处理 0～20cm 和 20～40cm 土壤盐度分别较 SWCK 处理低 8.30%和 9.07%，6.50%和 2.02%。但是施用秸秆和生物炭明显增加 FW 处理和 SW 处理 40～100cm 土壤盐分。上述研究结果表明，施用秸秆和生物炭会降低棉田表层土壤盐分，导致盐分向深层淋洗，盐分主要积累在 40～100cm 土层，咸水灌溉土壤盐分的积累较强烈。

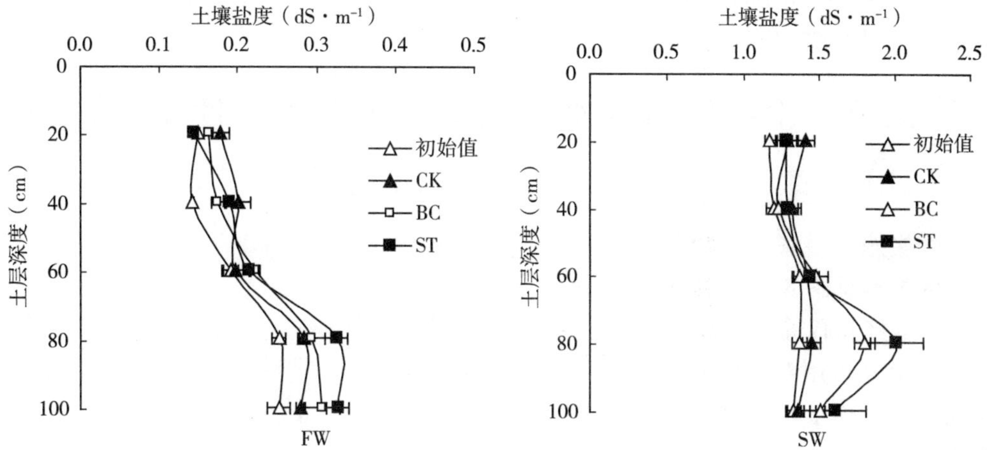

图 8-1　生物炭施用下淡水和咸水灌溉处理土壤盐分在 0～100cm 剖面上的分布

注：土壤盐度分别在棉花播种前（初始值）和收获时（FWCK、FWBC、FWST、SWCK、SWBC、SWST）测定。下同

二、土壤含水量的垂直分布

由图 8-2 可以看出，咸水灌溉 0～100cm 土壤剖面的含水量较淡水灌溉显著提高。总体上，咸水灌溉 0～20cm、20～40cm、40～60cm、60～80cm 和 80～100cm 的土壤含水量分别较淡水灌溉高 49.66%、85.55%、77.41%、92.25%和 84.45%。FW 处理 0～100cm 土壤含水量总体表现为棉花收获时低于播种前，秸秆和生物炭施用增加 0～60cm 土壤含水量交互作用表现为 FWBC 处理和 FWST 处理 0～20cm、20～40cm 和 40～60cm 土壤含水量分别较 FWCK 处理高 28.92%、34.15%、17.79%和 16.18%、33.17%、5.75%，但 60～100cm 土壤含水量差异不大。SW 处理下，秸秆和生物炭施用 0～100cm 土壤含水量较对照均有所增加，具体表现为 SWBC 处理和 SWST 处理 0～20cm、20～40cm、40～60cm、60～80cm 和 80～100cm 土壤含水量分别较 SWCK 处理高 5.87%、11.02%、5.73%、5.54%、0.65%和 13.39%、16.97%、16.37%、7.83%、6.56%。

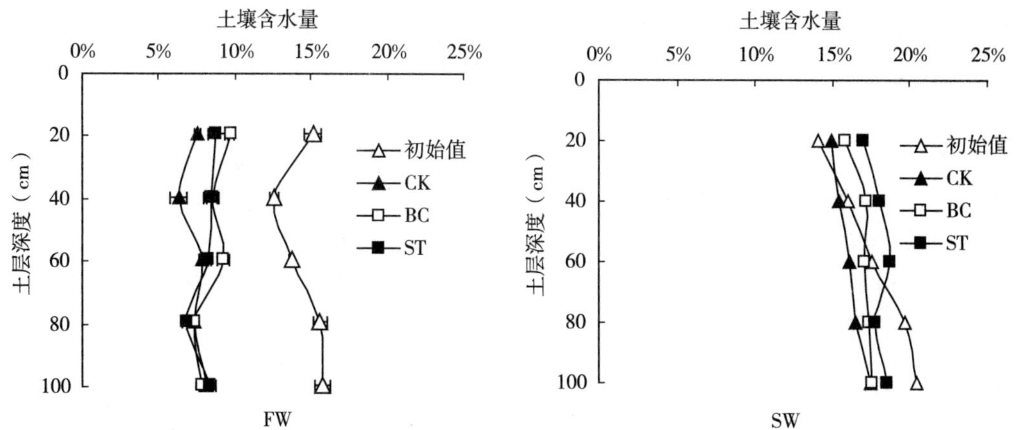

图 8-2　生物炭施用下淡水和咸水灌溉处理土壤含水量在 0～100cm 剖面上的分布

上述研究结果表明，在淡水灌溉下施用秸秆和生物炭会增加棉田 0～60cm 土层土壤含水量，咸水灌溉下施用秸秆和生物炭会增加棉田 0～100cm 土层土壤含水量，即秸秆和生物炭施用后增加了土壤的保水性能。

第二节　生物炭对咸水滴灌棉田土壤理化性质的影响

一、土壤容重

生物炭施用对咸水滴灌棉田土壤容重的影响见图 8－3。土壤容重受灌溉水盐度和有机物料影响显著，而二者的交互作用对土壤容重的影响不显著。总体上，土壤容重随着灌溉水盐度的增加而显著增大，SW 处理的土壤容重较 FW 处理高 5.59%；生物炭和秸秆施用后显著降低了土壤容重，BC 处理和 ST 处理分别较 CK 处理低 2.26% 和 7.04%。交互作用表现为 FWBC 处理和 FWST 处理土壤容重分别较 FWCK 处理低 1.22%和 9.14%；SWBC 处理和 SWST 处理土壤容重分别较 SWCK 处理低 3.42%和 6.35%。

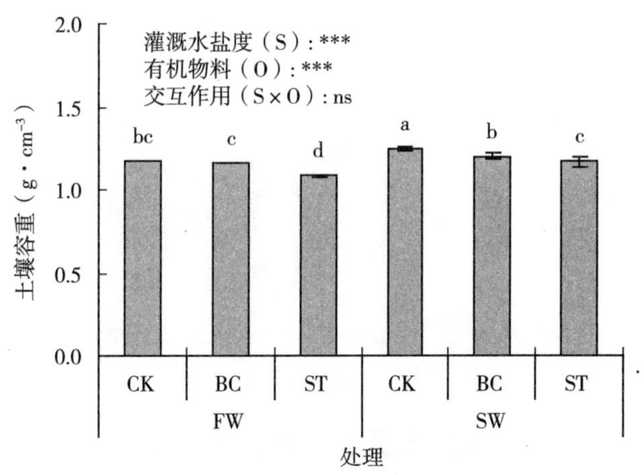

图 8－3　生物炭和秸秆施用对咸水滴灌棉田土壤容重的影响

二、土壤孔隙度

生物炭施用对咸水滴灌棉田土壤孔隙度的影响见图 8－4。土壤孔隙度受灌溉水盐度和有机物料影响显著，而二者的交互作用对土壤容重的影响不显著。总体上，土壤孔隙度随着灌溉水盐度的增加而显著降低，SW 处理的土壤孔隙度较 FW 处理低 4.23%；生物炭和秸秆施用后显著增加了土壤孔隙度，BC 处理和 ST 处理分别较 CK 处理高 1.91%和 5.93%。交互作用表现为 FWBC 处理和 FWST 处理土壤孔隙度分别较 FWCK 处理高 0.83%和 6.20%；SWBC 处理和 SWST 处理土壤孔隙度分别较 SWCK 处理高 3.03%和 5.64%。

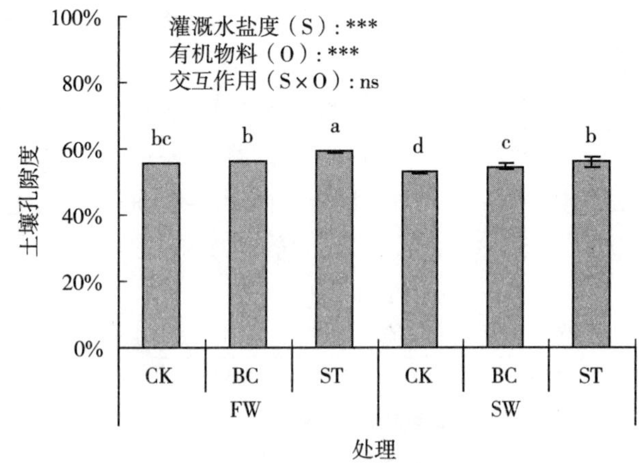

图 8－4　生物炭和秸秆施用对咸水滴灌棉田土壤孔隙度的影响

三、土壤含水量

生物炭施用对咸水滴灌棉田土壤含水量的影响见图 8－5。土壤含水量受灌溉水盐度、有机物料及二者的交互作用影响显著（$P<0.001$）。总体上，土壤含水量随着灌溉水盐度的增加而增加，SW处理较FW处理增加50.28%；秸秆和生物炭的施用也显著影响土壤含水量，BC处理土壤含水量总体上较CK处理增加6.39%，而ST处理土壤含水量总体上较CK处理降低2.53%。交互作用表现为FWBC处理和FWST处理土壤含水量无显著差异，但均高于FWCK处理，分别较FWCK处理增加38.33%、28.73%；而SWBC处理和SWST处理土壤含水量显著低于SWCK处理，SWBC处理和SWST处理土壤含水量较SWCK处理降低9.39%、17.98%。

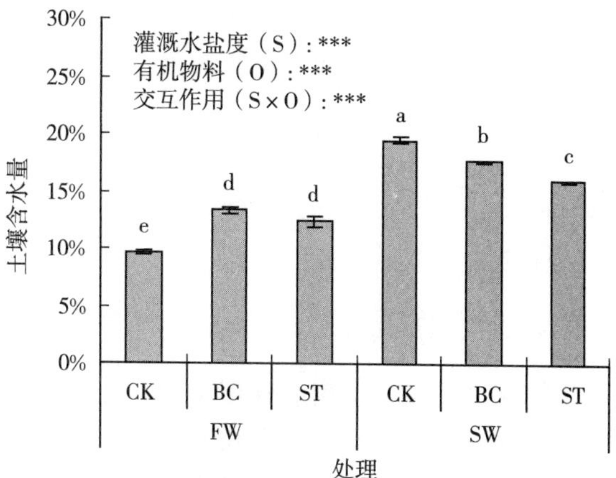

图8-5　生物炭和秸秆施用对咸水滴灌棉田土壤含水量的影响

四、土壤盐分

生物炭施用对咸水滴灌棉田土壤盐分的影响见图8-6。土壤盐分受灌溉水盐度、有机物料及二者的交互作用影响显著。总体上，土壤盐度随灌溉水盐度的增加而显著增加，SW处理土壤盐度较FW处理高690.77%；秸秆和生物炭的施用也显著影响土壤盐分，BC处理土壤盐度总体上较CK处理降低21.71%，而ST处理土壤盐度总体上较CK处理降低27.17%。交互作用的影响表现为FWBC、FWST和FWCK处理土壤盐度无明显差异；而SWBC处理和SWST处理土壤盐度显著低于SWCK处理，SWBC处理和SWST处理土壤盐度较SWCK处理降低24.15%、30.08%。

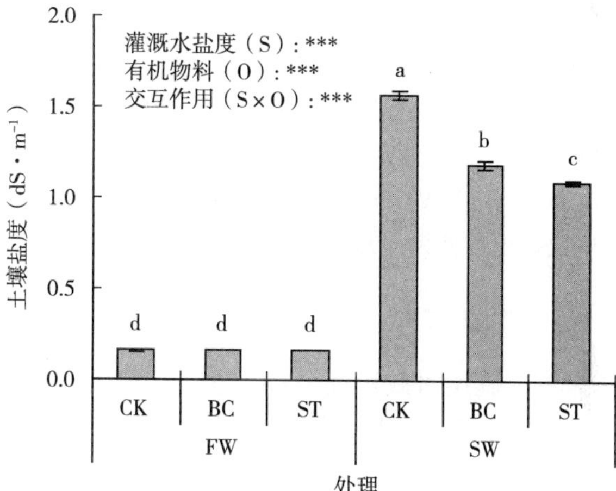

图8-6　生物炭和秸秆施用对咸水滴灌棉田土壤盐分的影响

五、土壤pH

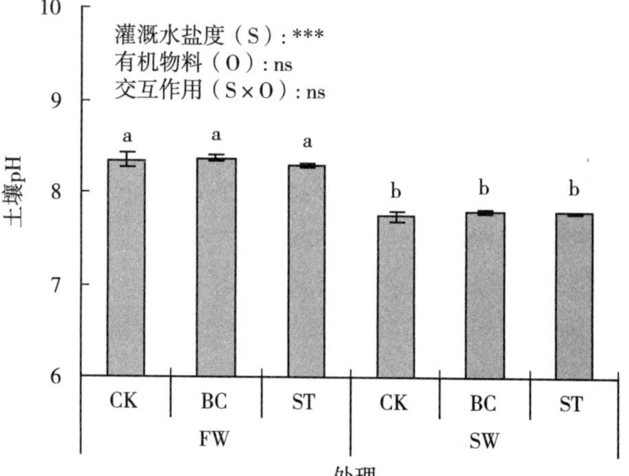

图8-7　生物炭和秸秆施用对咸水滴灌棉田土壤pH的影响

生物炭施用对咸水滴灌棉田土

壤 pH 的影响见图 8-7。土壤 pH 仅受灌溉水盐度的影响，而有机物料及二者的交互作用对其影响不显著。总体上，土壤 pH 随灌溉水盐度的提高而显著降低，SW 处理的土壤 pH 较 FW 处理降低 6.67%。

六、土壤总碳

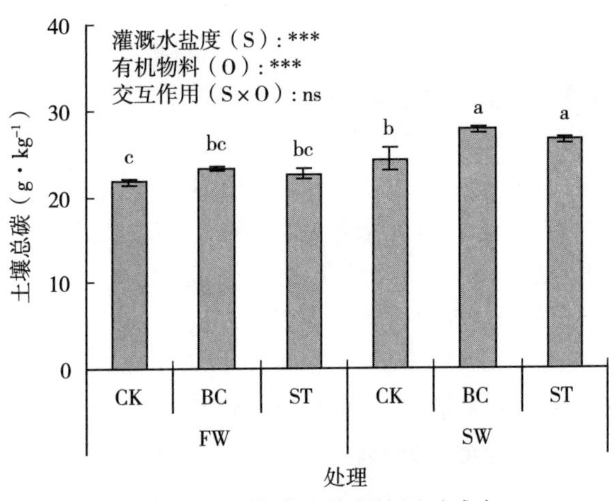

图 8-8　生物炭和秸秆施用对咸水滴灌棉田土壤总碳的影响

生物炭施用对咸水滴灌棉田土壤总碳含量的影响见图 8-8。土壤总碳含量受灌溉水盐度和有机物料影响显著，而二者的交互作用对土壤总碳含量的影响不显著。总体上，土壤总碳含量随着灌溉水盐度的增加而显著增加，SW 处理的土壤总碳含量较 FW 处理高 16.07%；生物炭和秸秆施用后显著增加了土壤总碳含量，BC 处理和 ST 处理分别较 CK 处理高 10.80%和 6.83%。交互作用表现为 FWBC 处理和 FWST 处理土壤总碳含量分别较 FWCK 处理高 7.14%和 4.02%；SWBC 处理和 SWST 处理土壤总碳含量分别较 SWCK 处理高 14.08%和 9.35%。

七、土壤全氮

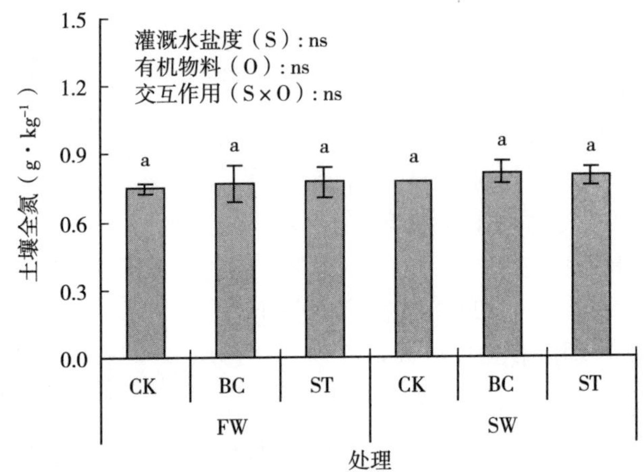

图 8-9　生物炭和秸秆施用对咸水滴灌棉田土壤全氮的影响

生物炭施用对咸水滴灌棉田土壤全氮含量的影响见图 8-9。灌溉水盐度、有机物料及二者的交互作用对土壤全氮的影响均不显著。总体上，土壤全氮含量随着灌溉水盐度的增加而增加，SW 处理的土壤全氮较 FW 处理高 4.99%。生物炭和秸秆施用后在一定程度上增加了土壤全氮，BC 处理和 ST 处理分别较 CK 处理高 5.06%和 3.75%。交互作用表现为 FWBC 处理和 FWST 处理土壤全氮分别较 FWCK 处理高 5.42%和 4.85%；SWBC 处理和 SWST 处理土壤全氮分别较 SWCK 处理高 4.72%和 2.71%。

八、土壤有效磷

生物炭施用对咸水滴灌棉田土壤有效磷含量的影响见图 8-10。土壤有效磷受灌溉水盐度和有机物料影响显著，而二者的交互作用对土壤有效磷含量的影响不显著。总体上，土壤有效磷含量随着灌溉水盐度的增加而显著增加，SW处理的土壤有效磷含量较FW处理高29.85%；生物炭和秸秆施用后显著增加了土壤有效磷含量，BC处理和ST处理分别较CK处理高126.68%和81.53%。交互作用表现为FWBC处理和FWST处理土壤有效磷含量分别较FWCK处理高158.02%和98.61%；SWBC和SWST处理土壤有效磷含量分别较SWCK处理高106.03%和70.28%。

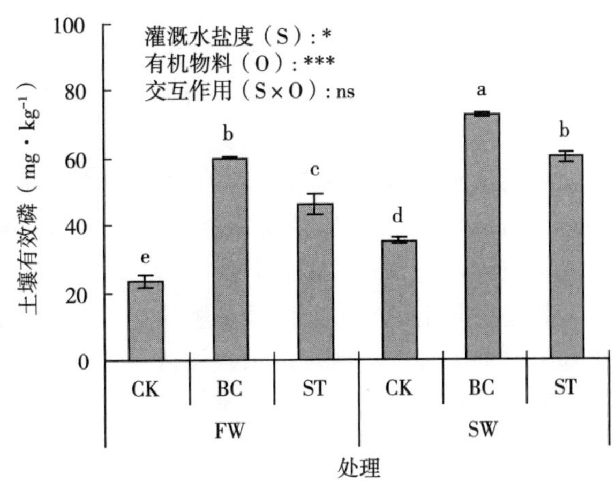

图8-10　生物炭和秸秆施用对咸水滴灌棉田土壤有效磷的影响

九、土壤速效钾

生物炭施用对咸水滴灌棉田土壤速效钾含量的影响见图8-11。土壤速效钾含量受灌溉水盐度、有机物料及二者的交互作用影响显著。总体上，土壤速效钾含量随灌溉水盐度的增加而显著降低，SW处理土壤速效钾含量较FW处理低43.63%；秸秆和生物炭的施用也显著影响土壤速效钾含量，BC处理土壤速效钾含量总体上较CK处理增加11.17%，而ST处理土壤速效钾含量总体上较CK处理增加7.60%。交互作用的影响表现为FWBC处理和FWST处理土壤速效钾含量差异不显著，但均显著高于FWCK处理，分别较FWCK处理高11.84%和8.85%；SWBC处理和SWST处理土壤速效钾含量也显著高于SWCK处理，SWBC处理和SWST处理土壤速效钾含量较SWCK处理高9.99%、5.41%。

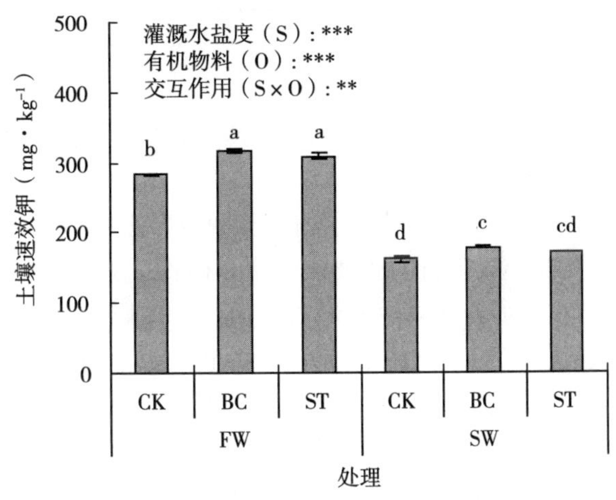

图8-11　生物炭和秸秆施用对咸水滴灌棉田土壤速效钾的影响

与淡水灌溉相比，咸水灌溉增加土壤容重，这与咸水灌溉带来的大量盐基离子破坏土壤结构有关。诸多研究表明，施用生物炭可以降低土壤容重（韩召强等，2017），土壤中施入的生物炭量越多，土壤容重越小，但其效果受生物炭种类、用量以及土壤类型的影响，作用机理也不同（Suliman et al.，2017）。本研究也表明，秸秆和生物炭的输入显著降低了土壤容重，这与桂利权等（2020）的研究结果相一致。密度小且质量较轻的秸秆和良好孔隙结构的生物炭掺混入土壤表层后改变了原本质地黏重的盐碱土壤的容重，从而有效地改善土壤结构（蔡德宝等，2020）。土壤孔隙度与土壤容重密切相关，生物炭具有大表面积和丰富的碳孔结构，可以提高土壤孔隙度。本研究发现，施用秸秆和生物炭可以增加土壤孔隙度。韩光明等（2013）研究表明，当添加小颗粒的生物炭时，会导致土壤孔隙度降低，但随着生物炭的添加量增多土壤微孔增多，土壤孔隙度增大。

土壤水分是一个重要的土壤环境因子，土壤含水量对作物产量起决定作用，其含量主要取决于土壤质地、灌溉和降水。本研究发现，咸水灌溉显著增加土壤含水量，原因可能是咸水灌溉使土壤蒸散率降低。淡水灌溉条件下施用生物炭和秸秆能够提高土壤含水量，生物炭和秸秆与土壤颗粒形成微小的团粒结构，增加了水分子的吸附能力（贾咏霖等，2020；杨东等，2017），从而为棉花提供良好的生长条件。生物炭能增加土壤中水分的滞留，尤其是根际土壤水分，随着生物炭施用量的增加，生物炭颗粒表面在土壤中的羧基和氧化基团逐渐增多，生物炭的亲水性进一步增强，但土壤的持水能力并不会随着生物炭施用量的增加而持续提高。魏永霞等（2020）在东北黑土区坡耕地进行了4年试验发现，施用生物炭4年内均可显著降低土壤容重，提高土壤孔隙度，增加土壤中有机质含量，显著提高土壤持水能力。但在咸水灌溉条件下，生物炭和秸秆处理的土壤含水量有所降低，其原因有待进一步研究。

过量 Na^+ 会导致土壤结构恶化，对土壤中盐分运移产生影响，含大量 Na^+ 的盐水使表层土壤严重积盐。本研究表明，咸水灌溉显著提高土壤盐分含量，这与 Pang 等（2010）研究结果一致。秸秆能够改善土壤结构，起到良好的保墒蓄水作用，有效地抑制了盐分表聚，从而降低了土壤中 Na^+ 的含量，这与张子璇等（2020）的研究结果一致。此外，生物炭可吸附土壤中的部分阳离子和 NO_3^-，其芳香结构能够维系土壤孔隙，降低土壤中的盐分含量。同时，生物炭增加了土壤阳离子交换量，通过在新的有效交换位点吸收 Na^+，维持土壤水盐平衡，从而改善土壤盐分含量。咸水灌溉会导致土壤中 Cl^- 积累从而使土壤 pH 降低。生物炭大多呈碱性，有较大的 pH 和电导率，施入土壤后能提高土壤 pH。在本研究中，生物炭对土壤 pH 的影响并不显著，但土壤 pH 呈增加趋势，原因可能是生物炭的灰分中含有较多的钙、镁、钾、钠等盐基离子，施入土壤后降低交换性 Al^{3+} 及 H^+ 水平，从而显著增加土壤的 pH。赵铁民等（2019）研究发现生物炭处理的盐渍土 pH 下降，这与本研究结果不一致，可能是因为本研究中的生物炭自身呈碱性，pH 略高于试验区 pH 背景值，所以对土壤 pH 产生了影响。

土壤养分含量的变化与土壤含水量和 pH 密切相关（仙旋旋等，2019）。咸水灌溉使土壤含水量增加，土壤 pH 下降，但土壤总碳、全氮和有效磷含量呈增加趋势，这与土壤盐分过高抑制土壤有机质矿化及棉花对养分的吸收有关（郝存抗等，2020）。此外，生物炭和秸秆向土壤中输入氮、磷、钾等营养物质，可以直接改善土壤养分水平。有研究表明，土壤微生物可以将生物炭转变成腐殖质碳，这将有利于腐殖质碳的形成。房彬等（2014）研究表明，生物炭施用显著提高了土壤有机质含量和有效磷含量，这与本研究结果一致。但杨妍玘（2018）研究发现，沙壤土中施用生物炭，土壤钾元素含量无明显变化，而向土壤中添加低灰分的生物炭时土壤有效磷含量下降。此外，施用生物炭可以增加土壤的阳离子交换量和表面积，从而提高土壤养分有效性。生物炭和秸秆中富含的大量磷元素增加了土壤有效磷的含量，并且生物炭中的灰分含有一定量的钾盐，可在提高土壤速效钾含量的同时促进养分有效性，从而提高有机质的转化效率。秸秆和生物炭富含的有机碳也可以增加土壤有机质含量，随着生物炭和秸秆的输入土壤中生物有效性碳增加，为土壤异养微生物的活动提供了充足能源，增强了土壤中氮的矿化作用。因此，秸秆和生物炭提高了土壤总碳、全氮、有效磷和速效钾的含量。

综上，淡水灌溉下施用秸秆和生物炭会增加棉田 0～60cm 土层土壤含水量，咸水灌溉下施用秸秆和生物炭会增加棉田 0～100cm 土层土壤含水量，即秸秆和生物炭施用后增加了土壤的保水性能。施用秸秆和生物炭会降低棉田表层土壤盐度，盐分向深层淋洗，主要积累在 40～100cm 土层，咸水灌溉土壤盐分的积累尤为强烈。与淡水灌溉相比，咸水灌溉增加土壤容重、含水量、盐度、总碳、全氮、有效磷含量，但土壤孔隙度、pH、速效钾含量均降低。生物炭和秸秆施用降低土壤容重，增加土壤孔隙度、pH、总碳、全氮、有效磷和速效钾含量。淡水灌溉下土壤盐度差异不显著，但咸水灌溉下施用秸秆和生物炭导致土壤表层盐度显著降低。

主要参考文献

蔡德宝，田文凤，李珂，等，2020. 复合肥与生物炭配施对土壤含水量及磷有效性的影响 [J]. 新疆农垦科技，43 (12)：33-36.

房彬，李心清，赵斌，等，2014. 生物炭对旱作农田土壤理化性质及作物产量的影响 [J]. 生态环境学报，23 (8)：1292-1297.

冯棣，张俊鹏，孙池涛，等，2014. 长期咸水灌溉对土壤理化性质和土壤酶活性的影响 [J]. 水土保持学报，28 (3)：171-176.

桂利权，张永利，王烨军，2020. 生物炭对土壤肥力及作物产量和品质的影响研究进展 [J]. 现代农业科技 (16)：136-139+141.

郝存抗，周蕊蕊，鹿鸣，等，2020. 不同盐渍化程度下滨海盐渍土有机碳矿化规律 [J]. 农业资源与环境学报，37 (1)：36-42.

韩召强，陈效民，曲成闯，等，2017. 生物质炭施用对潮土理化性状、酶活性及黄瓜产量的影响 [J]. 水土保持学报，31 (6)：272-278.

韩光明，2013. 生物炭对不同类型土壤理化性质和微生物多样性的影响 [D]. 沈阳：沈阳农业大学.

季泉毅，冯绍元，霍再林，等，2016. 咸水灌溉对土壤盐分分布和物理性质及制种玉米生长的影响 [J]. 灌溉排水学报，35 (3)：20-25.

贾咏霖，屈忠义，丁艳宏，等，2020. 不同灌溉方式下施用生物炭对土壤水盐运移规律及玉米水分利用效率的影响 [J]. 灌溉排水学报，39 (8)：44-51.

刘赛华，杨广，张秋英，等，2020. 典型荒漠植物梭梭在咸水滴灌条件下土壤水盐运移特性 [J]. 灌溉排水学报，39 (1)：52-60.

刘雪艳，丁邦新，白云岗，等，2020. 微咸水膜下滴灌对土壤盐分及棉花产量的影响 [J]. 干旱区研究，37 (2)：410-417.

刘志凯，2017. 生物炭不同用量与施用年限对土壤水分运动及溶质运移的影响 [D]. 哈尔滨：东北农业大学.

马丽娟，张慧敏，侯振安，等，2019. 长期咸水滴灌对土壤氨氧化微生物丰度和群落结构的影响 [J]. 农业环境科学学报，38 (12)：2797-2807.

魏永霞，王鹤，肖敬萍，等，2020. 生物炭对黑土区土壤水分扩散与溶质弥散持续效应研究 [J]. 农业机械学报，4：308-319.

仙旋旋，孔范龙，朱梅珂，2019. 水盐梯度对滨海湿地土壤养分指标和酶活性的影响 [J]. 水土保持通报，39（1）：65-71.
杨东，李新举，孔欣欣，2017. 不同秸秆还田方式对滨海盐渍土水盐运动的影响［J］. 水土保持研究，24（6）：74-78.
杨妍玘，2018. 秸秆生物炭对土壤理化性质和微生物多样性的影响研究［D］. 雅安：四川农业大学.
张子璇，牛蓓蓓，李新举，2020. 不同改良模式对滨海盐渍土土壤理化性质的影响［J］. 生态环境学报，29（2）：275-284.
赵铁民，李渊博，陈为峰，等，2019. 生物炭对滨海盐渍土理化性质及玉米幼苗抗氧化系统的影响［J］. 水土保持学报，33（2）：196-200.
朱成立，吕雯，黄明逸，等，2019. 生物炭对咸淡轮灌下盐渍土盐分分布和玉米生长的影响［J］. 农业机械学报，50（1）：226-234.
Pang H C，Li Y Y，Yang J S，et al.，2010. Effect of brackish water irrigation and straw mulching on soil salinity and crop yields under monsoonal climatic conditions［J］. Agricultural Water Management，97（12）：1971-1977.
Suliman W，Harsh J B，Abu-Lail N I，et al.，2017. The role of biochar porosity and surface functionality in augmenting hydrologic properties of a sandy soil［J］. Science of the Total Environment，574：139-147.
Zhu M，Wang Q，Sun Y，et al.，2021. Effects of oxygenated brackish water on germination and growth characteristics of wheat［J］. Agricultural Water Management，245：106520.

第九章

生物炭对咸水滴灌土壤微生物量和酶活性的影响

盐分是影响土壤微生物生长和群落结构的主要因素，影响土壤微生物（细菌和真菌）的群落多样性。细菌和真菌对改善土壤环境和促进物质与能量的循环有重要作用，可促进有机质分解和土壤团聚体的形成等，通过改善土壤环境，提高作物的产量（田平雅等，2020）。微咸水灌溉农田会对土壤中的一些细菌和真菌产生刺激效应，使其数量和多样性增加；而盐度过高的咸水灌溉农田会使土壤细菌和真菌的活性下降，使其数量和多样性减少（潘媛媛等，2012）。研究发现真菌、细菌、放线菌的数量均随土壤盐度的增加呈降低趋势（康贻军等，2007；周玲玲等，2010）。Guo 等（2020）研究发现，长期咸水灌溉降低细菌的 Shannon 指数，真菌的丰富度和 Shannon 指数也显著降低，但是增加了真菌的 Simpson 指数。土壤盐度的增加也会对土壤微生物的生物量、基础呼吸和酶活性产生不利影响（Deb et al.，2018）。土壤酶活性也与土壤盐度呈负相关关系（Boyrahmadi et al.，2018）。有研究表明，咸水灌溉下蔗糖酶、α-葡萄糖苷酶、β-葡萄糖苷酶、β-木糖苷酶、纤维素酶的活性低于淡水灌溉。

秸秆是农业生产中重要的有机肥源（常勇等，2018）。有研究表明，秸秆直接还田可以改善土壤的理化性质从而提高微生物活性和丰富微生物的多样性。但是秸秆直接还田会出现微生物与植物幼苗争夺养分的现象，近年来越来越多的学者关注秸秆炭化还田技术。生物炭在西北干旱半干旱地区农业土壤改良等方面发挥着重大作用（王晶，2020；邓建强，2017）。生物炭的自身稳定性和对水肥的吸附可以提高土壤微生物活性、土壤酶活性以及土壤微生物的固碳作用等（王凡等，2020）。土壤酶作为土壤中各代谢反应和能量转化的参与者，与微生物间保持着紧密联系，酶活性的大小反映了土壤中各代谢反应的强度与方向，是评价土壤肥力水平的重要指标，酶活性越高，土壤微生物过程越活跃。生物炭可以直接或间接地对土壤酶活性起作用。但目前针对咸水灌溉条件下生物炭的施用对土壤微生物量、土壤生物学性质（尤其是细菌和真菌多样性）和酶活性的影响研究相对较少。

咸水灌溉导致土壤盐度增加，改变土壤物理、化学性质，影响土壤微生物量及关键元素如 C、N、P、S 转化相关酶活性，所以阐明生物炭施用对咸水滴灌棉田土壤微生物量和酶活性的影响十分重要。本章旨在通过大田试验研究土壤盐度和生物炭对微生物量碳、微生物量氮，土壤基础呼吸、微生物熵和代谢商，C、N、P、S 转化相关酶活性及细菌、真菌群落多样性的影响，为咸水资源的合理利用、干旱区土壤地力提升和农田土壤可持续利用提供一定的理论依据。

第一节　生物炭对咸水滴灌土壤微生物量的影响

本章处理同第八章。土壤酶活性测定参照关松荫（1980）提供的方法：过氧化氢酶活性采用高锰酸钾微量滴定法测定；蔗糖酶活性采用二硝基水杨酸比色法测定；多酚氧化酶活性和过氧化物酶活性采用邻苯三酚比色法测定；β-葡萄糖苷酶活性采用β-葡萄糖苷作底物测定的方法；蛋白酶活性采用茚三酮比色法测定；碱性磷酸酶活性采用磷酸苯二钠比色法测定。

土壤微生物量碳（MBC）和微生物量氮（MBN）采用氯仿熏蒸法测定。步骤如下：每个处理的新鲜土样分别称取 3 份，每份 25g 置于小烧杯中，然后放入可抽气的真空干燥器内。干燥器底部放入 2 个小烧杯，1 个小烧杯内装有无酒精的氯仿并加入少量防暴沸的玻璃珠；另一个小烧杯内装有 NaOH 溶液，用来吸收熏蒸过程中释放出来的 CO_2。干燥器密闭后用真空泵抽真空后在避光条件下 25℃放置 24h。不熏蒸土样步骤同上。有机碳采用重铬酸钾-浓硫酸氧化法测定。全氮采用凯氏定氮仪测定。

土壤基础呼吸的测定采用 Alef（1995）方法：称取 30g 干土置于 500mL 广口瓶中，放入一个装有 5mL 1.0mol・L^{-1} NaOH 溶液的小烧杯，每个处理重复 3 次，置于 25℃培养箱中避光培养 24h。测定时用 0.5mol・L^{-1} HCl 溶液回滴。

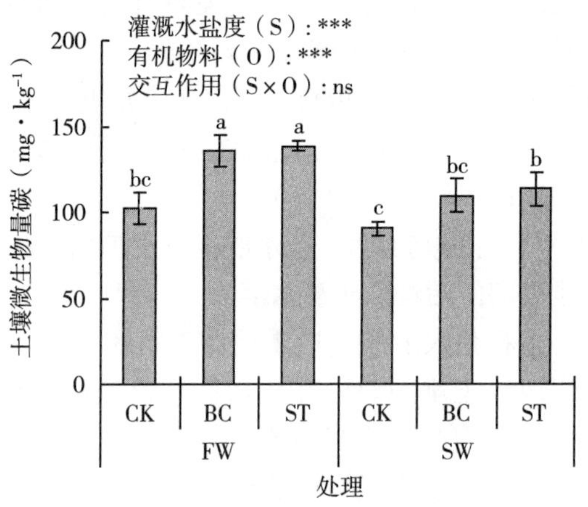

图 9-1　生物炭和秸秆施用对咸水滴灌棉田土壤微生物量碳的影响

一、微生物量碳

生物炭施用对咸水滴灌棉田土壤微生物量碳（MBC）的影响见图 9-1。灌溉水盐度和有机物料显著影响 MBC 含量，但是二者的交互作用对 MBC 无显著影响。总体上，MBC 含量随灌溉水盐度的增加而显著降低，SW 处理 MBC 含量较 FW 处理低 16.59%；秸秆和生物炭的施用显著增加 MBC 含量，BC 处理和 ST 处理 MBC 含量分别较 CK 处理增加 27.47%和 30.87%，但秸秆和生物炭处理间差异不显著。交互作用表现为 FWBC 处理和 FWST 处理 MBC 含量分别较 FWCK 处理高 32.99%和 35.34%；SWBC 处理和 SWST 处理 MBC 含量较 SWCK 高 21.24%和 25.81%。

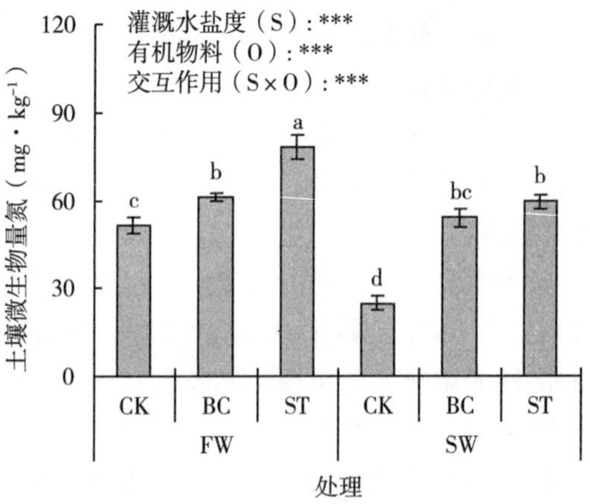

图 9-2　生物炭和秸秆施用对咸水滴灌棉田土壤微生物量氮的影响

二、微生物量氮

生物炭施用对咸水滴灌棉田土壤微生

物量氮（MBN）的影响见图 9-2。MBN 含量受灌溉水盐度、有机物料及二者交互作用的影响显著。总体上，MBN 含量随灌溉水盐度的增加而显著降低，SW 处理 MBN 含量较 FW 处理低 27.69%；秸秆和生物炭的施用显著增加 MBN 含量，BC 处理和 ST 处理 MBN 含量分别较 CK 处理增加 50.09%和 79.96%。交互作用的影响表现为 FWBC 处理和 FWST 处理显著增加 MBN 含量，且 FWST 处理 MBN 含量显著高于 FWBC 处理，FWBC 处理和 FWST 处理 MBN 含量分别较 FWCK 处理高 18.15%和 51.56%；SWBC 处理和 SWST 处理间 MBN 含量差异不显著，但均高于 SWCK 处理，SWBC 处理和 SWST 处理 MBN 含量分别较 SWCK 处理高 116.45%和 138.97%。

三、微生物量碳/氮

MBC/MBN 受灌溉水盐度、有机物料及其二者交互作用的影响显著（图 9-3）。总体上，MBC/MBN 随灌溉水盐度的增加而显著增加，SW 处理 MBC/MBN 较 FW 处理高 27.56%；秸秆和生物炭的施用总体上降低 MBC/MBN，BC 处理和 ST 处理 MBC/MBN 分别较 CK 处理低 24.08%和 34.41%。交互作用的影响表现为：在淡水灌溉下，秸秆和生物炭处理 MBC/MBN 与对照相比无明显差异，但是 FWBC 处理 MBC/MBN 高于 FWST 处理；在咸水灌溉下，秸秆和生物炭的施用显著降低 MBC/MBN，SWBC 处理和 SWST 处理 MBC/MBN 分别较 SWCK 处理低 43.92%和 47.40%。

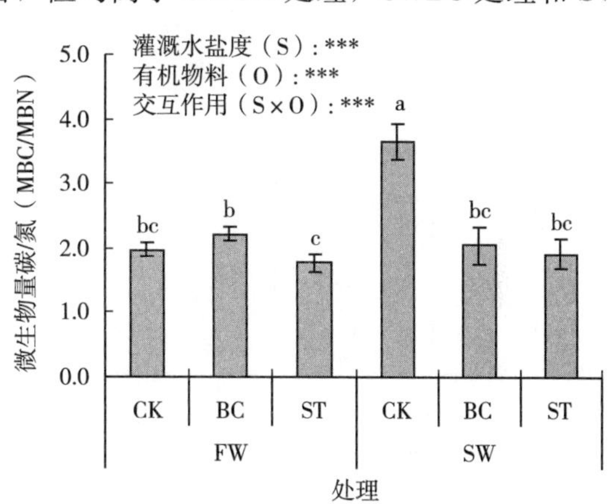

图 9-3　生物炭和秸秆施用对咸水滴灌棉田土壤微生物量碳/氮的影响

第二节　生物炭对咸水滴灌土壤微生物熵和代谢商及基础呼吸的影响

土壤基础呼吸受灌溉水盐度和有机物料的影响显著，但二者交互作用对其无明显影响（图 9-4）。总体上，土壤基础呼吸随灌溉水盐度的增加而显著降低，SW 处理的土壤基础呼吸较 FW 处理低 41.78%。生物炭和秸秆施用提高了土壤基础呼吸，总体上，BC 处理和 ST 处理土壤基础呼吸分别较 CK 处理高 24.89%和 27.03%。交互作用表现为 FWBC 处理和 FWST 处理的土壤基础呼吸分别较 FWCK 处理增加 17.25%和 21.54%；SWBC 处理和 SWST 处理的土壤

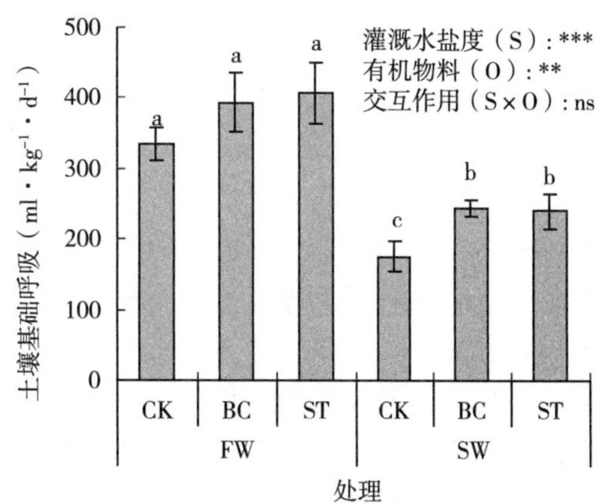

图 9-4　生物炭和秸秆施用对咸水滴灌棉田土壤基础呼吸的影响

基础呼吸分别较 SWCK 处理增加 39.48%和 37.51%。

灌溉水盐度和有机物料显著影响土壤微生物熵（图 9－5）。总体上，土壤微生物熵随灌溉水盐度的增加而显著降低，SW 处理土壤微生物熵较 FW 处理低 28.09%；增施秸秆和生物炭后土壤微生物熵增加；BC 处理和 ST 处理较 CK 处理土壤微生物熵高 16.25%和 23.47%。土壤代谢商是微生物受胁迫程度的评价指标。总体上，土壤代谢商随灌溉水盐度的增加呈降低趋势，SW 处理土壤代谢商较 FW 处理低 31.05%，但是秸秆和生物炭处理间差异不显著。

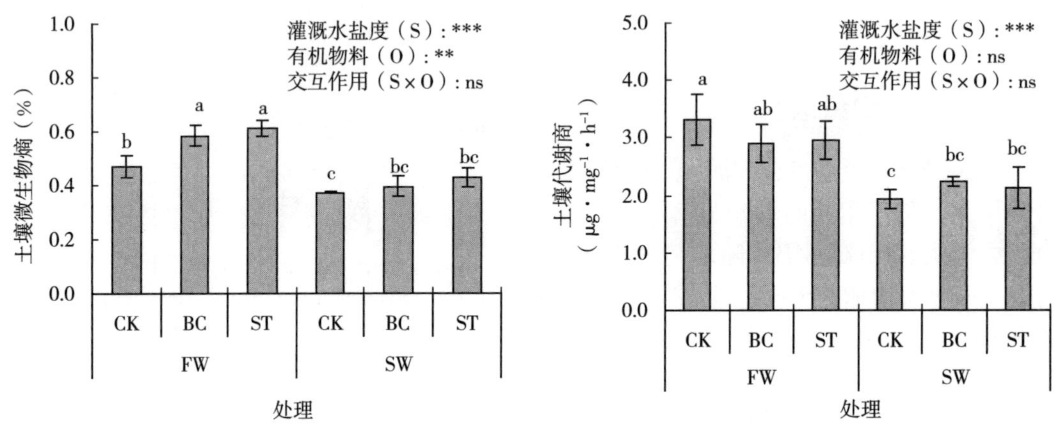

图 9－5　生物炭和秸秆施用对咸水滴灌棉田土壤微生物熵和代谢商的影响

第三节　生物炭对咸水滴灌土壤酶活性的影响

一、碳素转化相关酶活性

灌溉水盐度、有机物料及二者的交互作用显著影响土壤蔗糖酶、β－葡萄糖苷酶、纤维二糖酶（图 9－6）。总体上，土壤蔗糖酶、β－葡萄糖苷酶和多酚氧化酶活性随灌溉水盐度的增加而降低，SW 处理土壤蔗糖酶、β－葡萄糖苷酶和多酚氧化酶活性较 FW 处理低 27.05%、10.10%和 5.01%；但纤维二糖酶活性显著升高，SW 处理土壤纤维二糖酶活性较 FW 处理高 13.65%，增施秸秆和生物炭后土壤纤维二糖酶活性显著增加，BC 处理和 ST 处理较 CK 处理土壤纤维二糖酶活性高 11.45%和 7.27%；增施秸秆和生物炭显著降低土壤蔗糖酶和多酚氧化酶活性，BC 处理和 ST 处理较 CK 处理土壤蔗糖酶和多酚氧化酶活性低 2.19%和 38.12%、4.68%和 21.21%；对于β－葡萄糖苷酶活性，施用生物炭显著降低β－葡萄糖苷酶活性，BC 处理较 CK 处理β－葡萄糖苷酶活性低 7.92%，而施用秸秆显著增加β－葡萄糖苷酶活性，ST 处理较 CK 处理β－葡萄糖苷酶活性高 14.18%。交互作用对土壤蔗糖酶和多酚氧化酶活性的影响表现为，在淡水灌溉下，秸秆和生物炭施用显著降低土壤蔗糖酶和多酚氧化酶活性；在咸水灌溉下，秸秆和生物炭施用显著增加土壤蔗糖酶和多酚氧化酶活性。交互作用对土壤β－葡萄糖苷酶活性的影响表现为，在淡水灌溉下，生物炭施用显著降低土壤β－葡萄糖苷酶活性；在咸水灌溉下，秸秆和生物炭施用均显著增加土壤β-葡萄糖苷酶活性。交互作用对土壤纤维二糖酶活性的影响表现为，在淡水灌溉下，秸秆和生物炭施用对土壤纤维二糖酶活性无显著影响；在咸水灌溉下，相比于CK处理，施用秸秆和生物炭显著增加土壤纤维二糖酶活性。

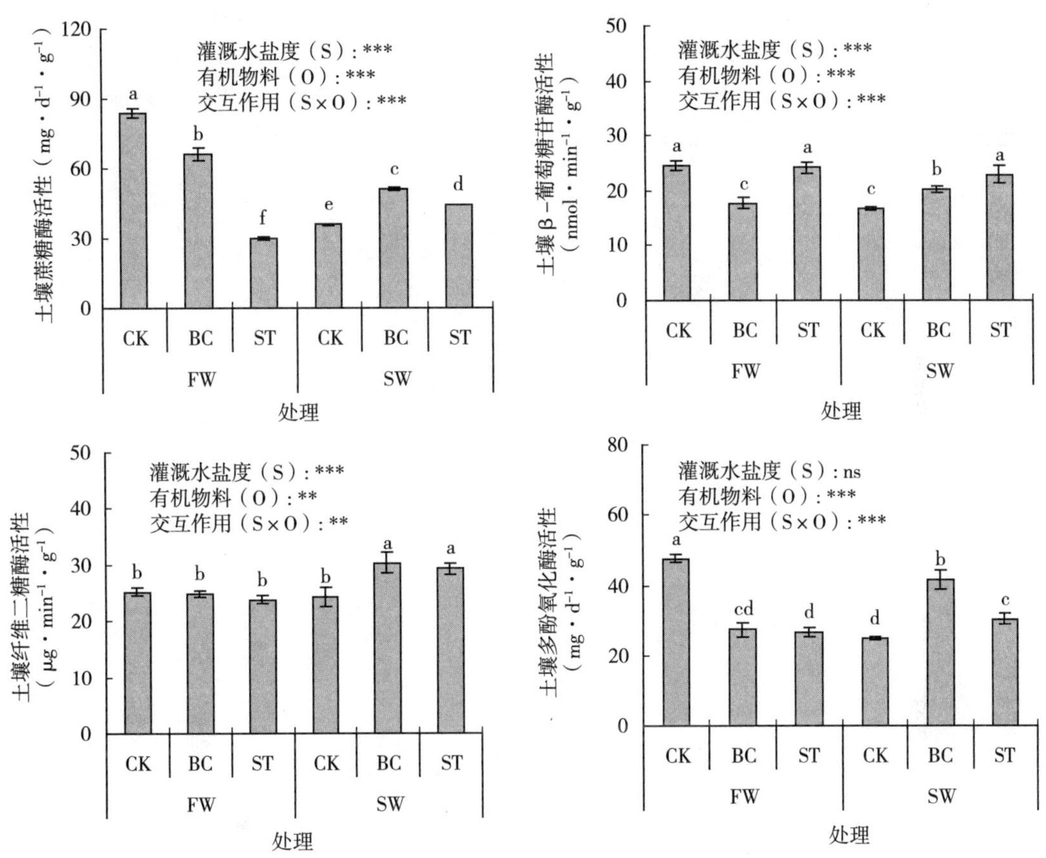

图9-6　生物炭和秸秆施用对咸水滴灌棉田土壤碳素转化相关酶活性的影响

二、氮素转化相关酶活性

灌溉水盐度、有机物料显著影响土壤脲酶、硝酸还原酶、亚硝酸还原酶和羟胺还原酶活性（图9-7）。总体上，土壤脲酶、硝酸还原酶、亚硝酸还原酶和羟胺还原酶活性随灌溉水盐度的增加而显著增加，SW处理土壤脲酶、硝酸还原酶、亚硝酸还原酶和羟胺还原酶活性较FW处理高26.24%、19.37%、92.02%和26.41%；增施秸秆和生物炭后土壤脲酶和羟胺还原酶活性显著降低，BC处理和ST处理较CK处理土壤脲酶和羟胺还原酶活性低16.98%和5.96%、14.93%和2.92%；但是增施秸秆和生物炭增加了土壤亚硝酸还原酶活性，BC处理和ST处理较CK处理土壤亚硝酸还原酶活性高3.66%和23.47%；对于硝酸还原酶活性而言，增施生物炭降低其活性，BC处理较CK处理硝酸还原酶活性低19.78%，但是增施秸秆可增加其活性，BC处理较CK处理硝酸还原酶活性高375.27%。此外，交互作用对土壤硝酸还原酶活性的影响表现为，在淡水灌溉下，与CK处理相比，施用生物炭对土壤硝酸还原酶活性无明显影响，但施用秸秆显著增加土壤硝酸还原酶活性，ST 处理土壤硝酸还原酶活性较 CK 处理高 377.47%；在咸水灌溉下，施用生物炭显著降低土壤硝酸还原酶活性，而施用秸秆显著增加土壤硝酸还原酶活性，BC 处理土壤硝酸还原酶活性较 CK 处理低 35.62%，ST 处理土壤硝酸还原酶活性较 CK 处理高 373.53%。交互作用对土壤羟胺还原酶活性的影响表现为，在淡水灌溉下，与 CK 处理相比，秸秆和生物炭的施用均显著降低土壤羟胺还原酶活性，BC 处理和 ST 处理土壤羟胺还原酶活性分别较 CK 处理低 27.49%和 9.03%；在咸水灌溉下，仅生物炭的施用显著降低土壤羟胺还原酶活性，BC 处理土壤羟胺还原酶活性较 CK 处理低 3.66%。

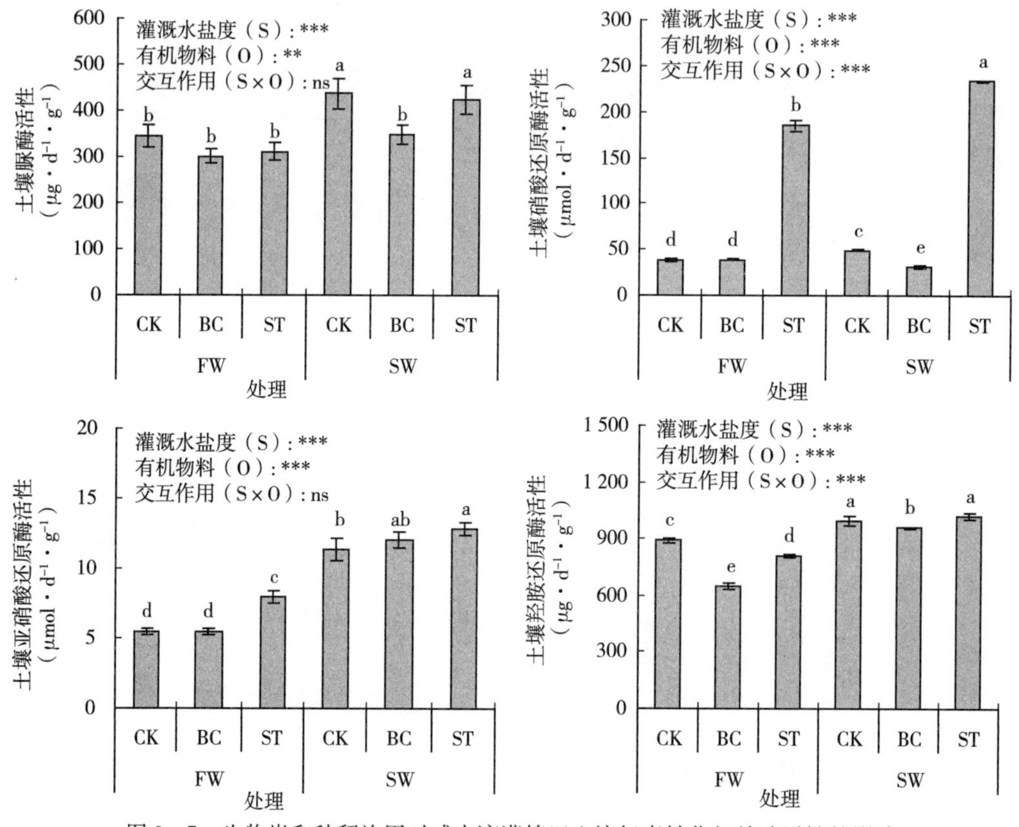

图 9-7　生物炭和秸秆施用对咸水滴灌棉田土壤氮素转化相关酶活性的影响

三、磷素转化相关酶活性

土壤碱性磷酸酶的活性受灌溉水盐度、有机物料及其二者交互作用的影响显著（图 9-8）。总体上，土壤碱性磷酸酶的活性随灌溉水盐度的增加而显著降低，SW 处理土壤碱性磷酸酶的活性较 FW 处理低 22.00%；秸秆和生物炭的施用总体上增加土壤碱性磷酸酶的活性，BC 处理和 ST 处理土壤碱性磷酸酶的活性分别较 CK 处理高 4.40%和 35.90%。交互作用的影响表现为，在淡水灌溉下，施用生物炭土壤碱性磷酸酶的活性与对照相比无明显差异，但是 FWST 处理土壤碱性磷酸酶的活性高于 FWCK 处理，较 FWCK 处理高 18.31%；在咸水灌溉下，秸秆和生物炭的施用均显著增加土壤碱性磷酸酶的活性，SWBC 处理和 SWST 处理土壤碱性磷酸酶的活性分别较 SWCK 处理高 16.03%

和 63.03%。

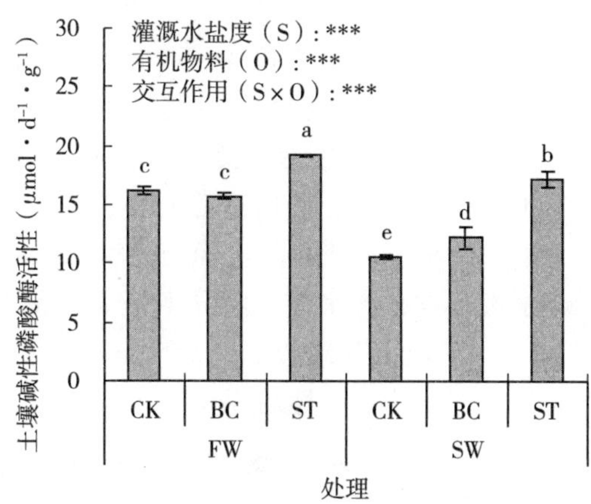

图 9-8　生物炭和秸秆施用对咸水滴灌棉田土壤磷素转化相关酶活性的影响

四、硫素转化相关酶活性

土壤芳基硫酸酯酶的活性受有机物料及水盐度与有机物料交互作用的影响显著，但受灌溉水盐度的影响不显著（图 9-9）。总体上，生物炭的施用降低土壤芳基硫酸酯酶的活性，BC 处理土壤芳基硫酸酯酶的活性较 CK 处理低 4.85%；秸秆施用增加土壤芳基硫酸酯酶的活性，ST 处理土壤芳基硫酸酯酶的活性较 CK 处理高 64.91%。交互作用的影响表现为，在淡水灌溉下，生物炭施用土壤芳基硫酸酯酶的活性与对照相比无明显差异，但是 FWST 处理土壤芳基硫酸酯酶的活性高于 FWCK 处理，较 FWCK 处理高 16.21%；在咸水灌溉下，秸秆的施用显著增加土壤芳基硫酸酯酶的活性，SWST 处理土壤芳基硫酸酯酶的活性较 SWCK 处理高 135.33%。

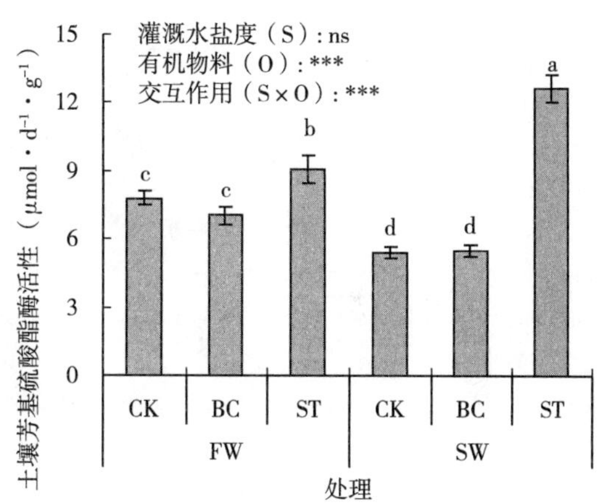

图 9-9　生物炭和秸秆施用对咸水滴灌棉田土壤硫素转化相关酶活性的影响

第四节　土壤微生物量、基础呼吸、酶活性与土壤理化性质的相关性分析

土壤微生物量、基础呼吸、酶活性与土壤理化性质的相关性如表 9-1 所示。微生物量碳、微生物量氮、基础呼吸、微生物熵、代谢商与土壤容重、含水量和电导率呈负相关，但与土壤孔隙度、pH 和速效钾含量呈显著正相关。此外，基础呼吸、微生物熵、代谢商与总碳含量呈显著负相关，代谢商和全氮含量呈显著负相关。而微生物量碳/氮与土壤容重、含水量、电导率呈显著正相关，与孔隙度呈显著负相关。土壤蔗糖酶活性与含水

量和电导率呈显著负相关，而与 pH 呈显著正相关；土壤β-葡萄糖苷酶活性与容重、含水量和电导率呈显著负相关，而与土壤孔隙度呈显著正相关；土壤纤维二糖酶活性与 pH 和速效钾含量呈显著负相关，而与总碳、全氮和有效磷含量呈显著正相关；土壤理化性质与土壤多酚氧化酶活性无显著相关性。土壤脲酶活性与土壤容重、含水量、电导率呈显著正相关，而与土壤孔隙度、pH、速效钾含量呈显著负相关；土壤硝酸还原酶活性与土壤孔隙度呈显著正相关，而与土壤容重呈显著负相关；土壤亚硝酸还原酶和羟胺还原酶活性与土壤含水量、电导率和总碳含量呈显著正相关，而与土壤 pH 和速效钾含量呈显著负相关。土壤碱性磷酸酶活性与土壤容重、含水量、电导率呈显著负相关，而与土壤孔隙度、pH、速效钾含量呈显著正相关。土壤芳基硫酸酯酶活性与土壤容重呈显著负相关，与土壤孔隙度呈显著正相关，而与其他土壤理化性质无显著相关性。

表 9-1　土壤微生物量、基础呼吸、酶活性与理化性质的相关性分析

	土壤容重	孔隙度	含水量	电导率	pH	总碳	全氮	有效磷	速效钾
微生物量碳	−0.769**	0.770**	−0.414	−0.641**	0.567*	−0.188	0.151	0.382	0.662**
微生物量氮	−0.889**	0.889**	−0.577*	−0.698**	0.550*	−0.132	0.055	0.322	0.621**
微生物量碳/氮	0.693**	−0.694**	0.617**	0.619**	−0.453	−0.006	0.040	−0.293	−0.459
基础呼吸	−0.753**	0.751**	−0.766**	−0.926**	0.909**	−0.564*	−0.293	−0.037	0.933**
微生物熵	−0.798**	0.799**	−0.649**	−0.833**	0.797**	−0.576*	−0.116	0.000	0.873**
代谢商	−0.487*	0.485*	−0.837**	−0.857**	0.878**	−0.644**	−0.541*	−0.353	0.821**
蔗糖酶	0.139	−0.139	−0.596**	−0.474*	0.509*	−0.325	−0.302	−0.261	0.374
β-葡萄糖苷酶	−0.579**	0.579*	−0.651**	−0.482*	0.340	−0.244	−0.276	−0.240	0.306
纤维二糖酶	0.181	−0.178	0.364	0.434	−0.544*	0.817**	0.476*	0.645**	−0.571*
多酚氧化酶	0.107	−0.106	−0.398	−0.186	0.142	0.019	−0.055	−0.156	0.018
脲酶	0.553*	−0.553*	0.622**	0.781**	−0.785**	0.328	0.139	−0.153	−0.802**
硝酸还原酶	−0.558*	0.559*	−0.044	−0.015	−0.136	0.137	0.114	0.151	−0.079
亚硝酸还原酶	0.404	−0.403	0.817**	0.883**	−0.941**	0.842**	0.463	0.442	−0.914**
羟胺还原酶	0.451	−0.451	0.535*	0.778**	−0.825**	0.521*	0.175	−0.070	−0.874**
碱性磷酸酶	−0.863**	0.863**	−0.739**	−0.747**	0.621**	−0.404	−0.219	−0.059	0.645**
芳基硫酸酯酶	−0.494*	0.495*	−0.271	−0.179	0.022	0.054	0.011	0.075	0.023

第五节　生物炭对土壤细菌和真菌群落α-多样性的影响

一、土壤细菌群落 OTUs 的 Venn 图

从不同处理土壤 OTUs 的相互关系来看，在淡水灌溉（FW）下，FWCK、FWBC 和 FWST 处理土壤样品细菌 OTUs 总数为 3 491 个、3 871 个和 3 670 个，其中共有 OTUs 数目为 2 498 个，分别占各组 OTUs 总数的 71.56%、64.53%和 68.06%，说明 3 组样本的共有微生物占大多数。FWCK、FWBC 和 FWST 处理各自特有的 OTUs 数目分别为 326 个、558 个和 464 个，其分别占相应样品总 OTUs 数目的比例为 9.34%、14.41%和

12.64%，FWBC处理特有OTUs数目最多，说明FWBC处理较另外2个处理有较多的特有细菌微生物种类，此外，FWST处理特有微生物种类也高于FWCK处理。3个处理两两比较，FWBC处理与FWST处理共有OTUs数最大，为2 926个，高于FWCK处理与FWBC处理（2 885个）、FWCK处理与FWST处理（2 778个）共有OTUs数，说明FWBC处理与FWST处理的细菌微生物种类具有更高的相似性。此外，FWBC、FWST处理OTUs在FWCK处理中未出现比例为28.24%、25.55%，具有特异OTUs分别为986个、892个［彩图9-1（a）］。以上结果说明在淡水灌溉下，生物炭和秸秆施用后土壤的细菌群落多样性发生了明显改变。

在咸水灌溉（SW）下，SWCK、SWBC和SWST处理土壤样品细菌OTUs总数为3 765个、3 688个和3 373个，其中3组共有OTUs数目为2 411个，分别占各组OTUs的64.04%、65.37%和71.48%，说明3组样本的共有微生物占大多数。SWCK、SWBC和SWST处理各自特有的OTUs数目分别为555个、488个和448个，其分别占相应样品总OTUs数目的比例为14.74%、13.23%和13.28%，SWCK处理特有OTUs数目最多，说明SWCK处理较另外2个处理有较多的特有细菌微生物种类。此外，SWBC和SWST组特有微生物种类差异不明显。3个处理两两比较，SWCK处理与SWBC处理共有OTUs数最大，为2 948个，高于SWBC处理与SWST处理（2 663个）或SWCK处理与SWST处理共有OTUs数（2 673个），说明SWCK处理与SWBC处理的细菌微生物种类具有更高的相似性。此外，SWBC、SWST处理OTUs在SWCK处理中没有出现比例为19.65%、18.59%，具有特异OTUs为740个、700个［彩图9-1（b）］。以上结果说明在咸水灌溉下，生物炭和秸秆施用后土壤的细菌群落多样性也发生了明显改变。

二、土壤真菌群落OTUs的Venn图

从不同处理土壤OTUs的相互关系来看，在淡水灌溉（FW）下，FWCK、FWBC和FWST处理土壤样品真菌OTUs总数为1 636个、1 745个和1 591个，其中3个处理共有OTUs数目为508个，分别占各组OTUs的31.05%、29.11%和31.93%，说明3个处理样本的共有微生物占少数。FWCK、FWBC和FWST处理各自特有的OTUs数目分别为426个、523个和913个，其分别占相应样品总OTUs数目的比例为26.04%、29.97%和57.38%，FWST处理特有OTUs数目最多，说明FWST处理较另外2个处理有较多的特有真菌微生物种类。3个处理两两比较，FWCK处理与FWBC处理共有OTUs数最大，为1 131个，高于FWCK处理与FWST处理（587个）、FWBC处理与FWST处理（599个）共有OTUs数，说明FWBC处理与FWCK处理的真菌微生物种类具有更高的相似性。此外，FWBC、FWST处理OTUs在FWCK处理中未出现比例为37.53%、61.37%，具有特异OTUs为614个、1 004个［彩图9-2（a）］。以上结果说明在淡水灌溉下，生物炭和秸秆施用后土壤的真菌群落多样性发生了明显改变。

在咸水灌溉（SW）下，SWCK、SWBC和SWST处理土壤样品真菌OTUs总数为1 630个、1 362个和2 069个，其中共有OTUs数目为707个，分别占各组OTUs的43.37%、51.91%和34.17%，说明3个处理样本的共有微生物占比差异较大。SWCK、SWBC和SWST处理各自特有的OTUs数目分别为394个、217个和861个，其分别占

相应样品总 OTUs 数目的比例为 24.17%、15.93%和 41.61%，SWST 处理特有 OTUs 数目最多，说明 SWST 处理较另外 2 个处理有较多的特有真菌微生物种类。3 个处理两两比较，SWCK 处理与 SWST 处理共有 OTUs 数最大，为 1 003 个，高于 SWBC 处理与 SWST 处理（912 个）、SWCK 处理与 SWBC 处理（940 个）共有 OTUs 数，说明 SWCK 处理与 SWST 处理的真菌微生物种类具有更高的相似性。此外，SWBC 处理、SWST 处理 OTUs 在 SWCK 处理中未出现比例为 25.89%、65.40%，具有特异 OTUs 分别为 422 个、1 066 个［彩图 9-2（b）］。以上结果说明在咸水灌溉下，生物炭和秸秆施用后土壤的真菌群落多样性也发生了明显改变。

三、土壤细菌群落 α-多样性

α-多样性是指特定群落或生境内的物种多样性，常用指标为 OTUs、Chao1 指数、ACE 指数、Shannon 指数、Simpson 指数等。前 3 个指标用于衡量样本中物种种类数量，反映物种丰富度。Shannon 指数和 Simpson 指数兼顾衡量物种种类数量及各个物种的丰度，即丰富度和均匀度，反映了微生物的群落多样性。生物炭施用对咸水滴灌棉田土壤细菌群落多样性和丰富度指数的影响见表 9-2。如表所示，通过高通量测序，土壤细菌群落共获得 357 353 个有效序列，各处理样品平均有效序列数为 59 559 条（43 402～65 361 条）。在 97%的相似度下，各处理土壤样品的覆盖度均高于 0.97，说明测序数据量合理，序列信息能够反映样本土壤细菌群落的真实信息。不同灌溉水盐度处理土壤细菌的 OTUs 数为 2 517～2 976 条，平均为 2 831 条。在 FW 处理下，BC 和 ST 处理土壤细菌的 OTUs 数显著高于 CK 处理，但 BC 处理和 ST 处理差异不显著；在 SW 处理下，BC 处理土壤细菌的 OTUs 数与 CK 处理相比无明显差异，但 ST 处理土壤细菌的 OTUs 数显著低于 CK 处理，较 CK 处理低 13.71%。说明在淡水灌溉下，生物炭和秸秆施用显著增加土壤中的细菌物种数；但是在咸水灌溉下，秸秆施用显著降低土壤中的细菌物种数，而生物炭的施用没有显著改变土壤中的细菌物种数。

表 9-2　土壤细菌群落多样性和丰富度指数

处理		覆盖度	序列数	OTUs 数目	Shannon 指数	Simpson 指数	Chao1 指数	ACE 指数
FW	CK	0.983	59 359c	2 725b	9.242b	0.995 0a	2 841b	2 869b
	BC	0.978	63 771ab	2 976a	9.427a	0.995 7a	3 332a	3 267a
	ST	0.980	63 395ab	2 906a	9.406a	0.996 0a	3 161a	3 150a
SW	CK	0.980	62 065bc	2 917a	9.480a	0.996 0a	3 197a	3 166a
	BC	0.981	65 361a	2 947a	9.510a	0.995 7a	3 145a	3 143a
	ST	0.989	43 402d	2 517c	9.469a	0.996 4a	2 487c	2 495c
两因素方差分析（显著性）								
灌溉水盐度（S）			***	*	*	ns	ns	*
有机物料（O）			***	**	ns	ns	**	**
交互作用（S×O）			***	**	ns	ns	**	***

在 FW 处理下，BC 处理和 ST 处理土壤细菌群落的 Shannon 指数显著高于 CK 处理，但 BC 处理和 ST 处理差异不显著，说明生物炭和秸秆施用使土壤细菌群落多样性有了显著提高。但在 SW 处理下，各处理土壤细菌群落的 Shannon 指数无显著差异，但 SWBC 处理的 Shannon 指数高于 FWCK 处理，说明生物炭的施用使土壤细菌群落多样性有一定程度的提高，但提高不显著（$P>0.05$）。此外，各处理土壤细菌群落的 Simpson 指数差异均不显著。在 FW 处理下，BC 处理和 ST 处理土壤细菌群落的 Chao1 指数和 ACE 指数显著高于 CK 处理；在 SW 处理下，ST 处理土壤细菌群落的 Chao1 指数和 ACE 指数显著低于 CK 处理，而 BC 处理土壤细菌群落的 Chao1 指数和 ACE 指数与 CK 处理相比差异不显著。说明在淡水灌溉下，生物炭和秸秆施用增加土壤细菌群落的丰富度，但是在咸水灌溉下，秸秆的施用降低土壤细菌群落的丰富度。

总体上，在淡水灌溉下，生物炭和秸秆处理显著增加土壤细菌群落多样性指数（Shannon 指数），此外土壤细菌的丰富度指数也显著增加。在咸水灌溉下，各处理土壤细菌群落的多样性指数无明显差异，但是秸秆施用降低土壤细菌群落的丰富度指数，而生物炭施用下土壤细菌群落的丰富度指数与对照相比无明显差异。

四、土壤真菌群落 α-多样性

生物炭施用对咸水滴灌棉田土壤真菌群落多样性和丰富度指数的影响见表 9-3。如表所示，通过高通量测序，土壤真菌群落共获得 559 537 个有效序列，各处理样品平均有效序列数为 93 256 条（73 695～102 262 条）。在 97%的相似度下，各处理土壤样品的覆盖度均高于 0.99，说明测序数据量合理，序列信息能够反映样本土壤真菌群落的真实信息。不同灌溉水盐度处理土壤真菌的 OTUs 数为 960～1 196 条，平均为 1 077 条。无论是在淡水灌溉下还是在咸水灌溉下，各处理土壤真菌的 OTUs 数均无明显差异，说明生物炭和秸秆的施用没有显著改变土壤中的真菌物种数。

表 9-3　土壤真菌群落多样性和丰富度指数

处理		覆盖度	序列数	OTUs 数目	Shannon 指数	Simpson 指数	Chao1 指数	ACE 指数
FW	CK	0.996	85 259b	1 089a	6.148a	0.944 7a	1 121bc	1 143bc
	BC	0.995	99 151a	1 196a	6.149a	0.950 0a	1 310a	1 346a
	ST	0.994	101 952a	1 083a	4.714c	0.838 0b	1 221ab	1 275ab
SW	CK	0.996	73 695c	1 037a	6.407a	0.965 3a	1 169bc	1 164bc
	BC	0.996	97 218a	960a	5.360b	0.921 7a	1 056c	1 070c
	ST	0.995	102 262a	1 101a	5.672b	0.935 0a	1 251ab	1 256ab
两因素方差分析（显著性）								
灌溉水盐度（S）			*	ns	ns	**	*	*
有机物料（O）			**	ns	**	***	*	ns
交互作用（S×O）			ns	ns	**	***	***	**

在 FW 处理下，ST 处理土壤真菌群落的 Shannon 指数显著低于 CK 处理，但 BC 处理和 CK 处理差异不显著；但在 SW 处理下，BC 处理和 ST 处理土壤真菌群落的 Shannon

指数均显著低于CK处理。此外，在淡水灌溉下，ST处理土壤真菌群落的Simpson指数显著低于其他处理。说明秸秆的施用显著降低土壤真菌群落多样性；在咸水灌溉下，生物炭和秸秆施用均显著降低土壤真菌群落多样性。在FW处理下，BC处理土壤真菌群落的Chao1指数和ACE指数显著高于CK处理，ST处理土壤真菌群落的Chao1指数和ACE指数也高于CK处理，但差异不显著，即生物炭施用在一定程度上可以提高真菌群落丰富度；在SW处理下，BC处理和ST处理土壤真菌群落的Chao1指数和ACE指数与CK处理相比均无显著差异，即在咸水灌溉下，施用生物炭和秸秆真菌群落丰富度与对照相比无显著差别，但ST处理土壤真菌群落的Chao1指数和ACE指数显著高于BC处理。

总体上，在淡水灌溉下，秸秆施用会降低土壤真菌的多样性指数，生物炭施用在一定程度上增加土壤真菌群落的多样性指数，但是与对照相比无明显差异；而生物炭施用会显著增加土壤真菌群落的丰富度指数。在咸水灌溉下，生物炭和秸秆施用会降低土壤真菌的多样性指数（Shannon指数）和丰富度指数，秸秆施用下土壤真菌的丰富度指数显著高于生物炭处理，但是与对照相比差异不显著。

第六节　生物炭对土壤细菌和真菌群落β-多样性的影响

一、土壤细菌群落主成分分析

β-多样性是生境之间的物种多样性，用以衡量群落之间的差别，反映样本之间的多样性距离关系以及生物群落之间的分化程度。在β-多样性分析中，主成分分析是常用的降维分析方法。为比较生物炭和秸秆施用对咸水滴灌棉田土壤细菌群落结构的差异，在细菌属水平上进行主成分分析，结果如彩图9-3所示。两个主成分PC1（23.0%）和PC2（18.2%）的累计贡献率为41.2%。咸水和淡水处理土壤细菌群落结构在轴1被分开，说明咸水灌溉与淡水灌溉相比细菌群落结构存在差异。无论是淡水灌溉还是咸水灌溉，生物炭和秸秆处理土壤细菌群落结构在轴2被分开，且生物炭处理和秸秆处理相距较远，说明在不同灌溉水盐度下，施用秸秆和生物炭均能显著改变土壤细菌群落结构。

二、土壤真菌群落主成分分析

为比较生物炭和秸秆施用对咸水滴灌棉田土壤真菌群落结构的差异，在真菌属水平上进行主成分分析，结果如彩图9-4所示。两个主成分PC1（20.2%）和PC2（9.1%）的累计贡献率为29.3%。各处理单独聚为一类，说明生物炭和秸秆施用也显著改变了土壤真菌群落结构。

第七节　生物炭对土壤细菌群落门、属水平的影响

一、土壤细菌群落门水平相对丰度及热图

生物炭施用对咸水滴灌棉田土壤细菌门水平相对丰度的影响见彩图9-5。不同处理土壤细菌优势门类为：变形菌门（21.84%）、未确认的细菌门（18.63%）、酸杆菌门

(12.85%）和放线菌门（12.19%），其相对丰度均大于 10%，平均占总序列的 65.52%(61.80%～69.47%)。其次是拟杆菌门（4.02%）和绿弯菌门（4.63%)，其相对丰度大于 4%。再次是芽孢杆菌门（Gemmatimonadota)、疣微菌门、厚壁菌门、泉古菌门(Crenarchaeota)，平均相对丰度均大于 1%。

总体上，与淡水灌溉相比，咸水灌溉会降低变形菌门、酸杆菌门、放线菌门、疣微菌门和厚壁菌门的相对丰度，但是增加未确认的细菌门、拟杆菌门、绿弯菌门、芽孢杆菌门和泉古菌门的相对丰度。在淡水灌溉下，生物炭的施用增加变形菌门、绿弯菌门、芽孢杆菌门和泉古菌门的相对丰度，但是降低酸杆菌门、放线菌门、疣微菌门和厚壁菌门的相对丰度；秸秆施用增加变形菌门、拟杆菌门和芽孢杆菌门的相对丰度，但是降低未确认的细菌门、酸杆菌门、放线菌门、绿弯菌门、疣微菌门和泉古菌门的相对丰度。在咸水灌溉下，生物炭施用增加变形菌门、放线菌门和绿弯菌门的相对丰度，但是降低酸杆菌门和疣微菌门的相对丰度；而秸秆施用增加变形菌门、放线菌门、拟杆菌门和泉古菌门的相对丰度，但是降低未确认的细菌门和芽孢杆菌门的相对丰度。

生物炭和秸秆施用明显改变土壤细菌门水平群落结构（彩图 9－6)。与淡水灌溉(FWCK）相比，咸水灌溉（SWCK）土壤细菌的酸杆菌门、放线菌门、Verrucomicrobiota、厚壁菌门、硝基螺菌门（Nitrospirota)、RCP2－54、肠杆菌门（Entotheonellaeota)、Methylomirabilota、NB1－j、乳杆菌门（Latescibacterota）相对丰度减少；而未确认的细菌门、绿弯菌门、芽孢杆菌门、黏球菌门（Myxococcota)、未确认的 Archaea 门、芽单胞菌门、嗜热菌门（Thermoplasmatota)、扁平菌门（Planctomycetota)、Bdellovibrionota、脱硫细菌门(Desulfobacterota)、卡帕细菌门（Kapabacteria)、Elusimicrobiota、纳米古菌门（Nanoarchaeota)、Elusimicrobia 和假丝酵母菌门（Candidatus _ Levybacteria）相对丰度增加。

在淡水灌溉下，与 FWCK 处理相比，FWBC 处理土壤细菌的硝基螺菌门、泉古菌门、芽孢杆菌门、扁平菌门、肠杆菌门和 Elusimicrobia 相对丰度增加，而酸杆菌门、放线菌门、Verrucomicrobiota、厚壁菌门、MBNT15 和浮霉菌门相对丰度减少；FWST 处理土壤细菌的变形菌门、拟杆菌门、厚壁菌门、NB1－j、肠杆菌门和乳杆菌门相对丰度增加，而变形菌门、拟杆菌门、厚壁菌门、NB1－j 和乳杆菌门相对丰度减少。

在咸水灌溉下，与 SWCK 处理相比，SWBC 处理土壤细菌的变形菌门、放线菌门、绿弯菌门、硝基螺菌门、芽单胞菌门、扁平菌门、Bdellovibrionota、蓝藻门、卡帕细菌门、Aenigmarchaeota 和假丝酵母菌门相对丰度增加，而酸杆菌门、嗜热菌门、Armatimonadota、未确认的 Archaea 门、MBNT15、浮霉菌门、Elusimicrobia 和纳米古菌门相对丰度减少；SWST 处理土壤细菌的变形菌门、拟杆菌门、厚壁菌门、Verrucomicrobiota、泉古菌门、嗜热菌门、蓝藻门、卡帕细菌门、Armatimonadota、Elusimicrobiota、假丝酵母菌门、弯杆菌门（Campilobacterota）和 Deferribacteres 相对丰度增加，而未确认的细菌门、酸杆菌门、芽单胞菌门、扁平菌门、Bdellovibrionota、未确认的 Archaea 门、MBNT15、浮霉菌门、Elusimicrobia 和纳米古菌门相对丰度减少。

二、土壤细菌群落属水平相对丰度及热图

生物炭施用对咸水滴灌棉田土壤细菌属水平相对丰度的影响见彩图 9－7。通过序列

比对获得各处理土壤样品中细菌群落相对丰度较高的前10个菌属，其中6个菌属的平均相对丰度>1%，占样品总序列的14.71%（12.44%～17.96%）。平均相对丰度较高的6个属分别为RB41（5.74%）、鞘脂单胞菌属（1.96%）、亚硝化螺旋菌属（1.79%）、节杆菌属（2.09%）、斯科曼氏球菌属（1.74%）和*Dongia*（1.39%）。其次为Subgroup _ 10（0.84%）、亚硝化假丝酵母菌属（*Candidatus _ Nitrocosmicus*）（0.54%）和类固醇杆菌属（*Steroidobacter*）（1.19%）。而泛菌属（*Pantoea*）相对丰度最小，平均为0.26%。

总体上，从不同灌溉水盐度来看，与淡水灌溉相比，咸水灌溉会降低RB41、节杆菌属、斯科曼氏球菌属和*Dongia*的相对丰度，但是增加鞘脂单胞菌属、亚硝化螺旋菌属、Subgroup _ 10和类固醇杆菌属的相对丰度。在淡水灌溉下，生物炭的施用增加泛菌属、鞘脂单胞菌属、斯科曼氏球菌属和亚硝化假丝酵母菌属的相对丰度，但是降低RB41、亚硝化螺旋菌属、节杆菌属、*Dongia*和Subgroup _ 10的相对丰度；秸秆施用增加泛菌属、鞘脂单胞菌属、*Dongia*和类固醇杆菌属的相对丰度，但是降低RB41、亚硝化螺旋菌属和亚硝化假丝酵母菌属的相对丰度。在咸水灌溉下，生物炭施用增加泛菌属、鞘脂单胞菌属、节杆菌属和斯科曼氏球菌属的相对丰度，但是降低RB41、Subgroup _ 10和类固醇杆菌属的相对丰度；而秸秆施用增加鞘脂单胞菌属、节杆菌属、*Dongia*、亚硝化假丝酵母菌属和类固醇杆菌属的相对丰度，但是降低RB41、泛菌属、斯科曼氏球菌属和Subgroup _ 10的相对丰度。

生物炭和秸秆施用显著改变土壤细菌属水平群落结构（彩图9-8）。与淡水灌溉（FWCK）相比，咸水灌溉（SWCK）土壤细菌的RB41、斯科曼氏球菌属、节杆菌属、*Bryobacter*、MND1、链霉菌属、芽球菌属、亚硝化假丝酵母菌属、类诺卡氏菌属、Ellin6067、肽球菌属（*Peptoclostridium*）、*Blautia*和*Chryseolinea*相对丰度减少；而鞘脂单胞菌属、芽单胞菌属、亚硝化螺旋菌属、*Haliangium*、Subgroup _ 10、UTCFX1、邻单胞菌属（*Plesiomonas*）、泛菌属、庞氏杆菌属（*Pontibacter*）、假单胞菌属、乳酸杆菌属（*Lactobacillus*）、*Alkanindiges*、类固醇杆菌属和*Altererythrobacter*的相对丰度增加。

在淡水灌溉下，与FWCK处理相比，FWBC处理土壤细菌的芽单胞菌属、亚硝化假丝酵母菌属、芽孢杆菌属（*Bacillus*）、亚硝基球酵母菌属（*Candidatus _ Nitrososphaera*）、乳酸杆菌属和*Clostridium _ sensu _ stricto _* 1相对丰度增加，而RB41、节杆菌属、亚硝化螺旋菌属、链霉菌属、类诺卡氏菌属、*Alkanindiges*、*Blautia*和肽球菌属相对丰度减少。FWST处理土壤细菌的*Dongia*、鞘脂单胞菌属、MND1、类固醇杆菌属、溶杆菌属、*Haliangium*、*Chryseolinea*、芽孢杆菌属、不动杆菌属（*Acinetobacter*）、*Altererythrobacter*、乳酸杆菌属、*Niastella*和假单胞菌属相对丰度增加，而RB41、节杆菌属、亚硝化螺菌旋属、*Bryobacter*、*Gaiella*、链霉菌属、类诺卡氏菌属、亚硝化假丝酵母菌属、*Alkanindiges*、*Blautia*和肽球菌属相对丰度减少。

在咸水灌溉下，与SWCK处理相比，SWBC处理土壤细菌的节杆菌属、鞘脂单胞菌属、斯科曼氏球菌属、泛菌属、芽单胞菌属、庞氏杆菌属、芽球菌属、假单胞菌属、芽孢杆菌属、类诺卡氏菌属、邻单胞菌属、*Clostridium _ sensu _ stricto _* 1和*Alkanindiges*相对丰度增加，而Subgroup _ 10、类固醇杆菌属、*Haliangium*、UTCFX1、亚硝基球酵母菌属、不动杆菌属、*Blautia*和肽球菌属相对丰度减少；SWST处理土壤细菌的鞘脂单胞菌属、*Dongia*、类固醇杆菌属、链霉菌属、亚硝化假丝酵母菌属、*Niastella*、*Altererythrobacter* 和肽球菌属相对丰度增加，而 RB41、Subgroup _ 10、*Haliangium*、芽单胞菌属、*Gaiella*、假单胞菌属、不动杆菌属、乳酸杆菌属和 *Alkanindiges* 相对丰度减少。

三、土壤真菌群落门水平相对丰度及热图

生物炭施用对咸水滴灌棉田土壤真菌门水平相对丰度的影响见彩图 9－9。不同处理土壤真菌优势门类为：子囊菌门（59.42%）、担子菌门（3.04%）、球囊菌门（1.59%）和被孢霉门（3.64%），其相对丰度均大于 1%，平均占总序列的 67.69%（54.55%～81.89%）。其次是罗氏菌门（Rozellomycota）（1.26%）和壶菌门（1.94%）。而芽枝霉门（Blastocladiomycota）、单毛壶菌门（Monoblepharomycota）、毛霉菌门（Mucoromycota）和毛微菌门（Calcarisporiellomycota）的相对丰度最小，平均为 0.05%～0.15%。

总体上，从不同灌溉水盐度来看，与淡水灌溉相比，咸水灌溉会降低球囊菌门、罗氏菌门、芽枝霉门和毛霉菌门的相对丰度，但是增加子囊菌门、担子菌门、莫氏菌门（Mortierellomycota）和壶菌门的相对丰度。在淡水灌溉下，生物炭的施用增加莫氏菌门、罗氏菌门和芽枝霉门的相对丰度，但是降低子囊菌门、担子菌门、球囊菌门、单毛壶菌门和毛霉菌门的相对丰度；秸秆施用增加子囊菌门、担子菌门和莫氏菌门的相对丰度，但是降低球囊菌门、罗氏菌门、壶菌门、单毛壶菌门和毛霉菌门的相对丰度。在咸水灌溉下，生物炭和秸秆施用仅增加子囊菌门的相对丰度，但是生物炭和秸秆施用降低担子菌门、球囊菌门、莫氏菌门、罗氏菌门、壶菌门、单毛壶菌门和毛微菌门的相对丰度。

生物炭和秸秆施用明显改变土壤真菌门水平群落结构（彩图 9－10）。与淡水灌溉相比（FWCK），咸水灌溉（SWCK）土壤真菌的球囊菌门、罗氏菌门、毛霉菌门、担子菌门和 Neocallimastigomycota 相对丰度减少；而担子菌门、被孢霉门、壶菌门、毛微菌门、Kickxellomycota 和 Zoopagomycota 相对丰度增加。

在淡水灌溉下，与 FWCK 处理相比，FWBC 处理土壤真菌的芽枝霉门、Olpidiomycota 和担子菌门相对丰度增加，而子囊菌门、球囊菌门、单毛壶菌门、毛霉菌门和 Neocallimastigomycota 相对丰度减少。FWST 处理土壤真菌的子囊菌门、被孢霉门、Olpidiomycota、Kickxellomycota、Entorrhizomycota 和 Aphelidiomycota 相对丰度增加，而球囊菌门、罗氏菌门、单毛壶菌门、毛霉菌门和 Neocallimastigomycota 相对丰度减少。

在咸水灌溉下，与 SWCK 处理相比，SWBC 处理土壤真菌的子囊菌门、Zoopagomycota、Aphelidiomycota 和 Entomophthoromycota 相对丰度增加，而被孢霉门、壶菌门、担子菌门、球囊菌门、单毛壶菌门、毛微菌门和 Kickxellomycota 相对丰度减少；SWST 处理土壤真菌的子囊菌门、Kickxellomycota、Olpidiomycota、Entorrhizomycota、Aphelidiomycota 和 Entomophthoromycota 相对丰度增加，而担子菌门、被孢霉门、壶菌门、球囊菌门、Zoopagomycota、单毛壶菌门和毛微菌门相对丰度减少。

四、土壤真菌群落属水平相对丰度及热图

生物炭施用对咸水滴灌棉田土壤真菌属水平相对丰度的影响见彩图 9－11。不同处理土壤真菌群落优势属类为：毛壳菌属（16.22%）、帚枝霉属（*Sarocladium*）（4.55%）、光黑

壳属（*Preussia*）（4.11%）、丛壳菌属（*Nectria*）（5.38%）、葡萄穗霉属（*Stachybotrys*）（3.16%）和镰刀菌属（4.85%）。平均占总序列的38.27%（22.53%～60.72%）。其次是链格孢属（*Alternaria*）（1.19%）和粪壳菌属（1.97%）。而未确认的盘菌属（0.45%）和罗氏菌属（1.19%）的相对丰度最小。

总体上，从不同灌溉水盐度来看，与淡水灌溉相比，咸水灌溉会降低毛壳菌属、光黑壳属、镰刀菌属、未确认的盘菌属、罗氏菌属和粪壳菌属的相对丰度，但是增加帚枝霉属、丛赤壳属、葡萄穗霉属和链格孢属的相对丰度。在淡水灌溉下，生物炭的施用增加帚枝霉属、葡萄穗霉属、镰刀菌属和罗氏菌属的相对丰度，但是降低毛壳菌属、未确认的盘菌属和粪壳菌属的相对丰度；秸秆施用增加毛壳菌属、帚枝霉属、光黑壳属和葡萄穗霉属的相对丰度，但是降低丛赤壳属、镰刀菌属、未确认的盘菌属、罗氏菌属、链格孢属和粪壳菌属的相对丰度。在咸水灌溉下，生物炭施用增加帚枝霉属、光黑壳属、丛赤壳属、葡萄穗霉属和链格孢属的相对丰度，但是降低毛壳菌属、镰刀菌属、罗氏菌属和粪壳菌属的相对丰度；而秸秆施用增加毛壳菌属、光黑壳属和镰刀菌属的相对丰度，但是降低帚枝霉属、丛赤壳属、葡萄穗霉属、罗氏菌属、链格孢属和粪壳菌属的相对丰度。

生物炭和秸秆施用明显改变土壤真菌属水平群落结构（彩图9-12）。与淡水灌溉相比（FWCK），咸水灌溉（SWCK）土壤真菌的镰刀菌属、毛壳菌科未确认的属、球囊菌科未确认的属、弯孢菌属、未确认的粪壳菌属、赤霉菌属（*Gibberella*）、假单胞菌属、古生菌属（*Archaeorhizomyces*）、黏鞭霉属（*Gliomastix*）、曲霉菌属、球囊酶属（*Glomus*）、未确认的罗氏菌属、嗜酸菌属（*Solicoccozyma*）、*Pulvinula* 和未确认的盘菌属相对丰度减少；而毛壳菌属、丛赤壳科未确认的属、葡萄穗霉属、被孢霉属、帚枝霉属、竹囊菌属（*Phlyctochytrium*）、Powellomycetaceae 未确认的属、藤科未确认的属、角藻科未确认的属、*Idriella*、丝盖伞属（*Inocybe*）、*Spizellomyces* 和锥盖伞属（*Conocybe*）相对丰度增加。

在淡水灌溉下，与 FWCK 处理相比，FWBC 处理土壤真菌的镰刀菌属、*Sirastachys*、芽枝霉属（*Cladosporium*）、葡萄穗霉属、帚枝霉属、角藻科未确认的属和 *Idriella* 相对丰度增加，而毛壳菌属、毛壳菌科未确认的属、黏鞭霉属、古生菌属、弯孢菌属、未确认的粪壳菌属、球囊菌科未确认的属、嗜酸菌属、假单胞菌属、曲霉菌属、盘菌科未确认的属和 *Pulvinula* 相对丰度减少。FWST 处理土壤真菌的毛壳菌属、光黑壳属、毛壳菌科未确认的属、未确认的被孢霉属、帚枝霉属和角藻科未确认的属相对丰度增加，而镰刀菌属、被孢霉属、丛赤壳科未确认的属、链格孢属、未确认的粪壳菌属、*Idriella*、赤霉菌属、弯孢菌属、球囊菌科未确认的属、古生菌属、未确认的罗氏菌属、*Pulvinula*、曲霉菌属、假单胞菌属、黏鞭霉属、球囊酶属和盘菌科未确认的属相对丰度减少。

在咸水灌溉下，与 SWCK 处理相比，SWBC 处理土壤真菌的帚枝霉属、丛赤壳科未确认的属、葡萄穗霉属、链格孢属、芽枝霉属、竹囊菌属、曲霉菌属、Mortierellomycotina 未确认的属、丝盖伞属、*Spizellomyces*、光黑壳属、未确认的被孢霉属相对丰度增加，而毛壳菌属、镰刀菌属、被孢霉属、角藻科未确认的属、赤霉菌属、*Idriella*、古生菌属、球囊菌科未确认的属、假单胞菌属、弯孢菌属、藤科未确认的属、球囊酶属、

Powellomycetaceae 未确认的属、锥盖伞属相对丰度减少；SWST 处理土壤真菌的毛壳菌属、光黑壳属、镰刀菌属、毛壳菌科未确认的属、芽枝霉属、丝盖伞属、嗜酸菌属、柱孢属（*Cylindrocarpon*）、*Spizellomyces*、*Sirastachys*、未确认的被孢酶属相对丰度增加，而被孢酶属、葡萄穗霉属、丛赤壳科未确认的属、帚枝霉属、链格孢属、角藻科未确认的属、*Idriella*、球囊菌科未确认的属、藤科未确认的属、锥盖伞属、未确认的罗氏菌属、假单胞菌属、弯孢菌属、竹囊菌属和 Powellomycetaceae 未确认的属相对丰度减少。

第八节　土壤细菌和真菌群落的 LEfSe 差异分析

基于线性判别分析（Linear Discriminant Analysis，LDA）效应量的分析方法（LDA Effect Size，LEfSe）进行组间比较分析，进一步找出生物炭和秸秆施用下咸水滴灌棉田土壤细菌群落从门水平到属水平的相对丰度上有显著差异的物种，分析结果如彩图 9 - 13 所示。

在淡水灌溉下，三组比较共得到 8 个组间差异物种，均出现在 FWBC 处理组，差异物种分别是绿弯菌门，绿弯菌纲、红色杆菌纲（Rubrobacteria），0319 _ 7L41、热微菌目（Thermomicrobiales）、红色杆菌目（Rubrobacterales），红色杆菌科（Rubrobacteriaceae），红色杆菌属（*Rubrobacter*）。以上结果说明，生物炭施用显著增加土壤细菌群落的差异物种数目，主要为红色杆菌、绿弯菌和热微菌。

在咸水灌溉下，三组比较共得到 8 个组间差异物种，其中 SWCK 处理差异物种有 2 个，SWBC 处理差异物种有 4 个，SWST 处理差异物种有 2 个。SWCK 处理的差异物种为未确认的古细菌门和热原体纲（Thermoplasmata）；SWBC 处理的差异物种为 Oligoflexia，亚硝基球菌目（Nitrosococcales），甲藻科（Methylophagaceae），噬甲基菌属（*Methylophaga*）；SWST 处理的差异物种为丛毛单胞菌科（Comamonadaceae）和气微菌属（*Aeromicrobium*）。在咸水灌溉下，施用生物炭的土壤细菌差异物种增多，主要为 Oligoflexia、噬甲基菌、甲藻菌和亚硝基球菌，这也进一步验证了生物炭和秸秆处理土壤细菌群落结构与对照（SWCK）差异明显。

彩图 9 - 14（a）展示了淡水灌溉下各处理土壤真菌丰度差异显著的物种类别。三组比较共得到 8 个组间差异物种，其中 FWCK 处理 3 个，FWBC 处理 1 个，FWST 处理 4 个。FWCK 处理土壤真菌的主要差异物种为格孢腔菌科，unidentified，盘菌种；FWBC 处理土壤真菌的主要差异物种为肉座菌目（Hypocreales）；FWST 处理土壤真菌的主要差异物种为子囊菌门，粪壳菌目（Sordariales），*Chaetomium _ madrasense*。

彩图 9 - 14（b）展示了咸水灌溉下各处理土壤真菌丰度差异显著的物种类别。三组比较共得到 20 个组间差异物种，其中 SWBC 处理 11 个，SWST 处理 9 个。SWBC 处理土壤真菌的主要差异物种为肉座菌目、GS22，肉座菌科（Hypocreales _ fam _ incertae _ sedis）、格孢腔菌科，帚枝霉属、unidentified、链格孢属、未确认的 GS22 属，帚枝霉种、丛赤壳种、链孢菌种（*Alternaria _ alternata*）；SWST 处理土壤真菌的主要差异物种为座囊菌纲（Dothideomycetes），粪壳菌目、格孢腔菌目，毛壳菌科（Chaetomiaceae），毛壳菌属，*Chaetomium _ halotolerans*、*Chaetomium _ madrasense*、*Chaetomium _ perlucidum*、*Pseudorobillarda _ siamensis*。

第九节　相关性分析

细菌属水平群落与环境因子间的相关性分析见彩图 9－15。RB41 和 pH 呈显著正相关，但是和土壤盐度（EC）、总碳（TC）、全氮（TN）和有效磷（AP）呈显著负相关。泛菌属仅和 TC 呈显著正相关关系。鞘脂单胞菌属和容重（BD）呈显著正相关，而亚硝化螺旋菌属和 BD 呈显著负相关。节杆菌属和斯科曼氏球菌属与 EC 呈显著负相关，而与 pH 呈显著正相关，斯科曼氏球菌属还与速效钾（AK）呈显著正相关。*Dongia* 和 BD 呈显著正相关。Subgroup _ 10 与 EC 和 TC 呈显著正相关，而与 pH 和 AK 呈显著负相关。类固醇杆菌属与 pH 和 AK 呈显著负相关。MND1 与 BD、EC、TC 和 AP 呈显著负相关，而与 pH 和 AK 呈显著正相关。UTCFX1 与 BD 和 EC 呈显著正相关，而与 pH 和 AK 呈显著正相关。芽单胞菌属和庞氏杆菌属与 BD、EC、TC 和 AP 呈显著正相关，而与 pH 和 AK 呈显著负相关。

真菌属水平群落与环境因子间的相关性分析见彩图 9－16。毛壳菌属与 BD 呈显著负相关。帚枝霉属与 BD 和 EC 呈显著正相关。葡萄穗霉属与 EC 呈显著正相关。未确认的罗氏菌属与 pH 和 AK 呈显著正相关，而与 TC 和 TN 呈显著负相关。链格孢属与 BD 呈显著正相关。未确认的粪壳菌属与 TC 和 AP 呈显著负相关。黏鞭霉属与 TC 呈显著负相关，而与 pH 呈显著正相关。芽枝霉属与 TC、TN 和 AP 呈显著正相关。竹囊菌属与 pH 和 AK 呈显著负相关，而与 BD、EC 和 TC 呈显著正相关。

第十节　细菌功能预测分析

一、功能组成

Tax4Fun 功能预测主要通过提取 KEGG 数据库 16S rRNA 基因序列并利用 BLASTN 算法将其比对到 SILVA SSU Ref NR 数据库，实现 SILVA 数据库功能注释，以 SILVA 数据库序列为参考序列聚类出操作分类单元，进而获取样本中微生物群落的功能注释信息。通过功能注释 Venn 图（彩图 9－17）可以考察土壤样本间的细菌基因数目分布情况。

在淡水灌溉下，FWCK、FWBC 和 FWST 处理土壤样本共有的细菌基因信息为 6 516 个 KOs（KEGG 直系同源组），各自特有的基因信息较少，分别为 1 个、1 个、1 个 KOs；在咸水水灌溉下，SWCK、SWBC 和 SWST 处理土壤样本共有的细菌基因信息为 6 517 个 KOs，各自特有的基因信息较少，分别为 3 个、1 个、1 个 KOs。

6 组土壤样本在第一层级（Level 1）主要有 6 类相对丰度较高的基因功能（彩图 9－18），其相对丰度在各处理间较为相似。按相对丰度从高到低依次为：新陈代谢（Metabolism，45.51%～49.04%）、遗传信息处理（Genetic Information Processing，20.99%～22.82%）、环境信息处理（Environmental Information Processing，11.26%～13.33%）、细胞过程（Cellular Processes，7.12%～7.98%）、人类疾病（Human Diseases，2.68%～

2.99%）和生物体系统（Organismal Systems，1.70%～1.80%），前 3 类功能的相对丰度之和超过 82.4%。

二、功能差异

根据样品在数据库中的功能注释及相对丰度信息，从功能差异层面进行聚类，结果如彩图 9-19 所示。在淡水灌溉下，第一层级的 6 类主要基因功能中，相比于 FWCK 处理，FWBC 处理增加遗传信息处理、新陈代谢和人类疾病的功能基因相对丰度，降低环境信息处理和生物体系统的功能基因相对丰度；FWST 处理增加生物体系统、环境信息处理和细胞过程的功能基因相对丰度，降低遗传信息处理和新陈代谢的功能基因相对丰度。在咸水灌溉下，相比于 SWCK 处理，SWBC 处理增加遗传信息处理、生物体系统和新陈代谢的功能基因相对丰度，降低环境信息处理、细胞过程和人类疾病的功能基因相对丰度；SWST 处理增加生物体系统、环境信息处理和细胞过程的功能基因相对丰度，降低遗传信息处理、新陈代谢和人类疾病的功能基因相对丰度。

土壤微生物活性是表征土壤中微生物整体群落或其中一部分微生物种群所有个体生命活动的总和，土壤微生物活性可以用来反映土壤质量的变化。微生物活性的主要表征指标有土壤微生物量、土壤呼吸强度、土壤酶活性等。长期咸水灌溉导致土壤盐分增加，改变土壤理化性质，进而影响土壤微生物及酶活性。本研究发现，咸水灌溉显著降低土壤微生物量碳、微生物量氮、基础呼吸、微生物熵和代谢商。Ghollarata 等（2007）研究也发现，土壤微生物量随土壤盐分含量升高而显著降低。土壤微生物代谢商降低的原因主要是咸水灌溉下土壤质量变差，导致土壤微生物数量以及微生物利用碳源的效率降低。生物炭施入土壤后，生物炭热解过程中产生的不稳定化合物和生物质油发生氧化，在一定程度上为土壤微生物提供了碳源。本研究发现，秸秆和生物炭的施用显著增加土壤微生物量碳、微生物量氮、基础呼吸和微生物熵，但降低了代谢商。张星等（2015）研究也表明，生物炭施用后显著增加土壤微生物量碳和土壤微生物量氮。于晓娜等（2017）研究表明，与不施肥和常规施肥处理相比，生物炭施用后增加土壤的呼吸速率。原因可能是生物炭具有多孔结构和较大的比表面积，可以增加对可溶性有机碳和无机营养元素的吸附能力，同时增加土壤孔隙度，为土壤微生物的生长和繁殖提供更多、更大的空间和适宜的场所，促进了微生物的生长，从而提高了土壤呼吸速率（何甜甜等，2020）。此外，本研究通过相关性分析发现，土壤基础呼吸与土壤 pH、孔隙度、速效钾含量呈显著正相关，李怡安等（2019）也报道土壤呼吸与土壤 pH、温度、水分等土壤性质有关，而添加生物炭会改善这些土壤性质，进而促进了土壤呼吸。

土壤酶是土壤新陈代谢的重要因素，参与了土壤的发生、发育以及土壤肥力形成和变化的过程。土壤酶活性是衡量土壤质量和土壤健康状况的重要指标，其活性大小受土壤养分、酸碱度、阳离子交换量、持水性及孔隙度的影响。咸水灌溉导致土壤盐度和容重增加，降低土壤中微生物的数量，抑制根系对养分的吸收，从而降低根系酶的分泌合成。土壤盐分过高时还会导致酶蛋白失活，抑制土壤酶活性。冯棣等（2014）研究发现，过量的盐分使土壤容重增加，土壤通气渗透性能降低，抑制土壤呼吸，从而也能够降低土壤酶活性。本研究发现，咸水灌溉显著降低蔗糖酶、β-葡萄糖苷酶和纤维二糖酶的活性，而对多酚氧化酶活性无显著影响。周玲玲等（2010）研究也发现，随着土壤盐分的增加土壤蔗糖酶和和纤维素酶活性均呈降低趋势，原因可能是盐分改变了土壤理化性质，导致土壤通气性下降，而且盐分增加使作物生长受抑制，导致作物根系分泌有益物质减少，从而不利于土壤微生物的生长和繁殖，导致土壤酶来源锐减，酶活性降低。此外，氮素在土壤中的转化受到土壤脲酶、硝酸还原酶、亚硝酸还原酶、羟胺还原酶等酶活性的影响。硝酸还原酶、亚硝酸还原酶和羟胺还原酶是反硝化过程中的关键酶。Min 等（2016）的研究表明，咸水和微咸水灌溉显著降低硝酸还原酶、亚硝酸还原酶和羟胺还原酶活性。一般认为，盐胁迫明显抑制脲酶活性。但本研究发现，咸水灌溉较淡水灌溉增加土壤脲酶、硝酸还原酶、亚硝酸还原酶、羟胺还原酶活性，闵伟等（2015）研究也发现微咸水和咸水灌溉对脲酶活性有明显的促进作用。本研究还发现，咸水灌溉使土壤碱性磷酸酶和芳基硫酸酯酶活性降低。不同酶受到的影响程度不同是因为不同酶的来源和耐盐程度有差异。盐分对土壤脲酶活性有促进作用，而对蔗糖酶、碱性磷酸酶和芳基硫酸酯酶活性有抑制作用。

生物炭可以直接或间接对土壤酶活性起作用。首先生物炭自身含有 P、K、Mg 等土壤微生物需要的营养元素，可以促进土壤微生物活性，从而提高土壤酶活性；其次可以通过施加生物炭对土壤中有机质、碳含量、氮含量、pH 等理化性质产生影响，间接对土壤酶活性起作用。本研究发现，秸秆的施用增加 β-葡萄糖苷酶、纤维二糖酶、硝酸还原酶、碱性磷酸酶和芳基硫酸酯酶活性；生物炭的施用增加了纤维二糖酶、亚硝酸还原酶和碱性磷酸酶的活性。Awad 等（2012）研究表明，生物炭在沙壤土中比沙土中能更好地促进纤维二糖水解酶和 β-葡萄糖苷酶的活性。土壤碱性磷酸酶活性的提高与其辅酶因子 Mg^{2+} 和 Zn^{2+} 的增加有关，正是因为生物炭自身富含 Mg 和 Zn 等微量元素，所以碱性磷酸酶辅酶因子的增加导致碱性磷酸酶活性增强。Oleszczuk 等（2014）研究也发现生物炭施用可显著增加土壤蛋白酶、脱氢酶和碱性磷酸酶活性。此外，在本研究中，生物炭抑制了土壤蔗糖酶和脲酶的活性。顾美英等（2014）研究也发现施加小麦秸秆生物炭于灰漠土中对脲酶有显著抑制作用。Akhtar 等（2018）研究也表明当生物炭的用量过多时会对沙土的脲酶活性产生一定的抑制作用。这些研究结果和本研究结果一致，原因可能是添加生物炭会改变土壤酸碱环境，从而抑制某些土壤酶活性。但 Oleszczuk 等（2014）研究表明生物炭的施用显著增加土壤脲酶活性。杨滨娟等（2014）也发现秸秆能够提高土壤中脲酶和蔗糖酶的活性。冯慧琳等（2021）研究结果也表明生物炭的添加整体促进了蔗糖酶、脲酶、过氧化氢酶、中性磷酸酶的活性，且随着生物炭添加量的提升，土壤酶活性的提升作用呈先增加后降低的趋势。此外，生物炭和秸秆也补充了土壤中的硫素养分，使得土壤中有机硫含量增加，而土壤芳基硫酸酯酶的活性与有机硫含量呈正相关，并且土壤中的芳基硫酸酯酶主要来源于土壤中的微生物，生物炭和秸秆施入土壤后不仅增加了土壤中硫的含量，同时还改善了微生物生活环境。但是本研究结果显示，生物炭的施用对土壤芳基硫酸酯酶的活性影响不大，而秸秆施用显著增加了土壤芳基硫酸酯酶活性，其内在机理有待进一步研究。土壤酶活性的提高与生物炭吸附能力强也有关，其可通过吸附酶促反应底物加速酶促反应的进行，从而增强了酶活性。不同地区的研究结果差异较大，其原因可能是生物炭的类型、用量等对土壤环境产生的影响不同，土壤表层水分状况和温度变异性大也与氧化还原类酶活性表现出较大差异有关。因此，生物炭和秸秆的施用对土壤酶活性的影响还值得我们进行深入研究。

相关研究表明，盐分抑制土壤微生物群落及其活性（Rietz et al.，2003；Yuan et al.，2007）。本研究也发现，咸水灌溉导致 ACE 指数、Chao1 指数和 Shannon 指数显著增加，但 Simpson 指数无显著差异。Chao1 指数和 ACE 指数的增加表明盐胁迫增加了细菌群落的丰富度（Yang et al.，2016）。Chen 等（2017）研究也发现随着灌溉水盐度的增加，细菌的 Chao1 指数和 ACE 指数增加。Yang 等（2016）研究也表明，细菌群落的 Shannon 指数随着灌溉水盐度的增加而增大，原因可能是细菌对高盐环境产生适应性，从而增加了细菌的多样性。本研究还发现，与淡水灌溉相比，咸水灌溉后真菌群落的 ACE 指数、Chao1 指数、Shannon 指数和 Simpson 指数有一定程度的增加，但是差异不显著。

生物炭和秸秆施用使土壤微生物的群落组成及多样性发生改变。本研究发现，在淡水灌溉下，生物炭和秸秆施用增加土壤细菌群落的 ACE 指数、Chao1 指数和 Shannon 指数，Simpson 指数有一定程度的增加，但差异不显著，说明生物炭和秸秆施用增加细菌的丰富度和多样性。张婷婷等（2019）研究也发现施用秸秆可增加土壤细菌的 Shannon 指数、Simpson 指数和 Chao1 指数。胡瑞文等（2018）研究也表明生物炭的施用增加土壤微生物的多样性指数和均匀度指数。而在咸水灌溉下，生物炭的施用在一定程度上增加 Shannon 指数，而秸秆的施用显著降低 ACE 指数和 Chao1 指数。说明生物炭的施用在一定程度上增加细菌的多样性，而秸秆施用降低土壤细菌的丰富度。本研究表明，在淡水灌溉下，生物炭的施用显著增加土壤真菌群落的 ACE 指数和 Chao1 指数，同时在一定程度也增加土壤真菌群落的 Shannon 指数和 Simpson 指数，说明生物炭施用增加土壤真菌的丰富度和多样性；而秸秆施用显著降低土壤真菌群落的 Shannon 指数和 Simpson 指数，而在一定程度上增加 ACE 指数和 Chao1 指数，说明秸秆施用会降低土壤真菌群落的多样性，但是在一定程度上增加真菌群落的丰富度。在咸水灌溉下，生物炭和秸秆的施用均显著降低真菌群落的 Shannon 指数，在一定程度上降低真菌群落的 Simpson 指数，说明在咸水灌溉下，生物炭和秸秆施用会降低真菌群落的多样性；生物炭施用在一定程度上降低真菌群落的 ACE 指数和 Chao1 指数，秸秆施用增加真菌群落 ACE 指数和 Chao1 指数，但是与对照相比均不显著。

本研究发现，不同处理土壤细菌优势门类为变形菌门、酸杆菌门和放线菌门，这与 Wang 等（2016）研究结果一致。变形杆菌和放线菌都是盐碱土壤中最丰富的嗜盐细菌的代表。本研究发现，咸水灌溉会降低细菌变形菌门、酸杆菌门和放线菌门的相对丰度；无论是淡水灌溉还是咸水灌溉，生物炭和秸秆的施用均增加细菌变形菌门的相对丰度，但是生物炭施用降低酸杆菌门的相对丰度。土壤环境变化也会影响土壤真菌群落的组成和结构。有研究发现真菌群落主要由子囊菌门、担子菌门、球囊菌门等组成，其中子囊菌门最丰富的。本研究也发现，不同处理下土壤真菌优势门类为子囊菌门、担子菌门、球囊菌门和莫氏菌门，球囊菌门的相对丰度最大。咸水灌溉会降低球囊菌门的相对丰度，但是增加子囊菌门和担子菌门的相对丰度。不同灌溉水盐度下，生物炭和秸秆对真菌优势门类的影响不同。在淡水灌溉下，生物炭的施用降低子囊菌门、担子菌门和球囊菌门的相对丰度，秸秆施用增加子囊菌门、担子菌门的相对丰度，但是降低球囊菌门的相对丰度；在咸水灌溉下，生物炭和秸秆施用仅增加子囊菌门的相对丰度，但是生物炭和秸秆施用降低担子菌门、球囊菌门的相对丰度。

LEfSe 差异分析结果表明，淡水灌溉下施用生物炭后细菌差异物种数目增加，差异物种主要为红色杆菌、绿弯菌和热微菌。咸水灌溉下，生物炭施用也显著细菌增加差异物种数，主要为 Oligoflexia、噬甲基菌、甲藻菌和亚硝基球菌。相对于土壤真菌来说，在淡水灌溉下，生物炭处理土壤真菌的主要差异物种为格孢腔菌，秸秆处理土壤真菌的主要差异物种为子囊菌、粪壳菌和毛壳菌；咸水灌溉下生物炭和秸秆施用也显著增加土壤真菌的差异物种数。通过 Tax4Fun 方法对样品微生物群落的功能组成进行了预测。生物炭和秸秆处理各自特有的基因信息都较少，在第一层级相对丰度较高的基因功能，其相对丰度在各处理间也较为相似，说明生物炭和秸秆的施用未显著改变细菌的功能组成。基因功能较高的为新陈代谢、遗传信息处理、环境信息处理和细胞过程组，尤其是前 3 类功能的相对丰度之和超过 82.4%。生物炭的施用增加遗传信息处理和新陈代谢的功能基因相对丰度，但秸秆施用降低遗传信息处理和新陈代谢的功能基因相对丰度，但秸秆施用增加生物体系统、环境信息处理和细胞过程的功能基因相对丰度。由于生物炭和秸秆的施用仅一年时间，可能尚未形成稳定的微生物区系，这些功能基因与秸秆和生物炭之间的关系有待进一步研究与探讨。

主要参考文献

常勇，黄忠勤，周兴根，等，2018. 不同麦秸还田量对水稻生长发育、产量及品质的影响 [J]. 江苏农业科学，46 (20)：47 - 51.

邓建强，2017. 鄂西南土地整治区水土流失阻控及生物质炭改土效应研究 [D]. 南京：南京农业大学.

冯棣，张俊鹏，孙池涛，等，2014. 咸水灌溉棉田保证棉花优质高产的土壤盐度指标控制 [J]. 农业工程学报，30 (24)：87 - 94.

冯慧琳，徐辰生，何欢辉，等，2021. 生物炭对土壤酶活和细菌群落的影响及其作用机制 [J]. 环境科学，42 (1)：422 - 432.

顾美英，徐万里，唐光木，等，2014. 生物炭对灰漠土和风沙土土壤微生物多样性及与氮素相关微生物功能的影响 [J]. 新疆农业科学，51 (5)：926 - 934.

关松荫，1980. 土壤酶与土壤肥力 [J]. 土壤通报 (6)，41 - 44.

何甜甜，王静，符云鹏，等，2020. 等碳量添加秸秆和生物炭对土壤呼吸及微生物生物量碳氮的影响 [J]. 环境科学，42 (1)：450 - 458.

胡瑞文，刘勇军，周清明，等，2018. 生物炭对烤烟根际土壤微生物群落碳代谢的影响 [J]. 中国农业科技导报，20 (9)：49 - 56.

潘媛媛，黄海鹏，孟婧，等，2012. 松嫩平原盐碱地中耐（嗜）盐菌的生物多样性 [J]. 微生物学报，52 (10)：1187 - 1194.

康贻军，胡健，董必慧，等，2007. 滩涂盐碱土壤微生物生态特征的研究 [J]. 农业环境科学学报，26 (S1)：181 - 183.

李怡安，胡华英，周垂帆，2019. 生物炭对土壤微生物影响研究进展 [J]. 内蒙古林业调查设计，42 (4)：101 - 104.

田平雅，沈聪，赵辉，等，2020. 银北盐碱区植物根际土壤酶活性及微生物群落特征 [J]. 土壤学报，57 (1)：217 - 226.

闵伟，2015. 咸水滴灌对棉田土壤微生物及水氮利用效率的影响 [D]. 石河子：石河子大学.

王晶，2020. 棉花秸秆炭对土壤微生物群落组成和功能的影响 [D]. 石河子：石河子大学.

王凡，廖娜，曹银贵，等，2020. 基于生物炭施用的土壤改良研究进展 [J]. 新疆环境保护，42 (2)：12 - 23.

于晓娜，周涵君，张晓帆，等，2017. 基于盆栽试验的施用烟秆生物炭对植烟土壤呼吸速率的影响 [J]. 烟草科技，50 (12)：29 - 37.

杨滨娟，黄国勤，钱海燕，2014. 秸秆还田配施化肥对土壤温度、根际微生物及酶活性的影响 [J]. 土壤学报，51 (1)：150 - 157.

张星，刘杏认，张晴雯，等，2015. 生物炭和秸秆还田对华北农田玉米生育期土壤微生物量的影响 [J]. 农业环境科学学报，34 (10)：1943 - 1950.

周玲玲，孟亚利，王友华，等，2010. 盐胁迫对棉田土壤微生物数量与酶活性的影响 [J]. 水土保持学报，24 (2)：241 - 246.

张婷婷，陈书涛，王君，等，2019. 增温及秸秆施用对豆-麦轮作土壤微生物量碳氮及细菌群落结构的影响 [J]. 环境科学，40 (10)：4718 - 4724.

Awad Y M, Blagodatskaya E, Ok Y S, et al., 2012. Effects of polyacrylamide, biopolymer, and biochar on decomposition of soil organic matter and plant residues as determined by 14C and enzyme activities [J]. European Journal of Soil Biology, 48: 1 - 10.

Akhtar K, Wang W, Ren G, et al., 2018. Changes in soil enzymes, soil properties, and maize crop productivity under wheat straw mulching in Guanzhong, China [J]. Soil and Tillage Research, 182: 94 - 102.

Boyrahmadi M, Raiesi F, 2018. Plant roots and species moderate the salinity effect on microbial respiration, biomass, and enzyme activities in a sandy clay soil [J]. Biology and Fertility of Soils, 54 (4): 509 - 521.

Chen L, Li C, Feng Q, et al., 2017. Shifts in soil microbial metabolic activities and community structures along a salinity gradient of irrigation water in a typical arid region of China [J]. Science of the Total Environment, 598: 64 - 70.

Deb S, Mandal B, Bhadoria P B S, et al., 2018. Microbial biomass and activity in relation to accessibility of organic carbon in saline soils of coastal agro-ecosystem [J]. Proceedings of the National Academy of Sciences, India Section B: Biological Sciences, 88 (2): 633 - 643.

Ghollarata M, Raiesi F, 2007. The adverse effects of soil salinization on the growth of *Trifolium alexandrinum* L. and associated microbial and biochemical properties in a soil from Iran [J]. Soil Biology and Biochemistry, 39 (7): 1699 - 1702.

Guo H, Shi X, Ma L, et al., 2020. Long-term irrigation with saline water decreases soil nutrients, diversity of bacterial communities, and cotton yields in a gray desert soil in China [J]. Polish Journal of Environmental Studies, 29 (6).

Min W, Guo H, Zhou G, et al., 2016. Irrigation water salinity and N fertilization: Effects on ammonia oxidizer abundance, enzyme activity and cotton growth in a drip irrigated cotton field [J]. Journal of Integrative Agriculture, 15 (5): 1121 - 1131.

Oleszczuk P, Jośko I, Futa B, et al., 2014. Effect of pesticides on microorganisms, enzymatic activity and plant in biochar-amended soil [J]. Geoderma, 214: 10 - 18.

Rietz D N, Haynes R J, 2003. Effects of irrigation-induced salinity and sodicity on soil microbial activity [J]. Soil Biology and Biochemistry, 35 (6): 845.

Wang Z，Luo G，Li J，et al.，2016. Response of performance and ammonia oxidizing bacteria community to high salinity stress in membrane bioreactor with elevated ammonia loading [J]. Bioresource technology，216：714.

Yuan B C，Li Z Z，Liu H，et al.，2007. Microbial biomass and activity in salt affected soils under arid conditions [J]. Applied Soil Ecology，35 (2)：319.

Yang H，Hu J，Long X，et al.，2016. Salinity altered root distribution and increased diversity of bacterial communities in the rhizosphere soil of Jerusalem artichoke [J]. Scientific reports，6：20687.

第十章 生物炭对咸水滴灌棉田棉花生长和养分吸收的影响

长期咸水灌溉会将盐分带入土壤，产生盐分胁迫，导致作物根系吸水能力下降，影响作物正常生长。近年来，新疆棉花的种植面积和总产量均占全国首位，棉花产业已成为新疆农村经济的重要支柱。棉花是耐盐作物，在不超过棉花耐盐阈值的情况下，适当的盐分对棉花生长有一定的促进作用。王泽林等（2019）发现，当灌溉水矿化度≤6g・L^{-1}时，土壤积累的盐分不会对棉花水分吸收和产量产生严重影响，但当灌溉水矿化度超过一定范围则对棉花生长产生不利影响。即一定矿化度的咸水灌溉不会对棉花生长产生负面影响，甚至还会促进棉花生长，但当矿化度超过一定限度时，便会对棉花生长产生显著的抑制作用（董元杰等，2017）。张安琪等（2018）通过研究发现，7g・L^{-1}和9g・L^{-1}矿化度的咸水滴灌抑制了棉花出苗，平均成苗率降低了3.66％和12.97％；灌溉水矿化度大于7g・L^{-1}时，棉花幼苗单株叶面积、茎粗和地上部生物量等均显著降低。刘雪艳（2020）试验结果也表明，随着灌溉水矿化度的增加，棉花生长受到显著抑制，株高降低，叶绿素含量下降，棉花生物量降低，产量下降。因此，咸水灌溉给作物生长带来的不利影响值得高度关注。

新疆干旱区农田面积广袤，光、热以及秸秆、畜禽粪便资源充足，在我国农业生产中占据重要位置，是国家“十二五”规划中推进新一轮西部大开发的重要农业产区。新疆干旱区农田土壤基础地力水平低，水分缺乏以及盐渍化问题普遍存在。长期秸秆还田不但能提升土壤有机质含量，还可以在矿化后直接提供作物所需养分。诸多研究表明，秸秆直接还田可以改善土壤的通透性，补充农田氮磷钾等养分，减少化肥施用量，对作物具有增产效应（梁耘，2018）。近年来，生物炭在土壤中的应用引起了科学界广泛关注。生物炭改变了土壤理化性质，包括pH、土壤容重、阳离子交换能力、持水性以及生物活性等。生物炭施入土壤后，通过增加土壤养分含量和有效性提高土壤肥力，增加作物产量（Mandal et al.，2018；Meier et al.，2019）。

使用生物炭对土壤进行改良时需要根据土壤类型及土壤障碍因子合理选择不同类型的生物炭，以有效提高土壤肥力及养分有效性，增加植物吸收养分的效率。如磷的有效性和有效磷的含量密切相关，在有效磷含量低的土壤中添加生物炭，可以有效提高有效磷的含量，促进作物对磷素的吸收；酸性土壤中铝含量较高，施用高pH的生物炭可以有效降低土壤中铝的毒性，同时也能有效降低有毒元素对作物生长的危害；温带肥沃土壤中添加生物炭，对作物生长无显著影响，但是可以增加土壤氮肥的保留率。目前，生物炭研究主要是针对小麦和水稻等粮食作物，而在棉花生长、产量及养分吸收方面的研究较少。

本章旨在探讨不同灌溉水盐度和生物炭施用对棉花生长、棉花养分吸收、棉花籽棉产量的影响。结合生物炭对土壤理化性质和生物学性质的影响，阐明生物炭对长期咸水滴灌棉田土壤的改良效应，以期为咸水资源的合理利用、地力提升和灌溉农业的可持续发展提供一定的科学依据。

第一节　生物炭对咸水滴灌棉田棉花生长的影响

本章处理同第八章。每个小区随机取 3 株棉花，棉花植株自地表剪下，并分成叶、茎和蕾铃三部分，用蒸馏水洗净后，105℃ 下杀青 30min，70℃烘干 48h。将植株各部分称重后，计算干物质重；粉碎过 1mm 筛测定氮磷钾素吸收。植物样品采用 $H_2SO_4-H_2O_2$ 消煮，采用全自动凯氏定氮仪测定全氮含量、钒钼黄比色法测定全磷含量、火焰光度法测定全钾含量。在棉花收获期采用实收计产方法测定棉花籽棉产量。

一、棉花株高

秸秆和生物炭施用对咸水滴灌棉花株高的影响见图 10-1。灌溉水盐度和有机物料显著影响棉花株高，但是二者的交互作用对棉花株高无显著影响。总体上，棉花株高随灌溉水盐度的增加而显著降低，SW 处理棉花株高较 FW 处理低 33.63%；秸秆和生物炭的施用显著增加棉花株高，BC 处理和 ST 处理棉花株高分别较 CK 处理增加 25.56% 和 29.70%，但秸秆和生物炭处理间差异不显著。交互作用表现为 FWBC 处理和 FWST 处理棉花株高分别较 FWCK 处理高 21.47% 和 26.99%；SWBC 处理和 SWST 处理棉花株高较 SWCK 处理高 32.04%和 33.98%。

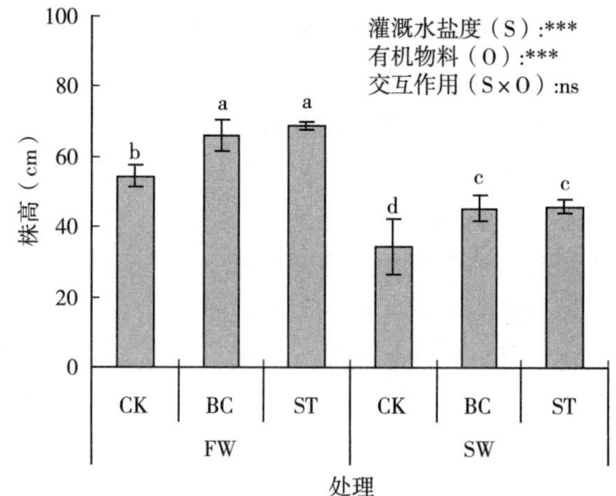

图 10-1　生物炭和秸秆施用对咸水滴灌棉田棉花株高的影响

二、地上部生物量

棉花地上部生物量受灌溉水盐度、有机物料及其二者交互作用的影响显著（图 10-2)。总体上，棉花地上部生物量随灌溉水盐度的增加而显著降低，SW 处理棉花地上部生物量较 FW 处理低 46.55%。秸秆和生物炭的施用总体上增加棉花地上部生物量，BC 处理和 ST 处理棉花地上部生物量分别较 CK 处理高 21.50% 和 23.07%。淡水

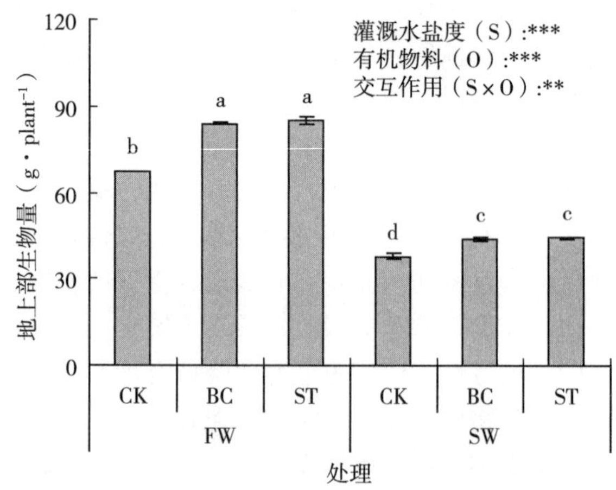

图 10-2　生物炭和秸秆施用对咸水滴灌棉田棉花地上部生物量的影响

灌溉下，生物炭和秸秆施用显著提高棉花地上部生物量，即 FWBC 处理和 FWST 处理棉花地上部生物量分别较 FWCK 处理高 25.06%和 26.62%；咸水灌溉下，生物炭和秸秆施用显著提高棉花地上部生物量，即 SWBC 处理和 SWST 处理棉花地上部生物量分别较 SWCK 处理高 15.23%和 16.79%。

第二节 生物炭对咸水滴灌棉田棉花养分吸收的影响

一、氮素吸收

棉花氮素吸收受灌溉水盐度和有机物料的影响显著，但二者交互作用对氮素吸收的影响不显著（图 10－3）。总体上，棉花氮素吸收随灌溉水盐度的增加而显著降低，SW 处理棉花氮素吸收较 FW 处理低 44.20%；秸秆和生物炭的施用显著增加棉花氮素吸收，BC 处理和 ST 处理棉花氮素吸收分别较 CK 处理增加 22.67% 和 25.00%，但秸秆和生物炭处理间差异不显著。交互作用表现为，FWBC 处理和 FWST 处理棉花氮素吸收分别较 FWCK 处理高 19.18%和 19.80%；SWBC 处理和 SWST 处理棉花氮素吸收较 SWCK 处理高 29.41%和 35.03%。

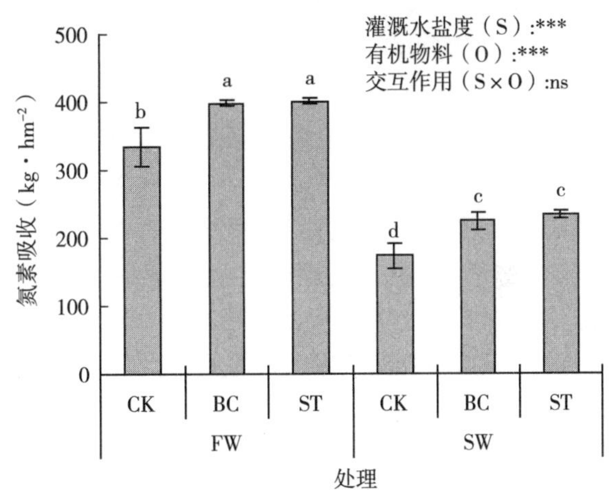

图 10－3 生物炭和秸秆施用对咸水滴灌棉田棉花氮素吸收的影响

二、磷素吸收

棉花磷素吸收受灌溉水盐度、有机物料及其二者交互作用的影响显著（图 10－4）。总体上，棉花磷素吸收随灌溉水盐度的增加而显著降低，SW 处理棉花磷素吸收较 FW 处理低 39.60%。秸秆和生物炭的施用总体上增加棉花磷素吸收，BC 处理和 ST 处理棉花磷素吸收分别较 CK 处理高 66.73%和 88.67%。在淡水灌溉下，秸秆和生物炭的施用均显著增加棉花磷素吸收，但秸秆施用对棉花磷素吸收的影响较大，即 FWBC 处理和 FW-ST 处理棉花磷素吸收分别较 FWCK 处理高 80.44%和 107.79%；在咸水

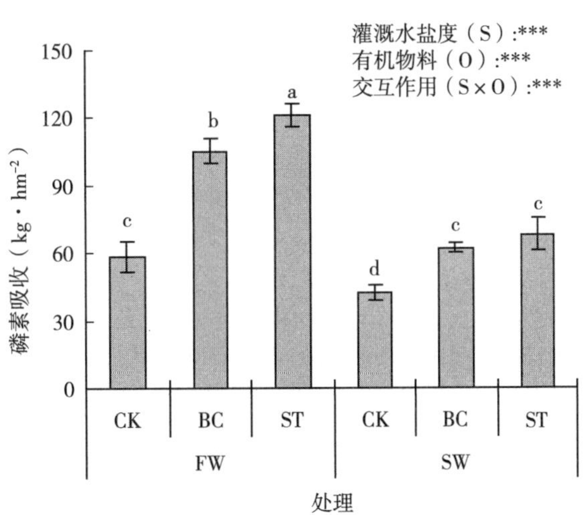

图 10－4 生物炭和秸秆施用对咸水滴灌棉田棉花磷素吸收的影响

灌溉下，生物炭和秸秆施用均增加棉花磷素吸收，但生物炭和秸秆处理差异不显著，即SWBC处理和SWST处理棉花磷素吸收分别较SWCK处理高47.69%和62.09%。

三、钾素吸收

棉花钾素吸收受灌溉水盐度、有机物料及其二者交互作用的影响显著（图10-5）。总体上，棉花钾素吸收随灌溉水盐度的增加而显著降低，SW处理棉花钾素吸收较FW处理低48.64%。秸秆和生物炭的施用总体上增加棉花钾素吸收，BC处理和ST处理棉花钾素吸收分别较CK处理高35.78%和41.65%。交互作用的影响表现为FWBC处理和FWST处理棉花钾素吸收分别较FWCK处理高35.15%和38.94%；而SWBC处理和SWST处理棉花钾素吸收分别较SWCK处理高37.05%和47.07%。

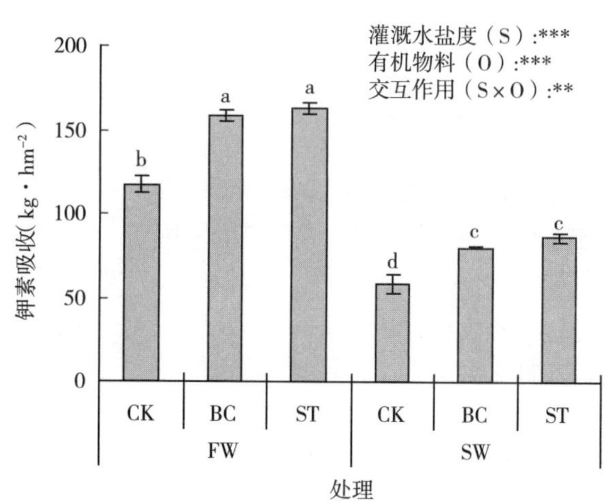

图10-5 生物炭和秸秆施用对咸水滴灌棉田棉花钾素吸收的影响

第三节 生物炭对咸水滴灌棉田棉花产量和灌溉水利用率的影响

一、棉花产量

棉花产量吸收受灌溉水盐度、有机物料及其二者交互作用的影响显著（图10-6）。总体上，棉花产量随灌溉水盐度的增加而显著降低，SW处理棉花产量较FW处理低25.41%。秸秆和生物炭的施用总体上增加棉花产量，BC处理和ST处理棉花产量分别较CK处理高14.09%和9.44%。在淡水灌溉下，秸秆和生物炭的施用均显著增加棉花产量，但生物炭施用对棉花产量的影响较大，即FWBC处理和FW-ST处理棉花产量分别较FWCK处理高18.05%和5.81%；在咸水灌溉下，生物炭和秸秆施用均增加棉花产量，但生物炭和秸秆处理差异不显著，即SWBC处理和SWST处理棉花产量分别较SWCK处理高

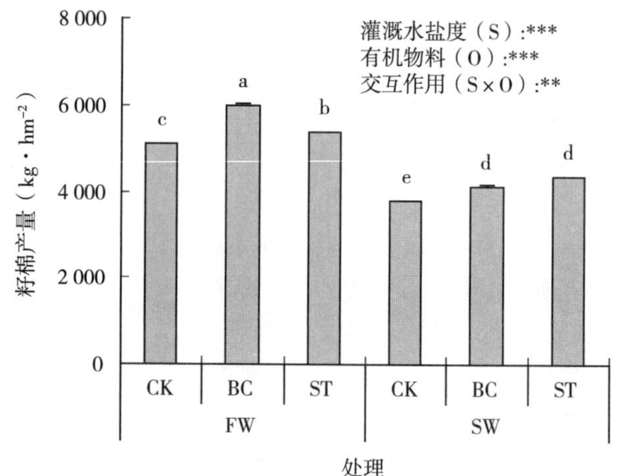

图10-6 生物炭和秸秆施用对咸水滴灌棉田棉花产量的影响

8.79%和14.31%。

二、灌溉水利用率

灌溉水盐度、有机物料及其二者交互作用对棉花灌溉水利用率的影响显著（图10-7）。总体上，棉花灌溉水利用率随灌溉水盐度的增加而显著降低，SW处理棉花灌溉水利用率较FW处理低0.31kg·m^{-3}。秸秆和生物炭的施用总体上显著增加棉花灌溉水利用率，BC处理和ST处理棉花灌溉水利用率分别较CK处理高0.14kg·m^{-3}和0.09kg·m^{-3}。在淡水灌溉下，秸秆和生物炭的施用均显著棉花灌溉水利用率，但生物炭施用对棉花灌溉水利用率的影响较大，即FWBC处理和FWST处理棉花灌溉水利用率分别较FWCK处理高0.20kg·m^{-3}和0.07kg·m^{-3}；在咸水灌溉下，生物炭和秸秆施用均增加棉花灌溉水利用率，但生物炭和秸秆处理差异不显著，即SWBC处理和SWST处理棉花灌溉水利用率分别较SWCK处理高0.07kg·m^{-3}和0.12kg·m^{-3}。

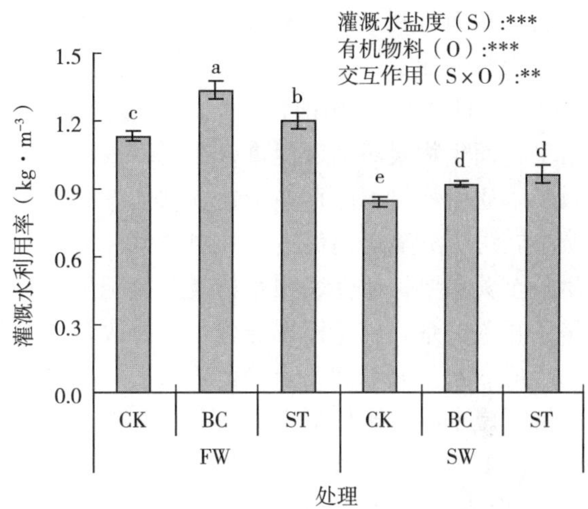

图10-7 生物炭和秸秆施用对咸水滴灌棉田棉花灌溉水利用率的影响

淡水资源不足是限制干旱区农业可持续发展的重要因素，咸水灌溉在缓解淡水资源短缺、维持作物生长的同时，也加剧了土壤次生盐渍化的风险，导致土壤积盐、容重增加，使土壤酶活性受到影响，从而对棉花生长产生不良影响（冯棣等，2014），最终影响棉花产量。因此，合理利用咸水资源、改善土壤性质、提高作物产量是干旱区农业可持续发展的重要目标。有研究表明，棉花的出苗率、株高、叶面积指数、干物质积累等均随灌溉水矿化度的增加而降低（Zhang et al.，2014；董元杰等，2017），并且棉花的光合生理指标也随土壤盐分胁迫的增加以及胁迫时间的延长而呈下降趋势（朱延凯等，2018），造成棉花的生育期缩短，单铃重和结铃数显著降低，最终导致棉花减产。在咸水灌溉下，灌溉方式和精细管理都无法避免由土壤含盐量增加导致的产量下降（Feng et al.，2017）。Chen等（2010）研究发现，棉花株高受土壤盐分和氮肥的交互影响，在不施氮肥和低氮（135kg·hm^{-2}）条件下，适当的盐分对棉花株高有促进作用；在高氮（405kg·hm^{-2}）条件下，无论盐分的高低（2.4～17.1dS·m^{-1}）都会降低棉花株高。本研究发现，长期咸水灌溉显著降低棉花株高、生物量、养分吸收和产量，原因可能是咸水灌溉导致土壤溶液的渗透压增加，抑制棉花根系对水分和养分的吸收，同时盐分降低了作物光合作用，导致棉花生长受抑制。

生物炭和秸秆的施用均能够提高棉花、水稻和小麦的产量（秦都林等，2017）。本研究发现，无论是淡水灌溉还是咸水灌溉，生物炭和秸秆的施用对棉花株高、生物量、养分吸收和籽棉产量均起到了显著的促进作用。生物炭和秸秆对棉花生长的促进作用可以归因于土壤理化性质和养分水平的改善。生物炭和秸秆显著降低了土壤容重，提高了渗透性，促进了土壤的通气和水分入渗，为植物提供了更有利的生长条件。同时，施用生物炭显著提高了土壤有机质、有效磷、速效钾含量。土壤环境的改善和养分水平的提高有利于根系的生长，从而有利于植物对养分的吸收。Mandal 等（2016）研究表明，生物炭的输入使作物氮吸收增加了 76.11%。相关研究表明，$H_2PO_4^-$ 或 HPO_4^{2-} 均可以被植物吸收，但当 $H_2PO_4^-$ 或 HPO_4^{2-} 以物理和化学方式结合在土壤中，则其有效性可能低于植物生长所需的水平，而生物炭添加可促进作物对磷素的吸收（Noyce et al.，2017）。但也有少数研究报道，木质生物炭可能存在毒性，从而抑制作物对磷素的吸收，降低作物产量。生物炭和化肥配施可更为显著地促进植物对磷素和钾素的吸收（Sistani et al.，2019）。钾肥对植物的生长至关重要。研究表明生物炭和氮肥配施时，生物炭的施用量与葵花植物中的钾素含量呈正相关关系。棉花植株养分含量的改善（尤其是钾含量）可以促进光合作用、蛋白质生物合成、水分调节和离子平衡，从而克服盐胁迫（Liu et al.，2019）。此外，生物炭显著缓解了咸水灌溉条件下土壤盐分的累积。土壤溶液中 Na^+ 含量的减少可以直接减少植物对 Na^+ 的吸收，促进其他必需矿物质的吸收，从而改善土壤盐害（Dahlawi et al.，2018）。但生物炭用量过高可能会对作物生长产生抑制作用（黄超等，2011）。因此，生物炭的施用对作物生长的促进作用取决于多种因素，如生物炭类型、作物种类、土壤肥力特性和生物炭用量等。作物生长发育依赖于良好的土壤环境，不同地区、不同类型的土壤常常存在着各种障碍因素，如地力水平和盐碱等，从而限制作物生长和发育。因此，可以根据不同土壤的主要障碍因子，选择合适的有机物料（如生物炭、秸秆、畜禽粪便等）对土壤进行改良。

综上，与淡水灌溉相比，棉花在咸水灌溉条件下的生长受到抑制，棉花株高、生物量显著降低，氮素、磷素和钾素的吸收受到抑制，灌溉水利用率下降，最终使棉花产量降低。无论是淡水灌溉还是咸水灌溉，秸秆和生物炭都能促进棉花生长，增加棉花株高和生物量。同时秸秆和生物炭的施用也显著增加棉花的氮素、磷素和钾素的吸收，继而增加棉花产量和灌溉水利用率。秸秆和生物炭对棉花产量的影响在不同灌溉水盐度下有一定差异，淡水灌溉下生物炭的增产效应高于秸秆，但二者在咸水灌溉下的差异不显著。

主要参考文献

董元杰，陈为峰，王文超，等，2017. 不同 NaCl 浓度微咸水灌溉对棉花幼苗生理特性的影响 [J]. 土壤，49 (6)：1140-1145.

冯棣，张俊鹏，孙池涛，等，2014. 长期咸水灌溉对土壤理化性质和土壤酶活性的影响 [J]. 水土保持学报，28 (3)，171-176.

黄超，刘丽君，章明奎，2011. 生物质炭对红壤性质和黑麦草生长的影响 [J]. 浙江大学学报，37 (4)：439-445.

刘艳慧，王双磊，李金埔，等，2016. 棉花秸秆还田对土壤速效养分及微生物特性的影响 [J]. 作物学报，42：1037-1046.

刘宇娟，谢迎新，董成，等，2018. 秸秆生物炭对潮土区小麦产量及土壤理化性质的影响 [J]. 华北农学报，33 (3)：232-238.

刘雪艳，丁邦新，白云岗，等，2020. 微咸水膜下滴灌对土壤盐分及棉花产量的影响 [J]. 干旱区研究，

37 (2): 410-417.

梁耘，2018. 不同施氮量下秸秆与生物炭还田对棉花生长与产量形成的影响 [D]. 南京：南京农业大学.

秦都林，王双磊，刘艳慧，等，2017. 滨海盐碱地棉花秸秆还田对土壤理化性质及棉花产量的影响 [J]. 作物学报，43 (7): 1030-1042.

张安琪，郑春莲，李宗毅，等，2018. 棉花成苗和幼苗生长对咸水滴灌的响应特征 [J]. 灌溉排水学报，37 (10): 16-22.

王泽林，杨广，王春霞，等，2019. 咸水灌溉对土壤理化性质和棉花产量的影响 [J]. 石河子大学学报（自然科学版），37 (6): 700-707.

朱延凯，王振华，李文昊，2018. 不同盐胁迫对滴灌棉花生理生长及产量的影响 [J]. 水土保持学报，32 (2): 298-305.

Chen W, Hou Z, Wu L, et al., 2010. Effects of salinity and nitrogen on cotton growth in arid environment [J]. Plant and Soil, 326 (1-2): 61-73.

Dahlawi S, Naeem A, Rengel Z, et al., 2018. Biochar application for the remediation of salt-affected soils: Challenges and opportunities [J]. Science of the Total Environment, 625: 320-335.

Feng G X, Zhang Z Y, Wan C Y, et al., 2017. Effects of saline water irrigation on soil salinity and yield of summer maize (*Zea mays* L.) in subsurface drainage system [J]. Agricultural Water Management, 193: 205-213.

Liu M, Wang C, Wang F, et al., 2019. Vermicompost and humic fertilizer improve coastal saline soil by regulating soil aggregates and the bacterial community [J]. Archives of Agronomy and Soil Science, 65 (3): 281-293.

Meier S, Moore F, González M E, et al., 2019. Effects of three biochars on copper immobilization and soil microbial communities in a metal-contaminated soil using a metallophyte and two agricultural plants [J]. Environmental geochemistry and health: 1-16.

Mandal S, Thangarajan R, Bolan N S, et al., 2016. Biochar-induced concomitant decrease in ammonia volatilization and increase in nitrogen use efficiency by wheat [J]. Chemosphere, 142: 120-127.

Mandal S, Donner E, Vasileiadis S, et al., 2018. The effect of biochar feedstock, pyrolysis temperature, and application rate on the reduction of ammonia volatilisation from biochar-amended soil [J]. Science of the Total Environment, 627: 942-950.

Noyce G L, Jones T, Fulthorpe R, et al., 2017. Phosphorus uptake and availability and short-term seedling growth in three Ontario soils amended with ash and biochar [J]. Canadian Journal of Soil Science, 97 (4): 678-691.

Sistani K R, Simmons J R, Jn-Baptiste M, et al., 2019. Poultry litter, biochar, and fertilizer effect on corn yield, nutrient uptake, N_2O and CO_2 emissions [J]. Environments, 6 (5): 55.

Zhang J, Feng D, Zheng C, et al., 2014. Effects of saline water irrigation on soil water-heat-salt variation and cotton yield and quality [J]. Transactions of the Chinese Society of Agricultural Machinery, 45 (9): 161-167.

彩 图

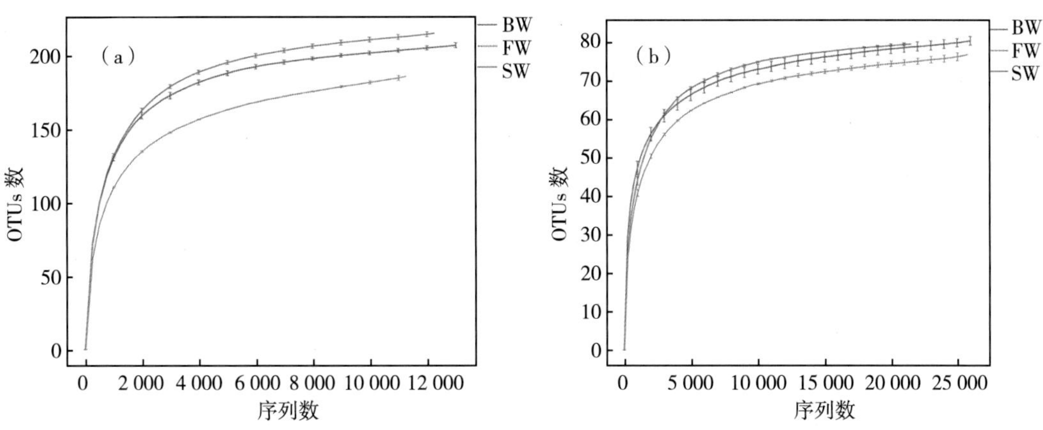

彩图 2-1 细菌 (a) 和真菌 (b) 的稀释性曲线

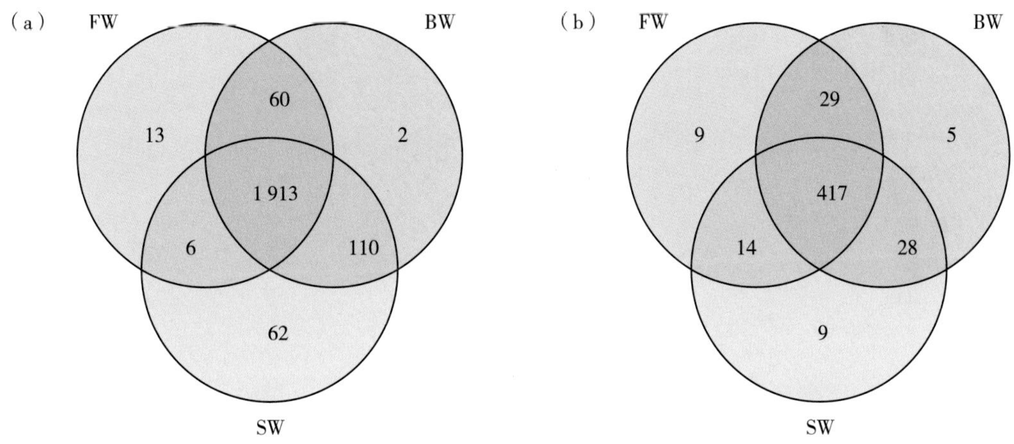

彩图 2-2 土壤细菌 (a) 和真菌 (b) 群落 OTUs 的 Venn 图

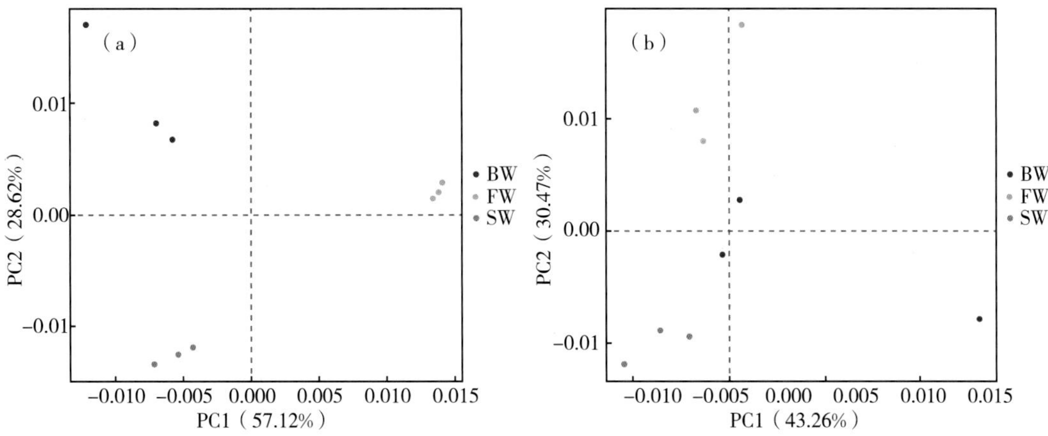

彩图 2-3 细菌 (a) 和真菌 (b) 群落的主成分分析（PCA）图

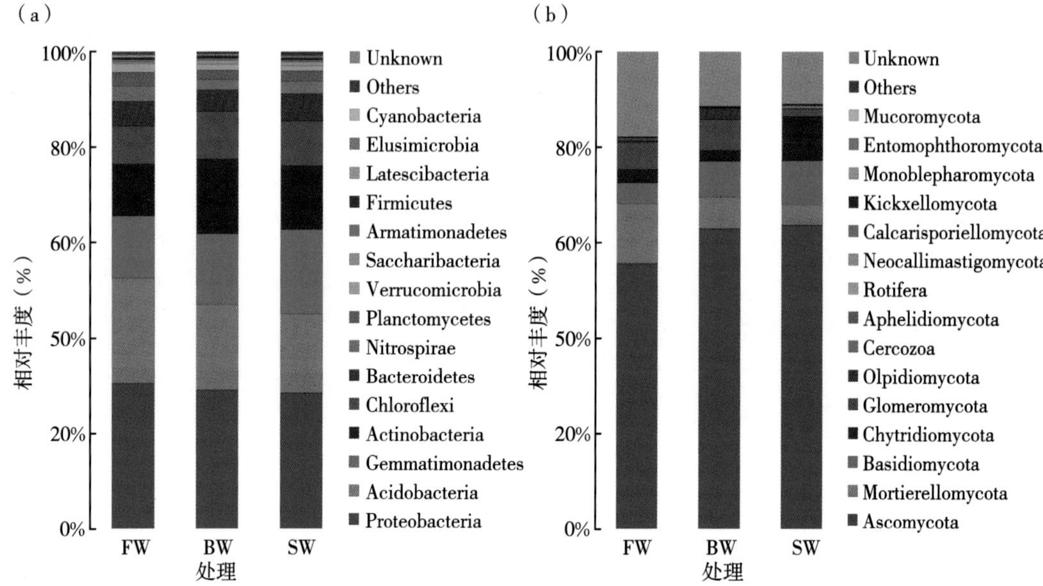

彩图 2-4　土壤细菌 (a) 和真菌 (b) 门水平的相对丰度

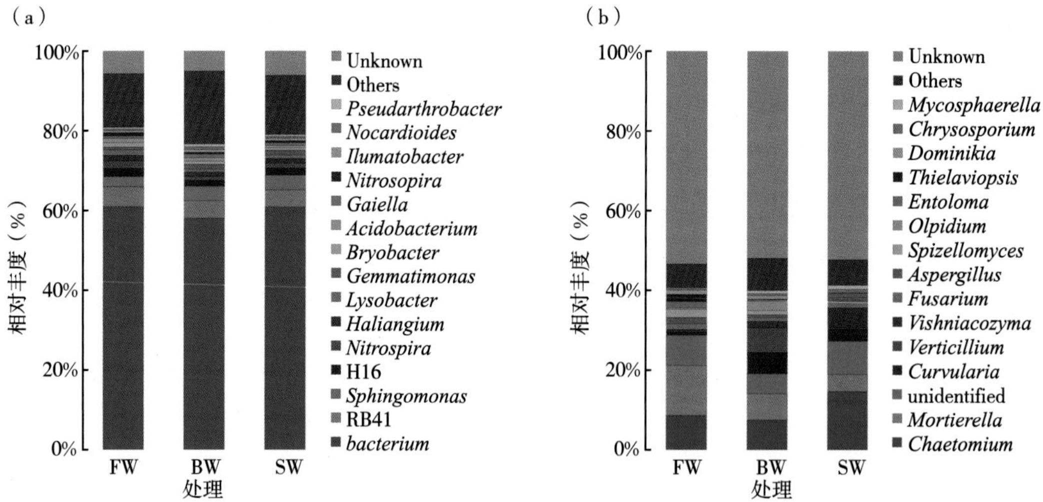

彩图 2-5　土壤细菌 (a) 和真菌 (b) 属水平的相对丰度

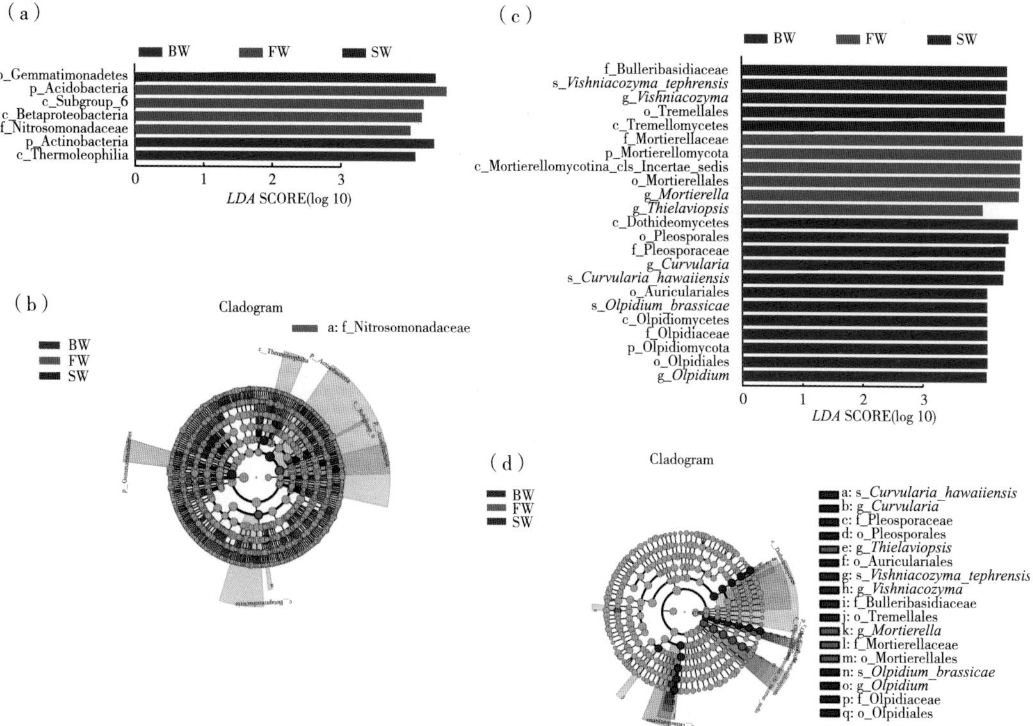

彩图 2-6　土壤细菌［(a),(b)］和真菌［(c),(d)］群落的 LEfSe 差异分析

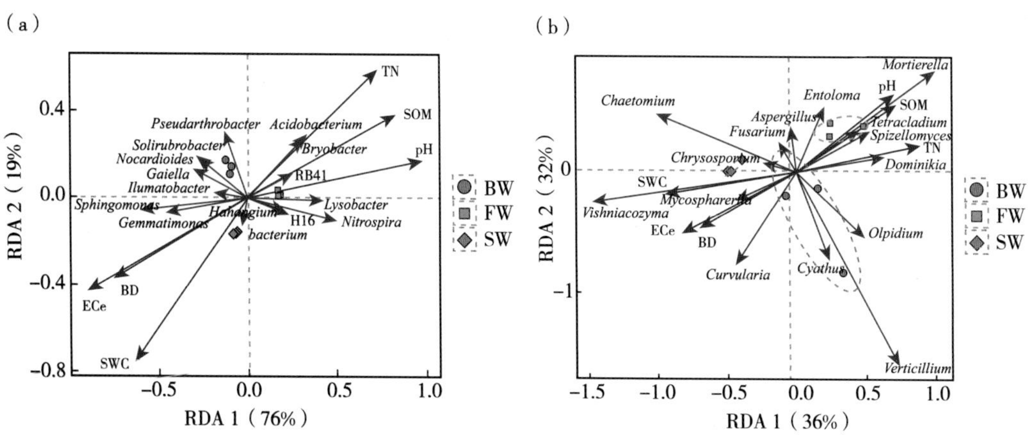

彩图 2-7　细菌 (a) 和真菌 (b) 群落结构与土壤理化性质间 RDA 分析

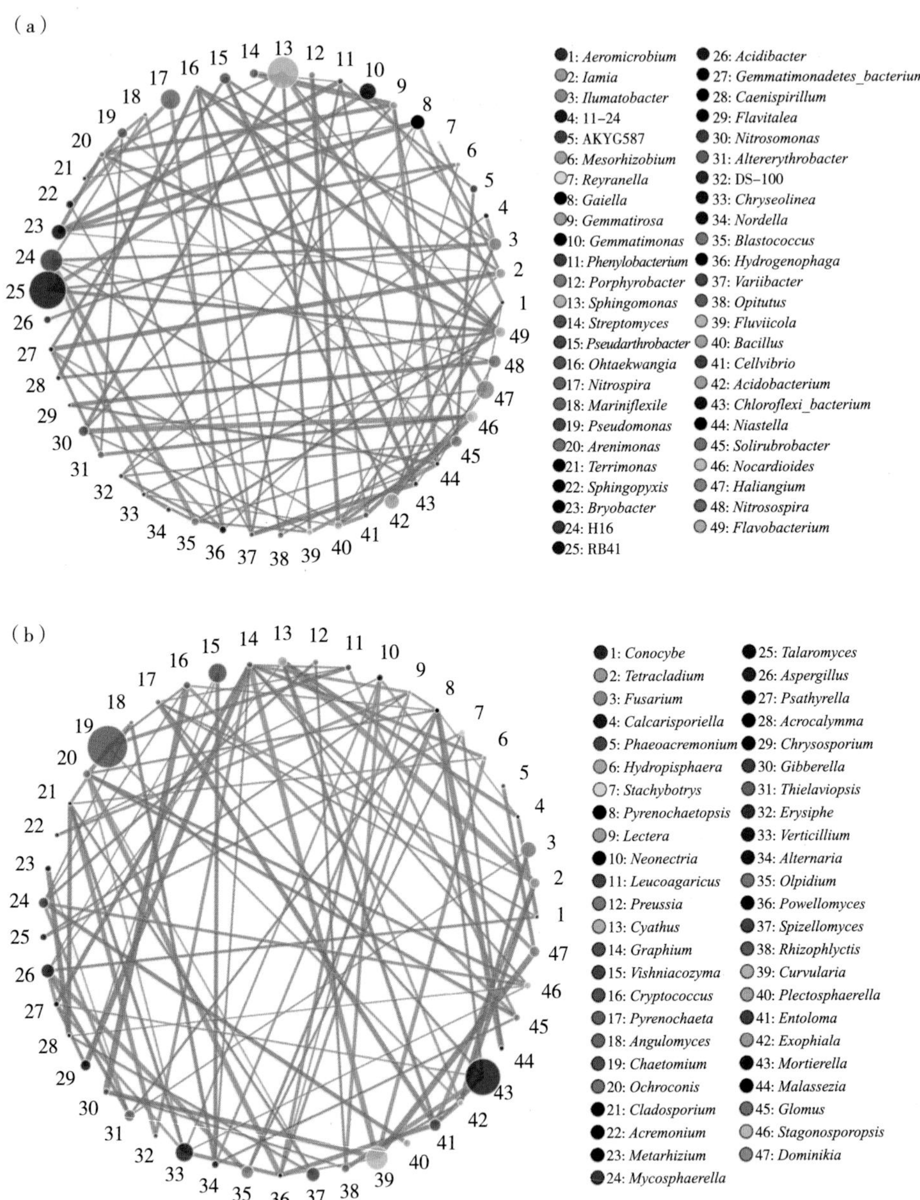
(a)
1: Aeromicrobium
2: Iamia
3: Ilumatobacter
4: 11–24
5: AKYG587
6: Mesorhizobium
7: Reyranella
8: Gaiella
9: Gemmatirosa
10: Gemmatimonas
11: Phenylobacterium
12: Porphyrobacter
13: Sphingomonas
14: Streptomyces
15: Pseudarthrobacter
16: Ohtaekwangia
17: Nitrospira
18: Mariniflexile
19: Pseudomonas
20: Arenimonas
21: Terrimonas
22: Sphingopyxis
23: Bryobacter
24: H16
25: RB41
26: Acidibacter
27: Gemmatimonadetes_bacterium
28: Caenispirillum
29: Flavitalea
30: Nitrosomonas
31: Altererythrobacter
32: DS–100
33: Chryseolinea
34: Nordella
35: Blastococcus
36: Hydrogenophaga
37: Variibacter
38: Opitutus
39: Fluviicola
40: Bacillus
41: Cellvibrio
42: Acidobacterium
43: Chloroflexi_bacterium
44: Niastella
45: Solirubrobacter
46: Nocardioides
47: Haliangium
48: Nitrosospira
49: Flavobacterium
(b)
1: Conocybe
2: Tetracladium
3: Fusarium
4: Calcarisporiella
5: Phaeoacremonium
6: Hydropisphaera
7: Stachybotrys
8: Pyrenochaetopsis
9: Lectera
10: Neonectria
11: Leucoagaricus
12: Preussia
13: Cyathus
14: Graphium
15: Vishniacozyma
16: Cryptococcus
17: Pyrenochaeta
18: Angulomyces
19: Chaetomium
20: Ochroconis
21: Cladosporium
22: Acremonium
23: Metarhizium
24: Mycosphaerella
25: Talaromyces
26: Aspergillus
27: Psathyrella
28: Acrocalymma
29: Chrysosporium
30: Gibberella
31: Thielaviopsis
32: Erysiphe
33: Verticillium
34: Alternaria
35: Olpidium
36: Powellomyces
37: Spizellomyces
38: Rhizophlyctis
39: Curvularia
40: Plectosphaerella
41: Entoloma
42: Exophiala
43: Mortierella
44: Malassezia
45: Glomus
46: Stagonosporopsis
47: Dominikia

彩图 2-8 土壤细菌（a）和真菌（b）的相关性网络

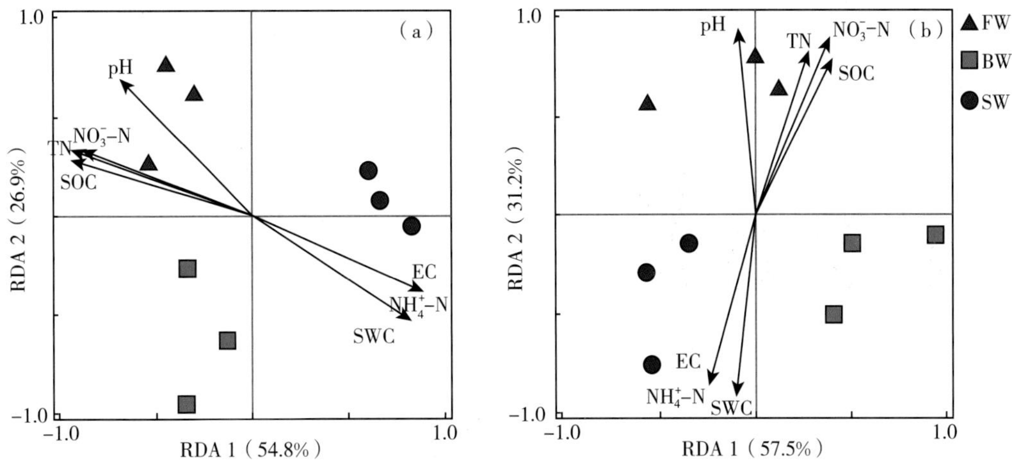

彩图 3-1　AOA(a) 和 AOB(b) 群落结构与土壤理化性质间 RDA 分析

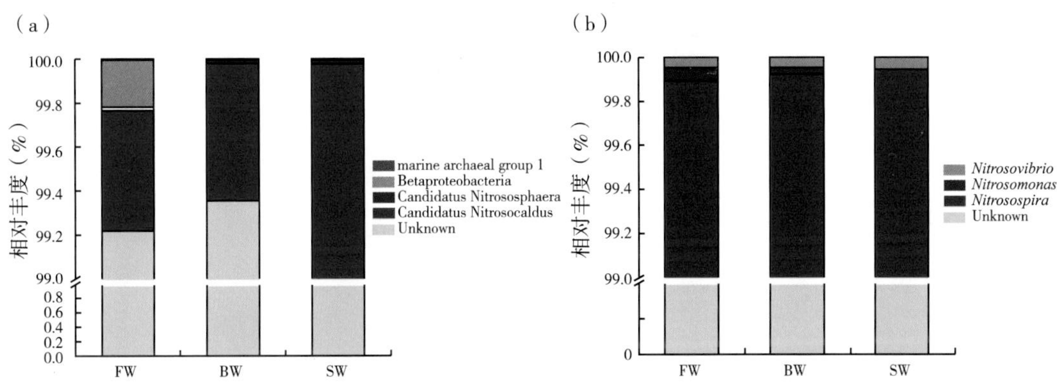

彩图 3-2　不同灌溉水盐度处理的 AOA（a）和 AOB（b）群落结构

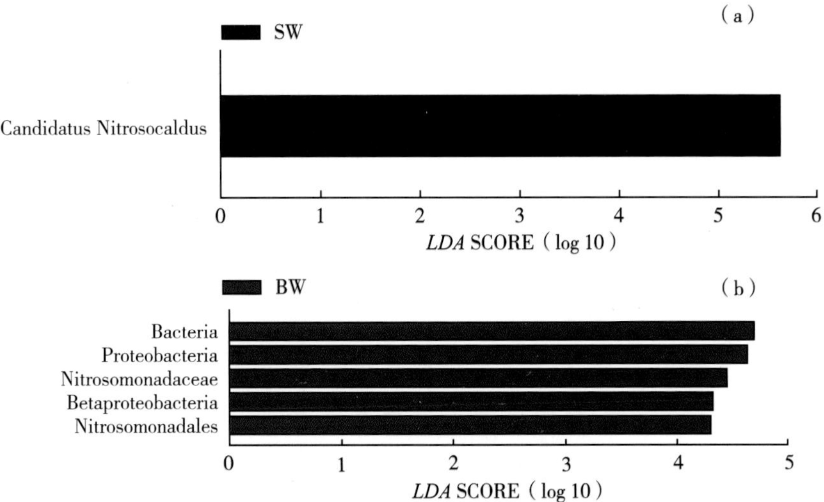

彩图 3-3　不同灌溉水盐度处理 AOA(a) 和 AOB(b) 群落 LEfSe 分析

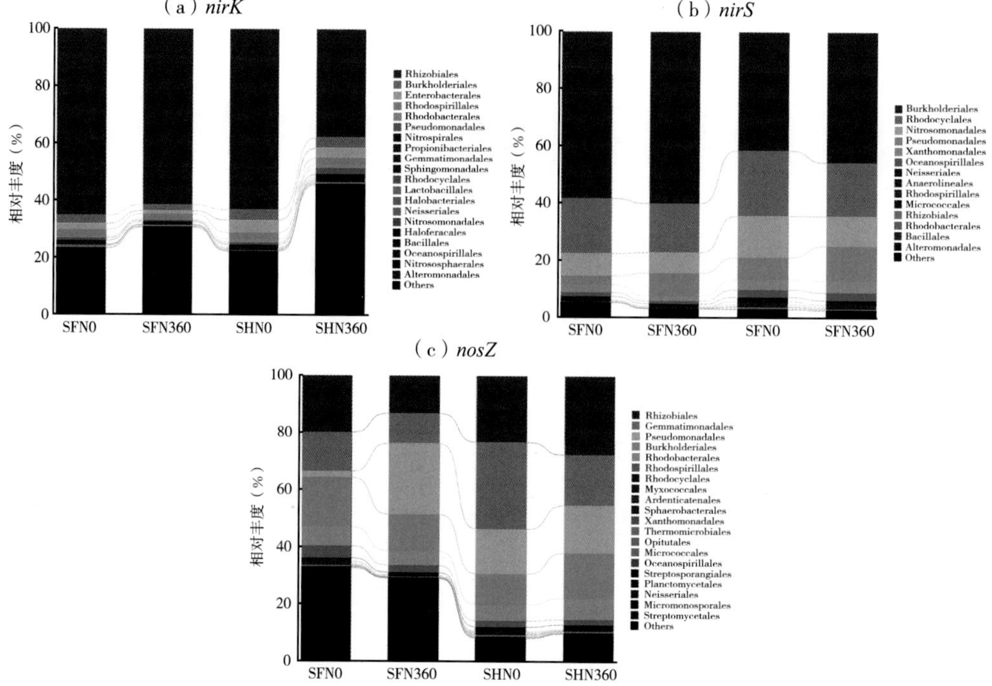

彩图 3-4 咸水灌溉对反硝化细菌群落目水平相对丰度的影响

（a）*nirK*

Cladogram

SFN0
SFN360
SHN0
SHN360

a: *Haloarcula*
b: *Natronomonas*
c: Haloarculaceae
d: *Haloferax*
e: Haloferacaceae
f: *Propionibacterium*
g: Propionibacteriaceae
h: *Enterococcus*
i: Enterococcaceae
j: Lactobacillales
k: Bacilli
l: *Bosea*
m: *Bradyrhizobium*
n: *Rhodopseudomonas*
o: Bradyrhizobiaceae
p: *Brucella*
q: *Ochrobactrum*
r: *Mesorhizobium*
s: *Nitratireductor*
t: Phyllobacteriaceae
u: *Agrobacterium*
v: *Ensifer*
w: *Neorhizobium*
x: *Rhizobium*
y: *Sinorhizobium*
z: Rhizobiaceae
a0: *Celeribacter*
a1: Rhodobacteraceae
a2: Rhodobacterales
a3: *Massilia*
a4: Oxalobacteraceae
a5: *Citrobacter*
a6: Enterobacteriaceae
a7: Enterobacterales
a8: *Pseudomonas*
a9: Pseudomonadaceae
b0: Pseudomonadales
b1: Gammaproteobacteria

（b）*nirS*

Cladogram

SFN0
SFN360
SHN0
SHN360

a: *Kocuria*
b: Micrococcaceae
c: Micrococcales
d: *Anaerolinea*
e: Anaerolineaceae
f: Anaerolineales
g: Anaerolineae
h: *Bradyrhizobium*
i: Bradyrhizobiaceae
j: Rhizobiales
k: *Paracoccus*
l: Rhodobacteraceae
m: Rhodobacterales
n: *Azospirillum*
o: Alphaproteobacteria
p: *Cupriavidus*
q: *Ralstonia*
r: Burkholderiaceae
s: *Herbaspirillum*
t: Oxalobacteraceae
u: *Ideonella*
v: *Rubrivivax*
w: Burkholderiales
x: *Vogesella*
y: *Sulfuritalea*
z: Sterolibacteriaceae
a0: Nitrosomonadales
a1: *Dechloromonas*
a2: Azonexaceae
a3: *Azoarcus*
a4: *Thauera*
a5: Zoogloeaceae
a6: Rhodocyclales
a7: *Halomonas*
a8: Halomonadaceae
a9: Oceanospirillales
b0: *Rhodanobacter*
b1: Rhodanobacteraceae
b2: Xanthomonadales

（c）*norZ*

Cladogram

SFN0
SFN360
SHN0
SHN360

a: *Jatrophihabitans*
b: Frankiaceae
c: Frankiales
d: Gemmatimonadaceae
e: Gemmatimonadales
f: *Bradyrhizobium*
g: Bradyrhizobiaceae
h: *Ochrobactrum*
i: Brucellaceae
j: *Mesorhizobium*
k: Phyllobacteriaceae
l: Rhizobiales
m: Paracoccus
n: *Cupriavidus*
o: *Alicycliphilus*
p: *Comamonas*
q: *Herbaspirillum*
r: Oxalobacteraceae
s: *Rubrivivax*
t: Neisseriales
u: *Melittangium*
v: *Halomonas*
w: Halomonadaceae
x: Oceanospirillales
y: *Pseudoxanthomonas*
z: Xanthomonadaceae
a0: Xanthomonadales
a1: *Opitutus*
a2: Opitutaceae
a3: Opitutales
a4: Opitutae

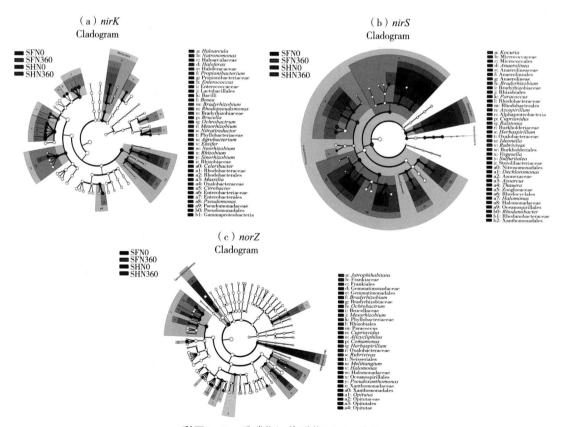

彩图 3-5 反硝化细菌群落 LEfSe 分析

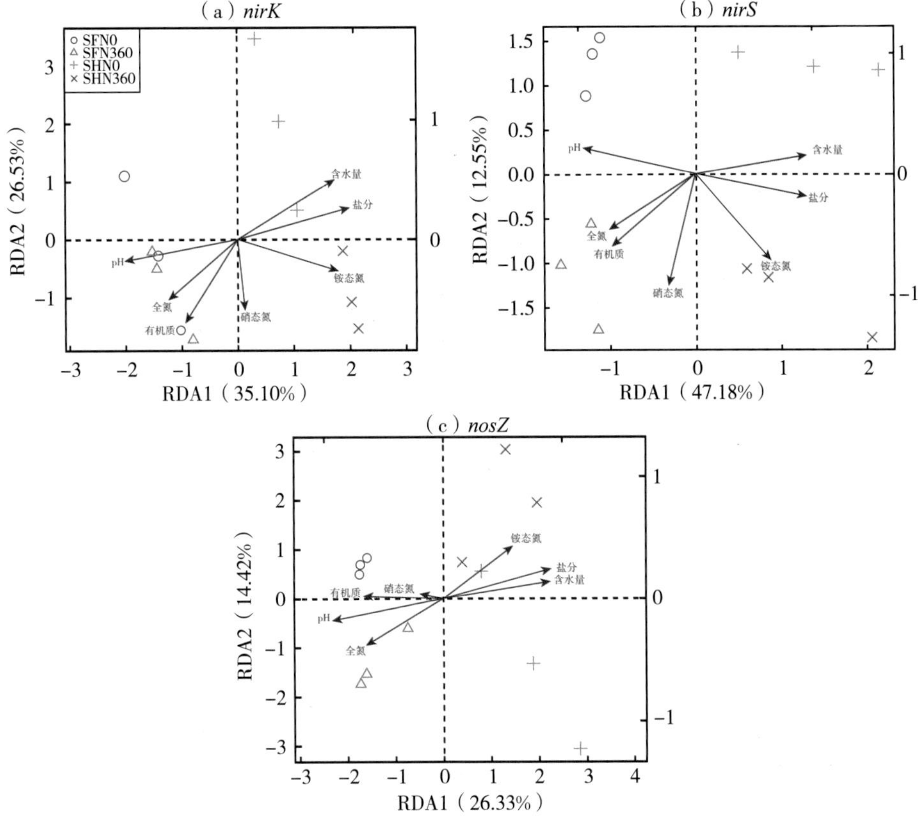

彩图 3-6　反硝化细菌群落 RDA 分析

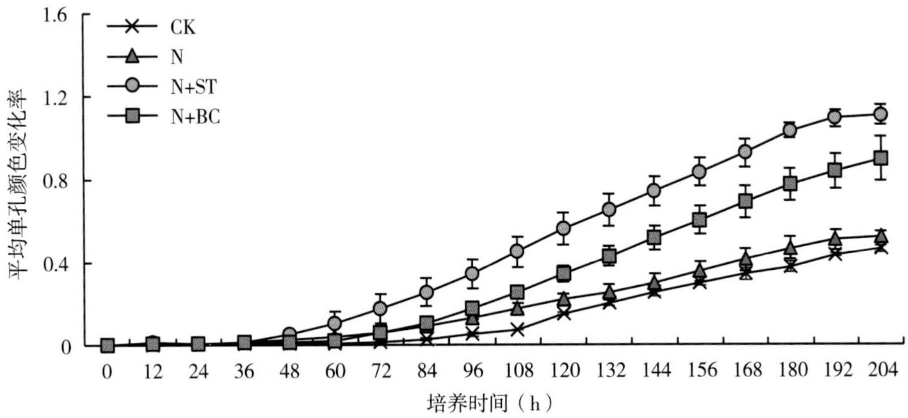

彩图 5-1　不同处理对土壤微生物群落平均单孔颜色变化率（AWCD 值）的影响

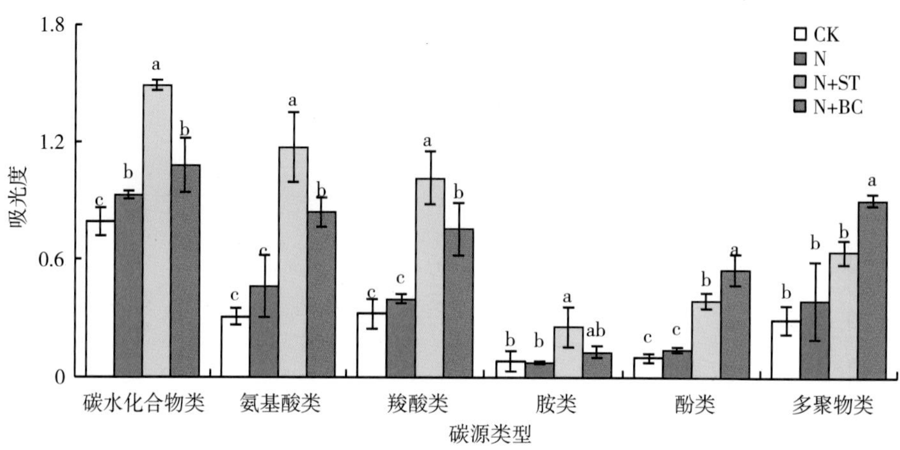

彩图 5-2　不同处理对土壤微生物群落六类碳源利用的影响

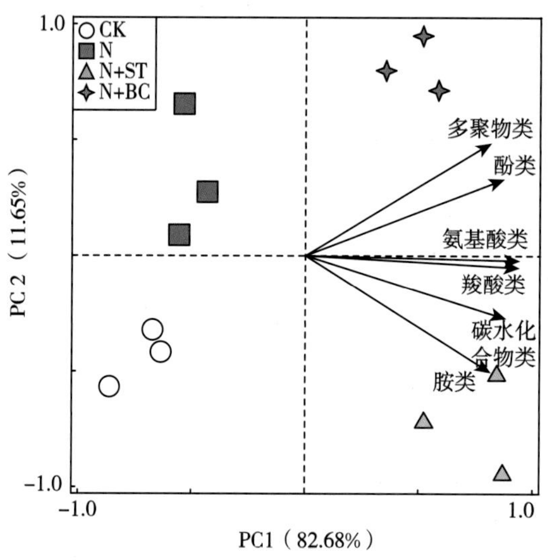

彩图 5-3　不同处理对土壤微生物群落碳源利用特性影响的主成分分析

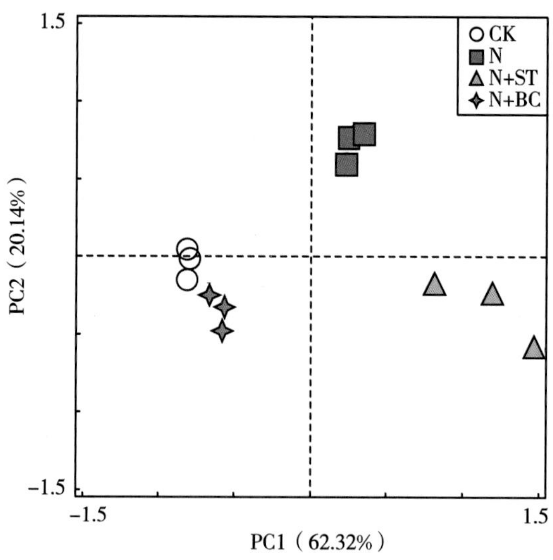

彩图 6-1　土壤细菌群落的主成分分析

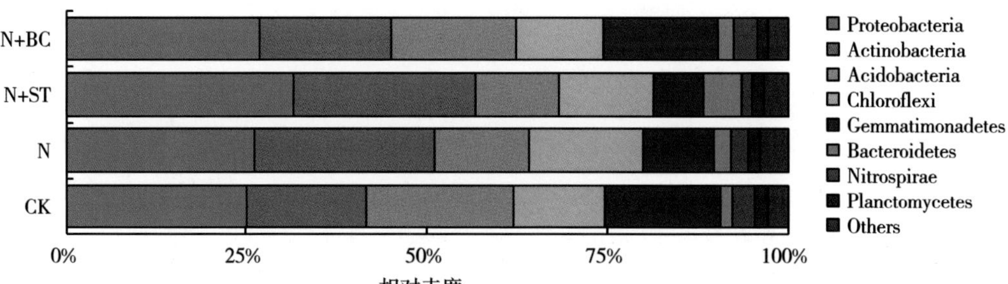

彩图 6-2　土壤细菌群落门水平组成

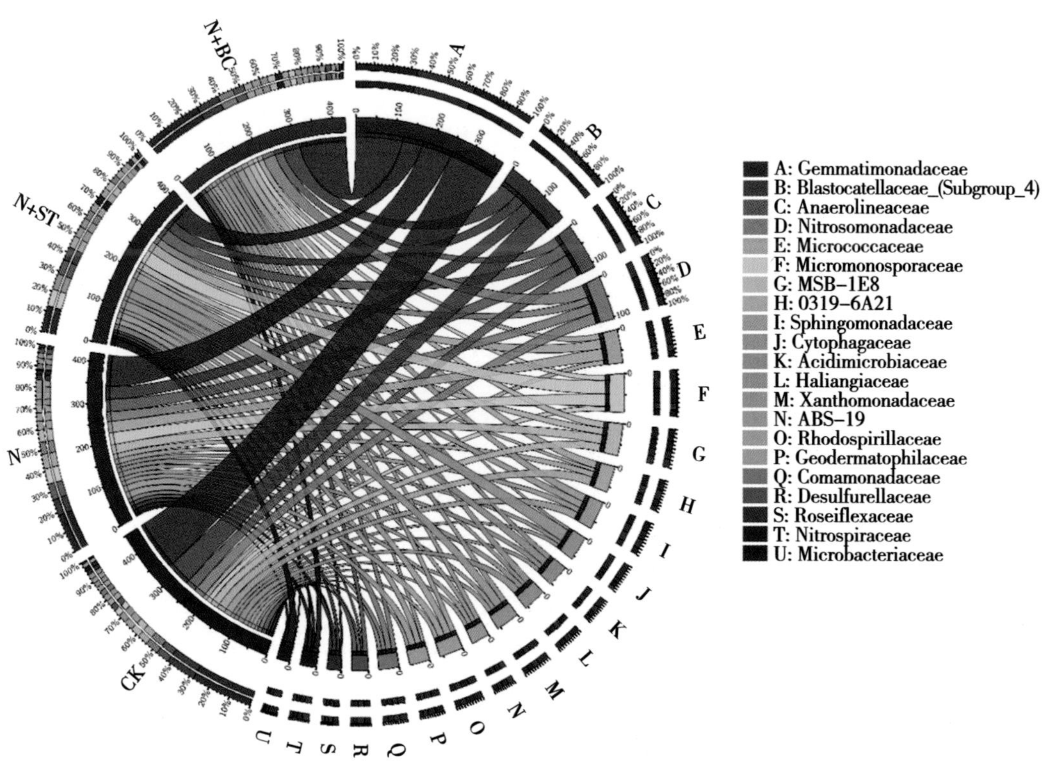

彩图 6-3　土壤细菌群落科水平组成

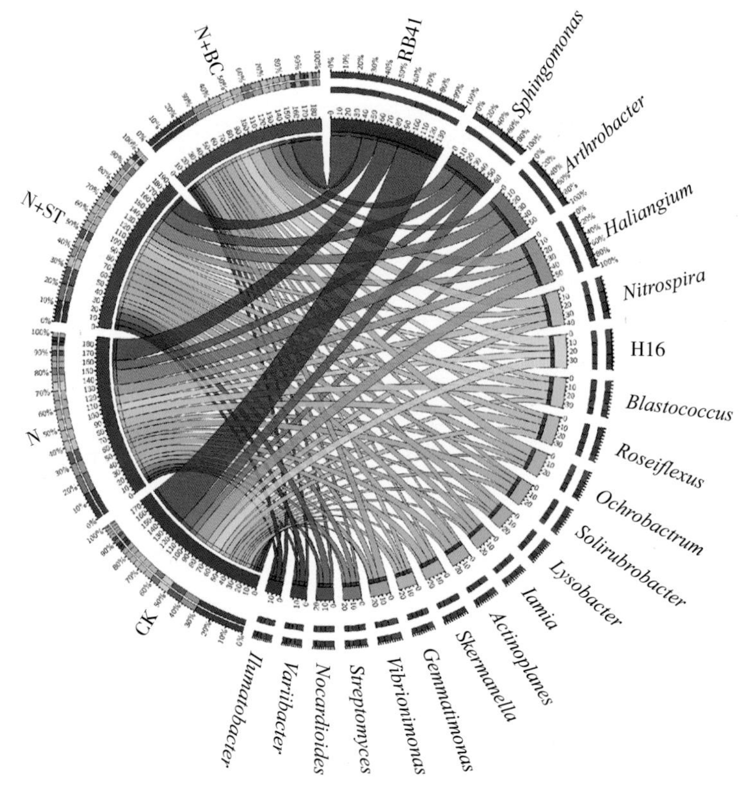

彩图 6-4　土壤细菌群落属水平组成

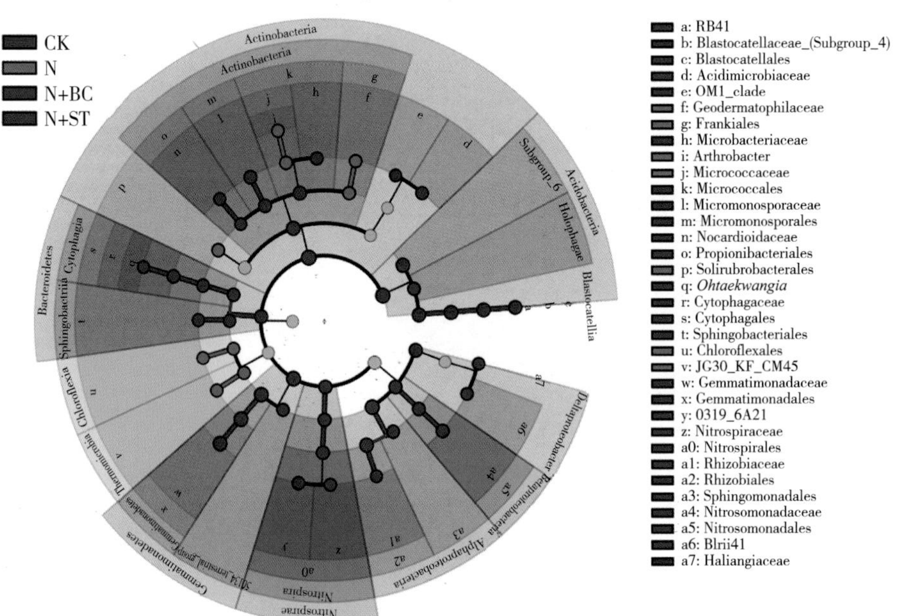

彩图 6-5　土壤细菌群落 LEfSe 分析

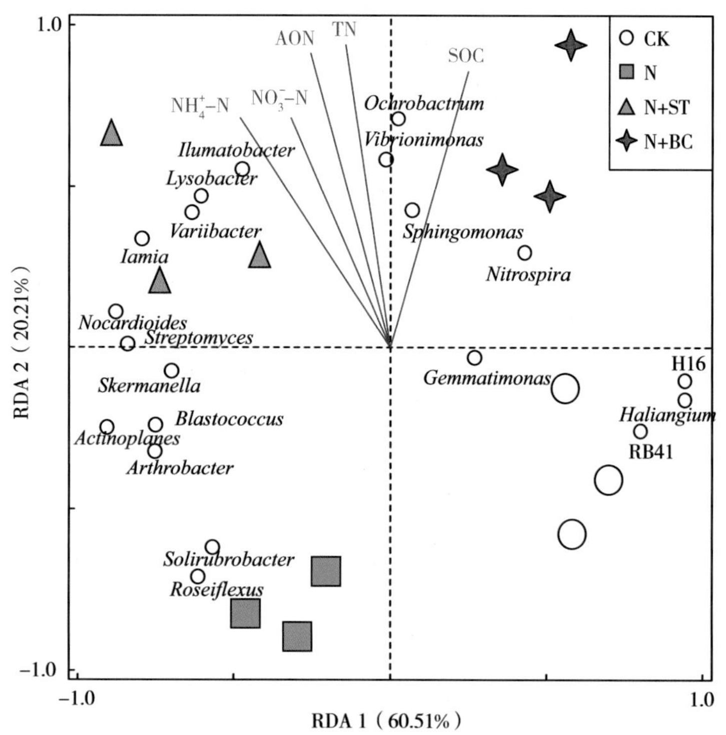

彩图 6-6　土壤养分指标与细菌群落组成（属水平）的冗余分析

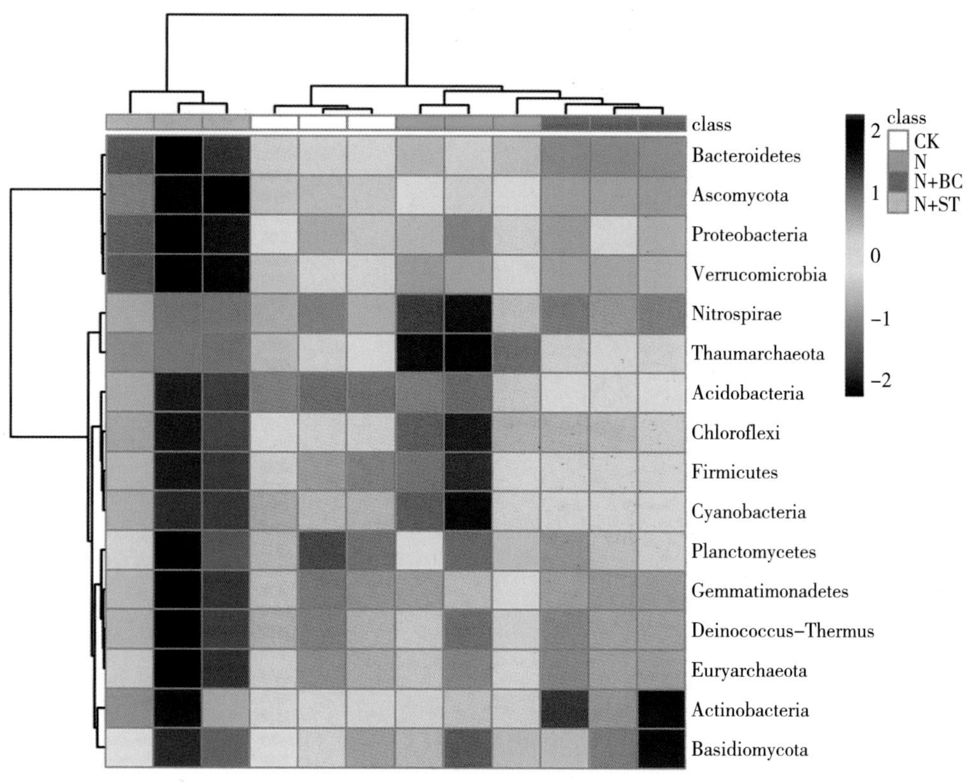

彩图 7-1　基于土壤宏基因组测序微生物群落门水平组成

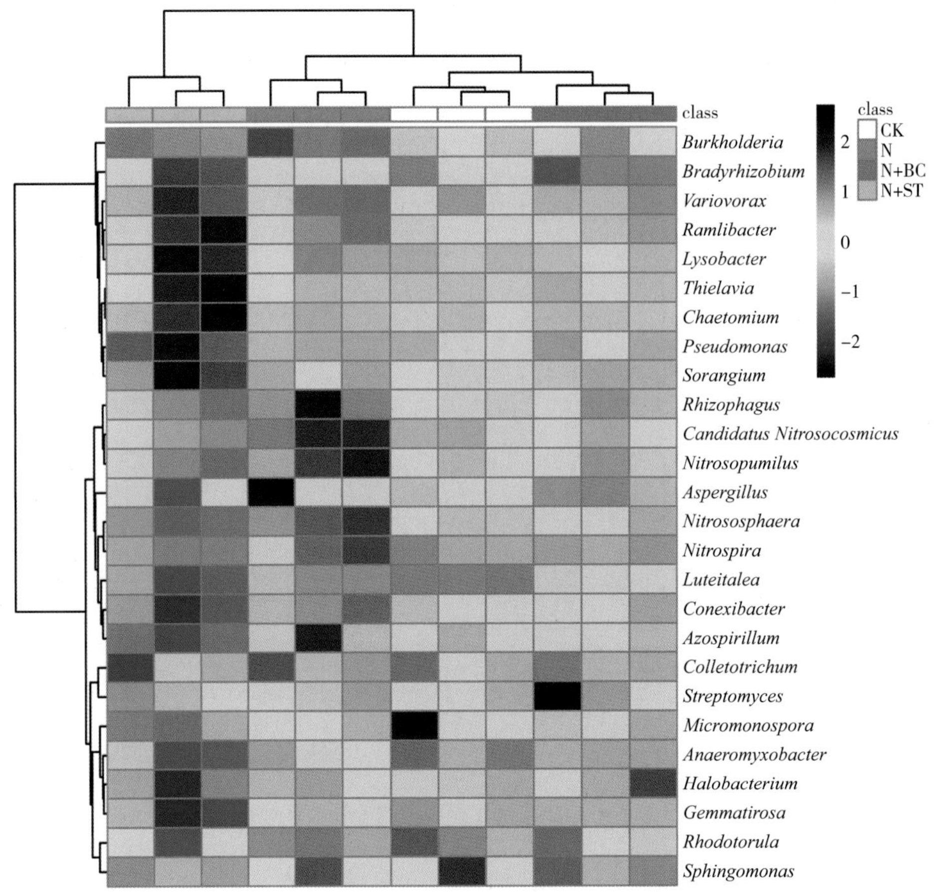

彩图 7-2　基于土壤宏基因组测序微生物群落属水平组成

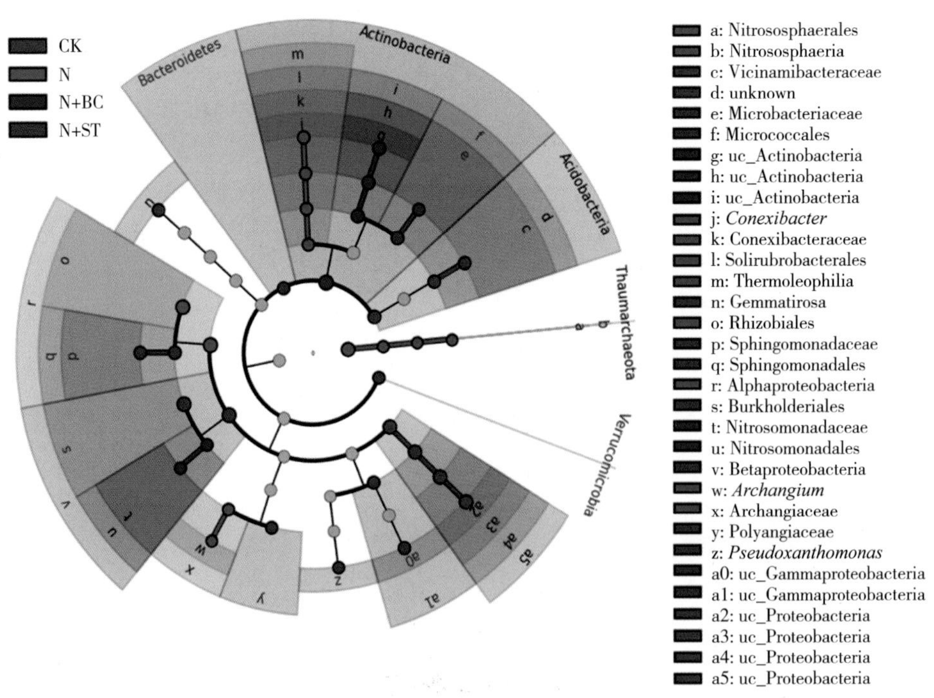

彩图 7-3　土壤宏基因组微生物 LEfSe 分析

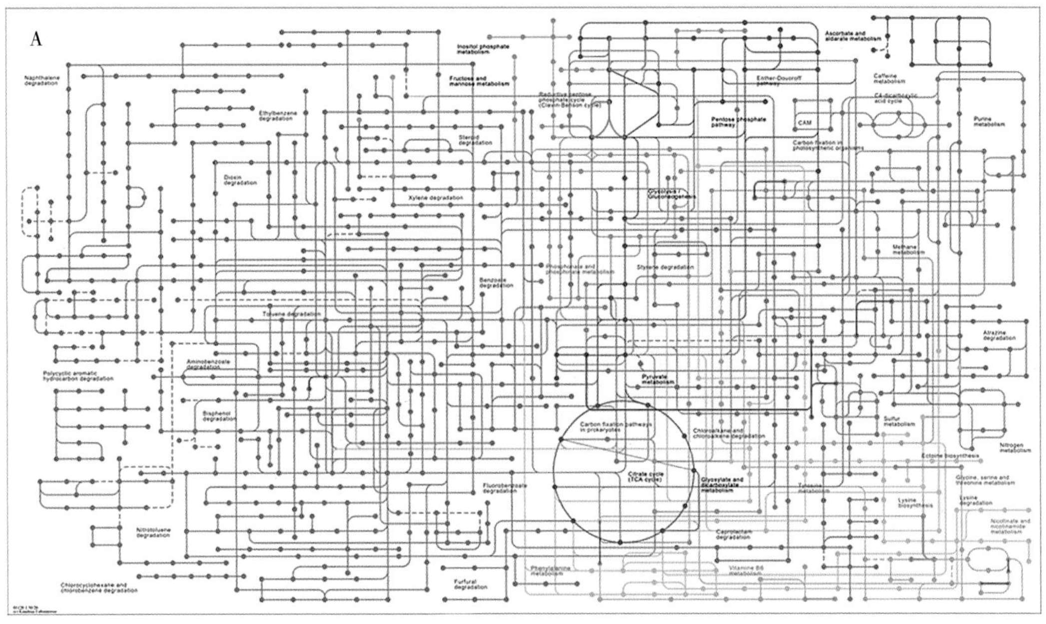

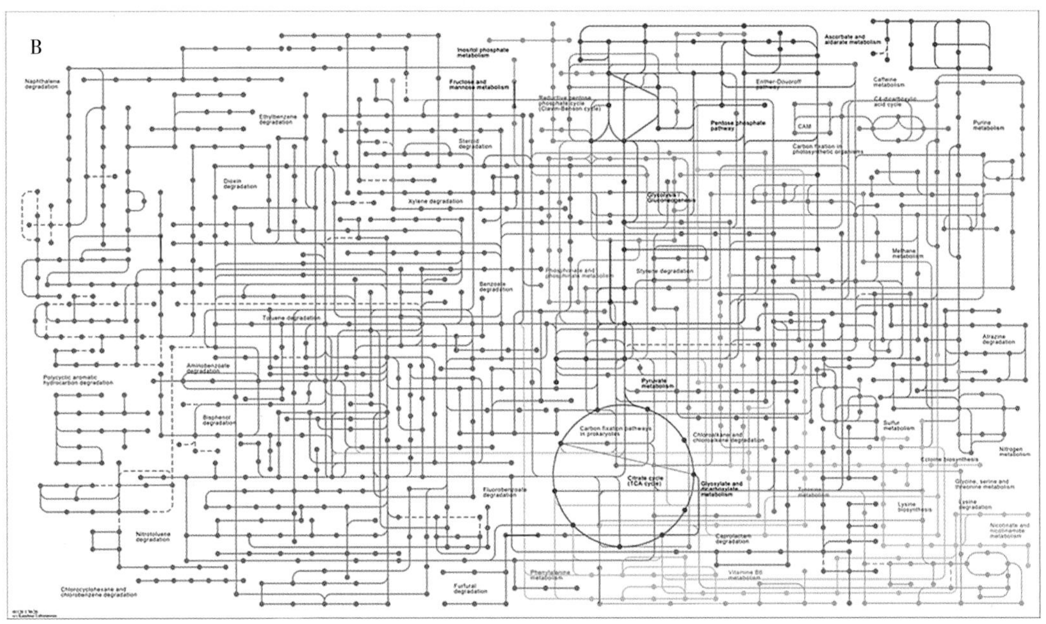

彩图 7-4　不同处理富集代谢通路对比

注：A，ST（红色）和 N（绿色）；B，BC（红色）和 N（绿色）。

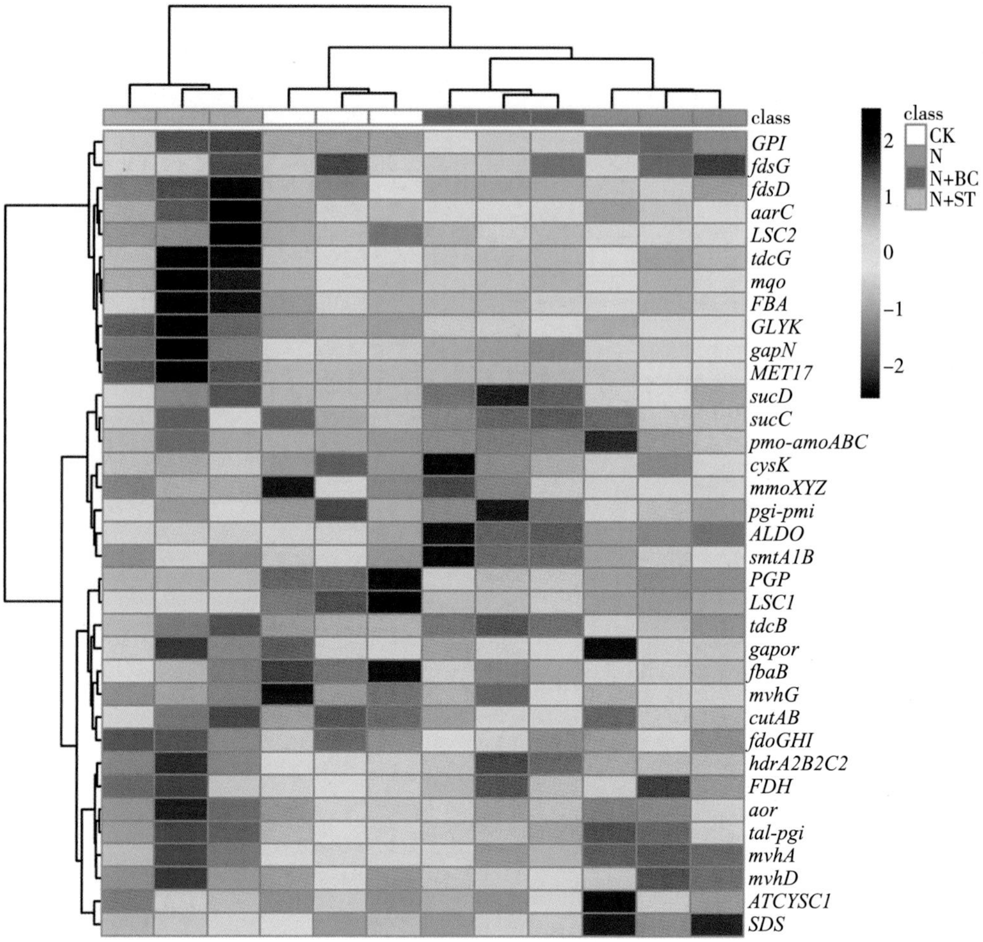

彩图 7-5　碳代谢途径中功能基因的相对丰度

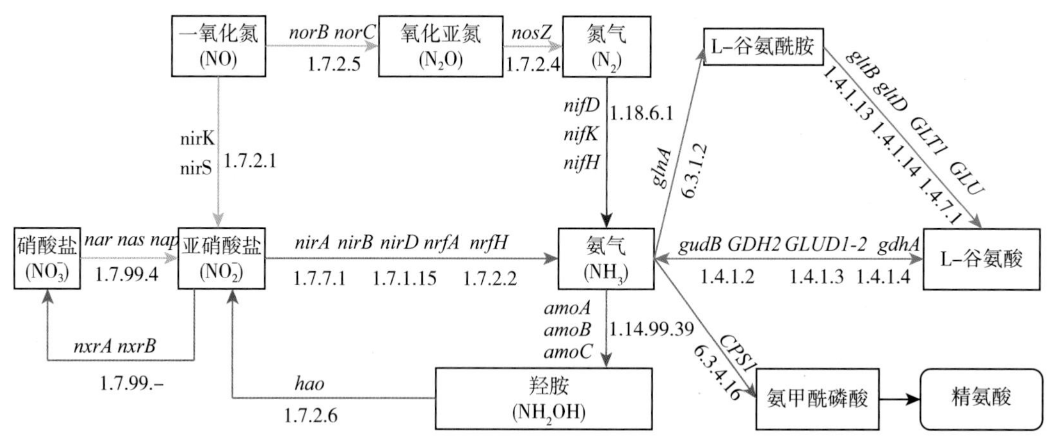

彩图 7-6　土壤氮素循环总过程

注：包括硝化过程（紫色）、反硝化过程（黄色）、固氮过程（红色）、硝酸盐还原过程（绿色）、谷氨酸合成过程（蓝色）、和氨甲酰磷酸酯合成过程（粉色）。图中数字表示酶学委员会（Enzyme Commission，EC）编号。

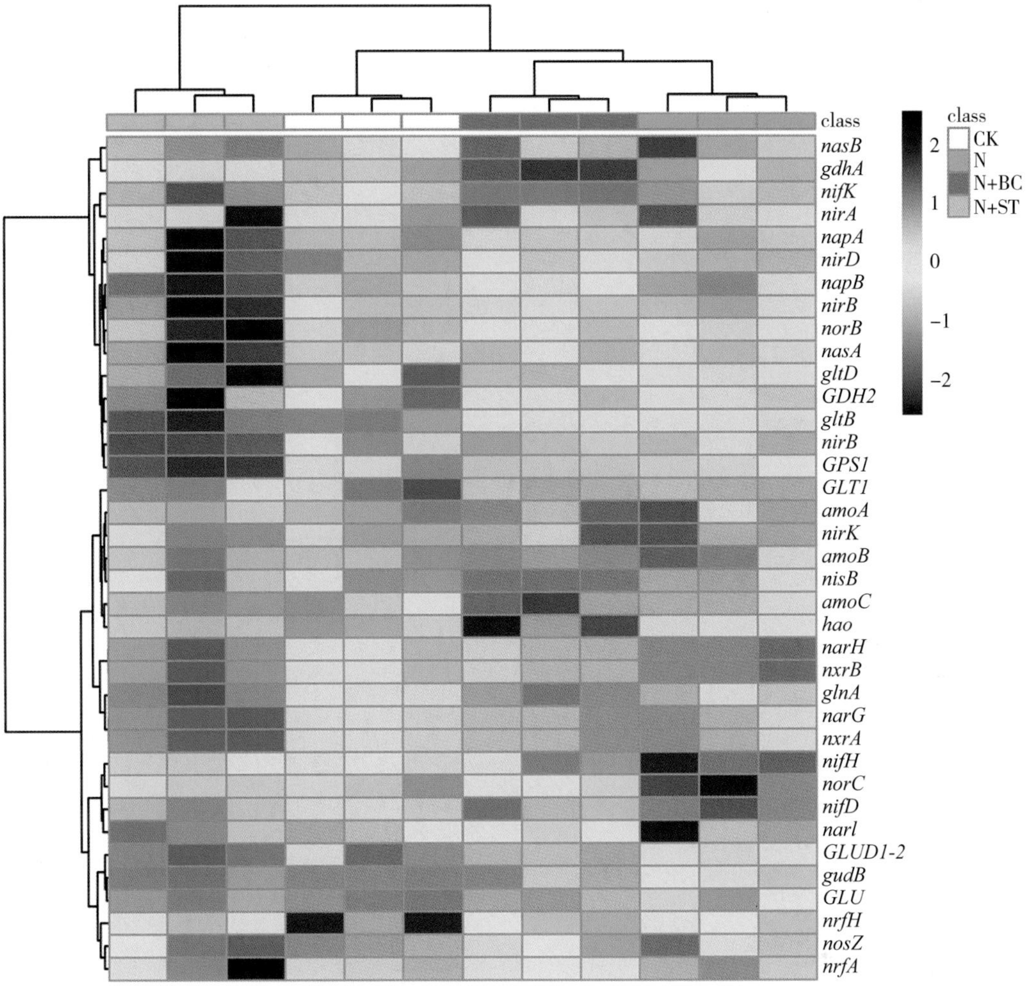

彩图 7-7　氮代谢途径中功能基因的热图

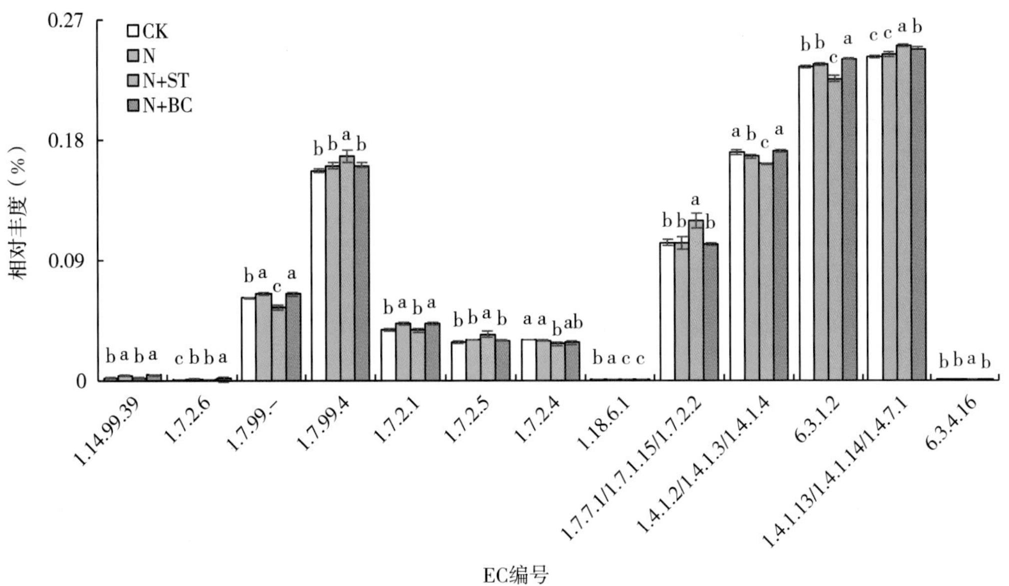

彩图 7-8　氮代谢途径中功能基因的相对丰度

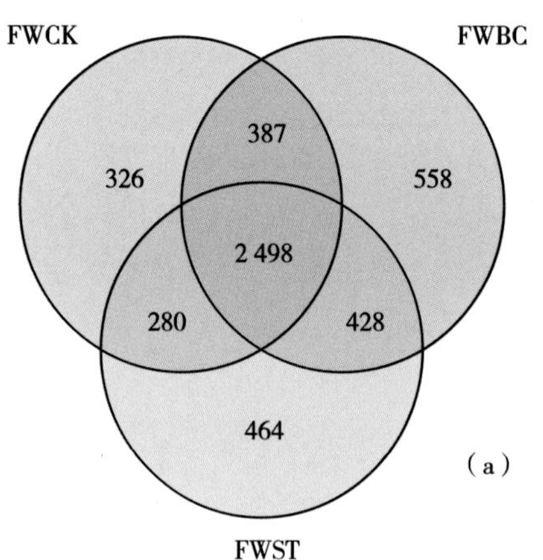

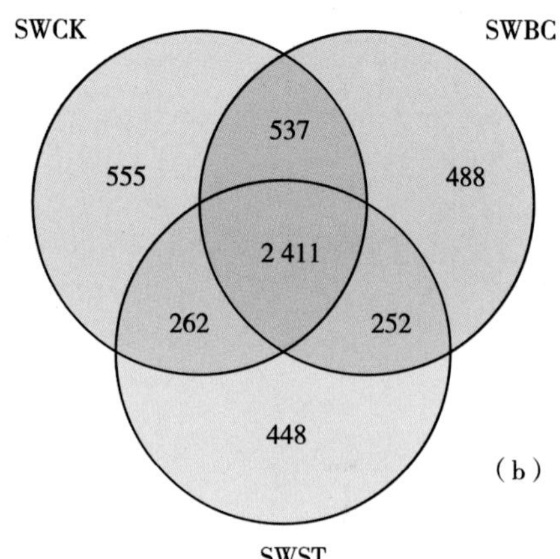

彩图 9-1 土壤细菌群落 OTUs 的 Venn 图

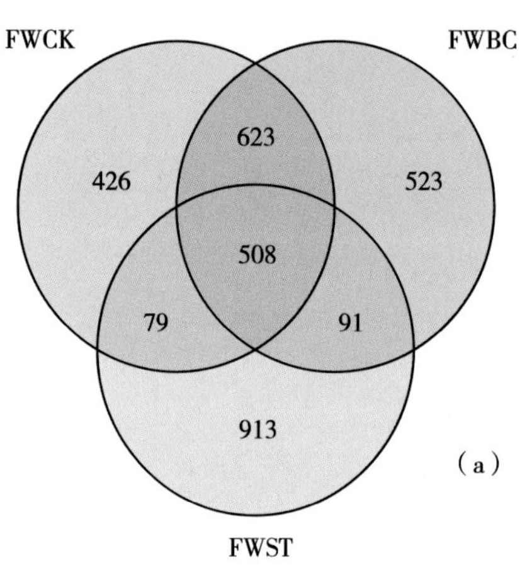

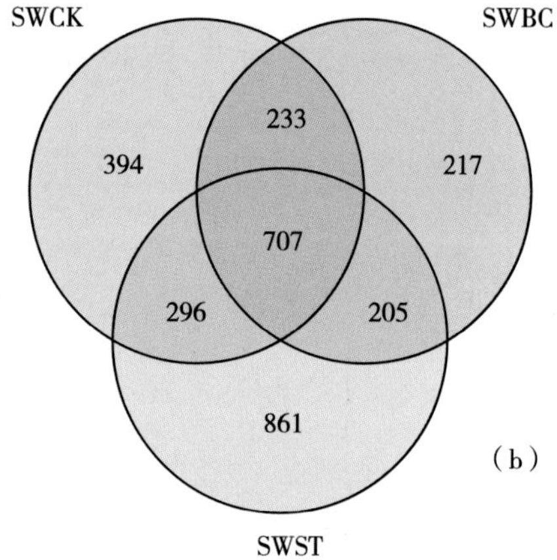

彩图 9-2 土壤真菌群落 OTUs 的 Venn 图

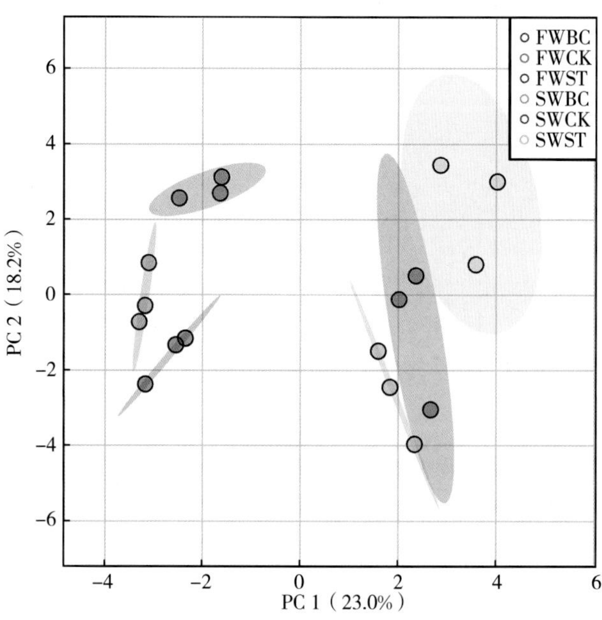

彩图 9-3 细菌群落的主成分分析（PCA）

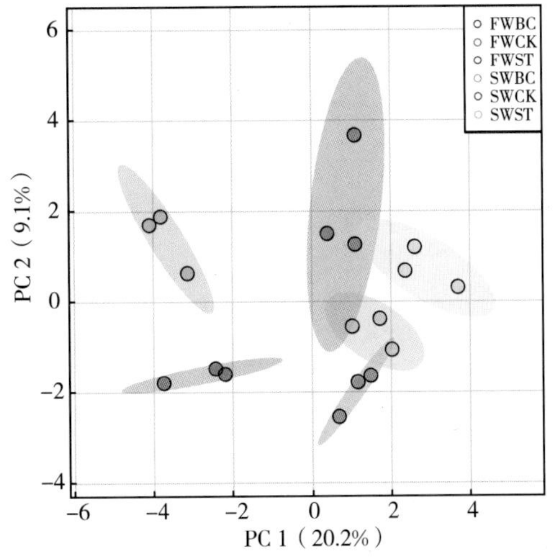

彩图 9-4　真菌群落的主成分分析（PCA）

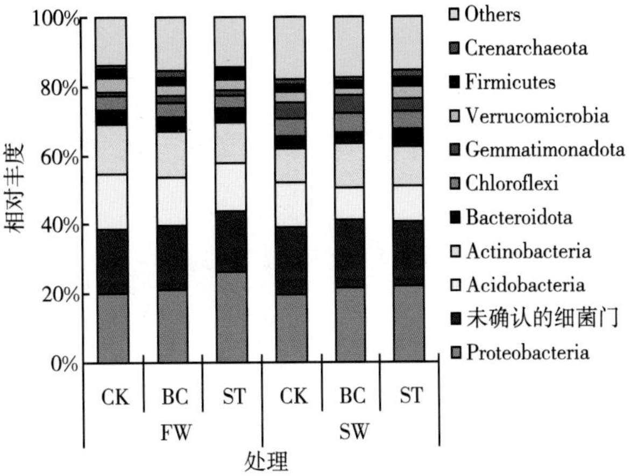

彩图 9-5　土壤细菌门水平的相对丰度

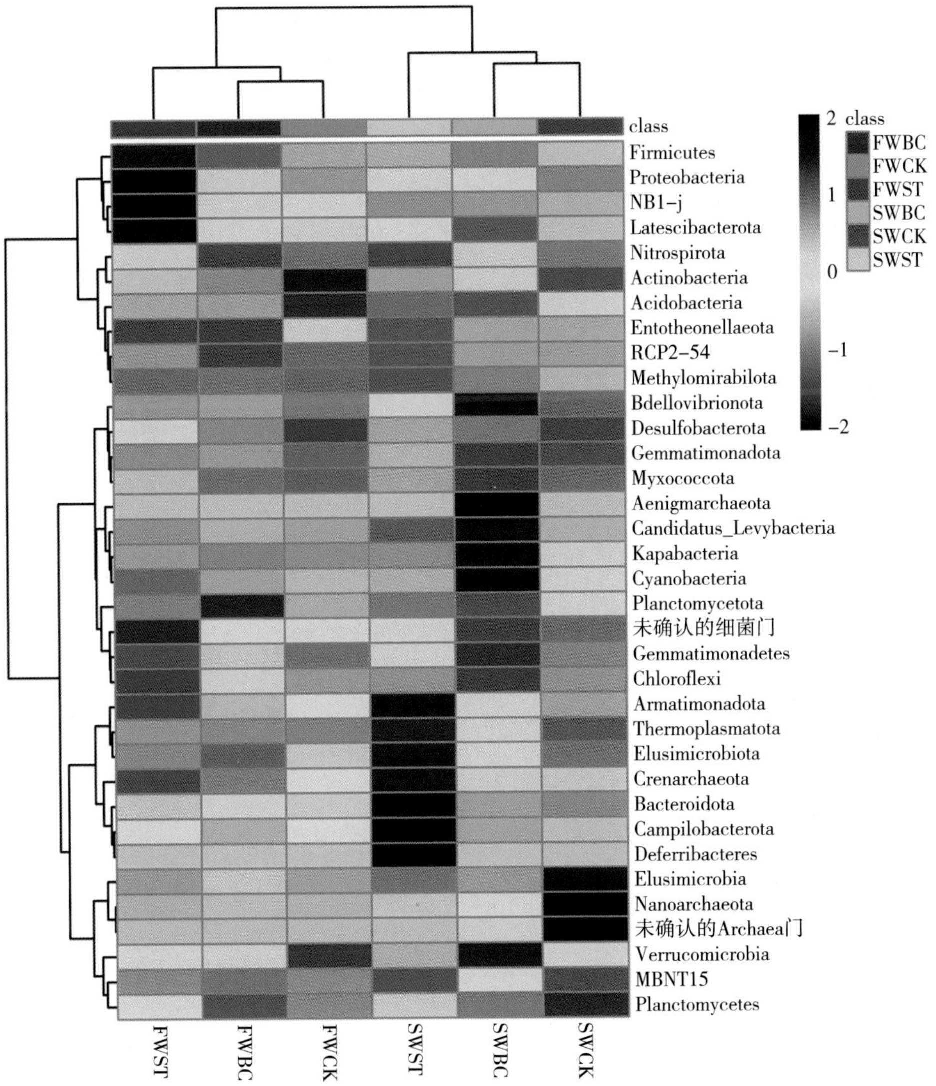

彩图 9-6　土壤细菌群落门水平的聚类分析热图

100%
80%
60%
40%
20%
0%
相对丰度
Others
Steroidobacter
Candidatus_Nitrocosmicus
Subgroup_10
Dongia
Skermanella
Arthrobacter
Nitrosospira
Sphingomonas
Pantoea
RB41
CK
BC
ST
CK
BC
ST
FW
SW
处理

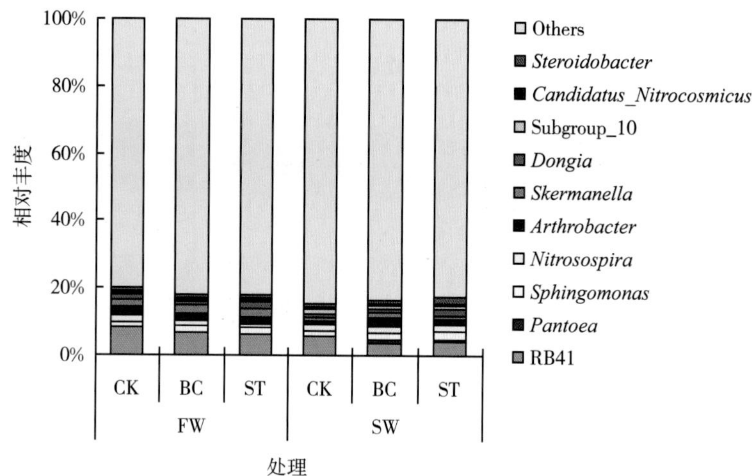

彩图 9-7　土壤细菌属水平的相对丰度

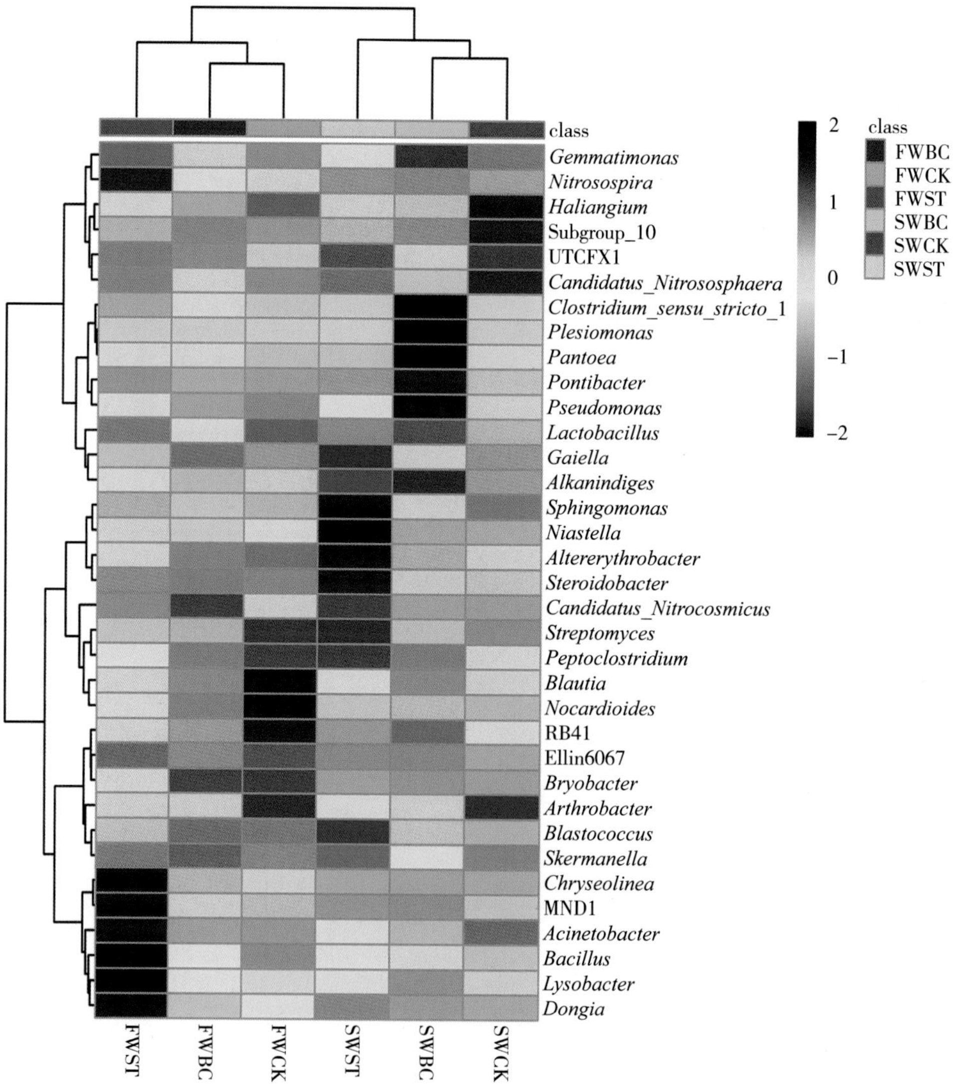

class
Gemmatimonas
Nitrosospira
Haliangium
Subgroup_10
UTCFX1
Candidatus_Nitrososphaera
Clostridium_sensu_stricto_1
Plesiomonas
Pantoea
Pontibacter
Pseudomonas
Lactobacillus
Gaiella
Alkanindiges
Sphingomonas
Niastella
Altererythrobacter
Steroidobacter
Candidatus_Nitrocosmicus
Streptomyces
Peptoclostridium
Blautia
Nocardioides
RB41
Ellin6067
Bryobacter
Arthrobacter
Blastococcus
Skermanella
Chryseolinea
MND1
Acinetobacter
Bacillus
Lysobacter
Dongia
FWST
FWBC
FWCK
SWST
SWBC
SWCK
2
1
0
−1
−2
class
FWBC
FWCK
FWST
SWBC
SWCK
SWST

彩图 9-8　土壤细菌群落属水平的聚类分析热图

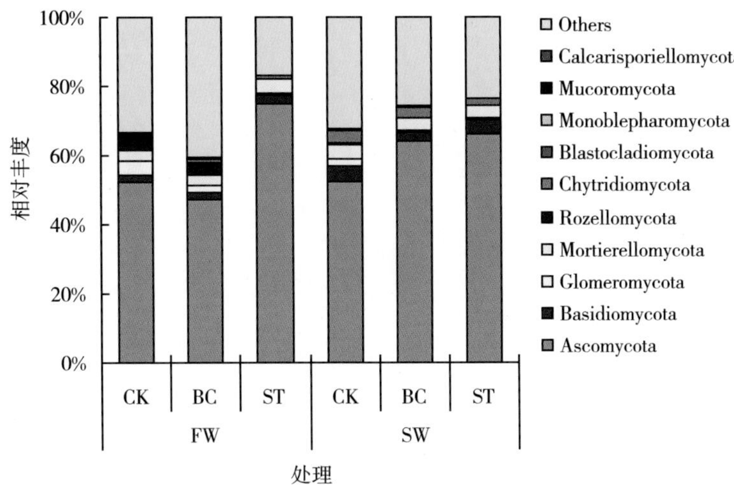

彩图 9-9　土壤真菌门水平的相对丰度

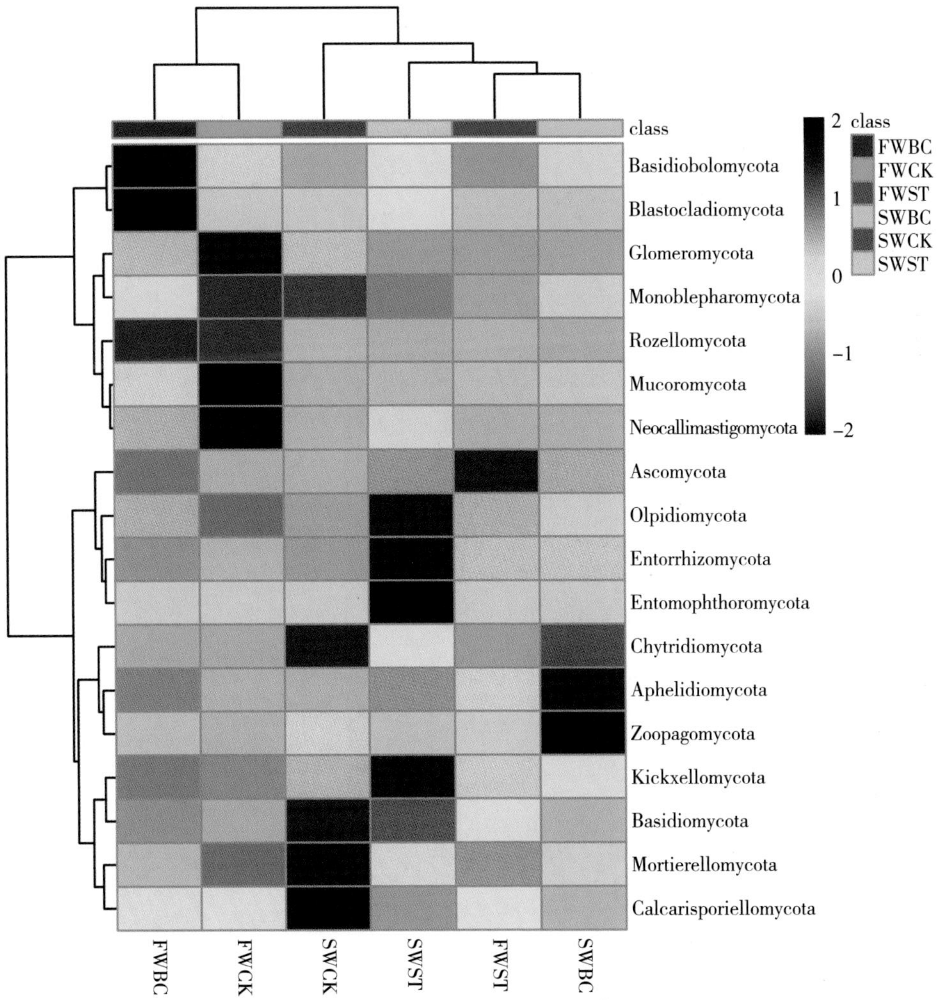

彩图 9-10　土壤真菌群落门水平的聚类分析热图

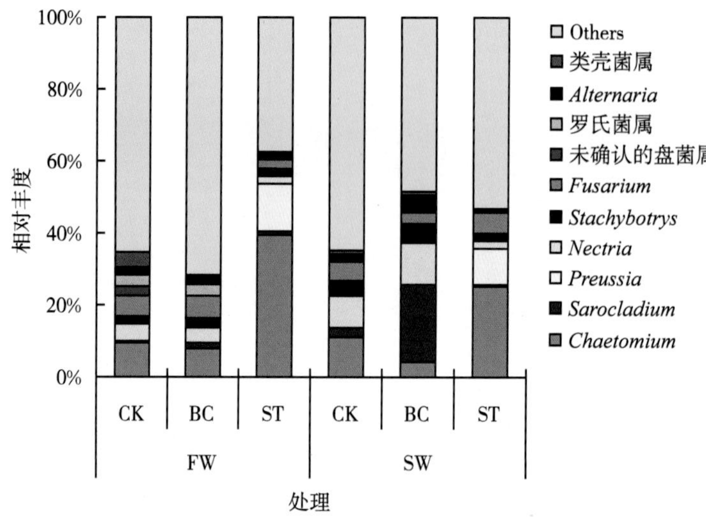

彩图 9-11　土壤真菌属水平的相对丰度

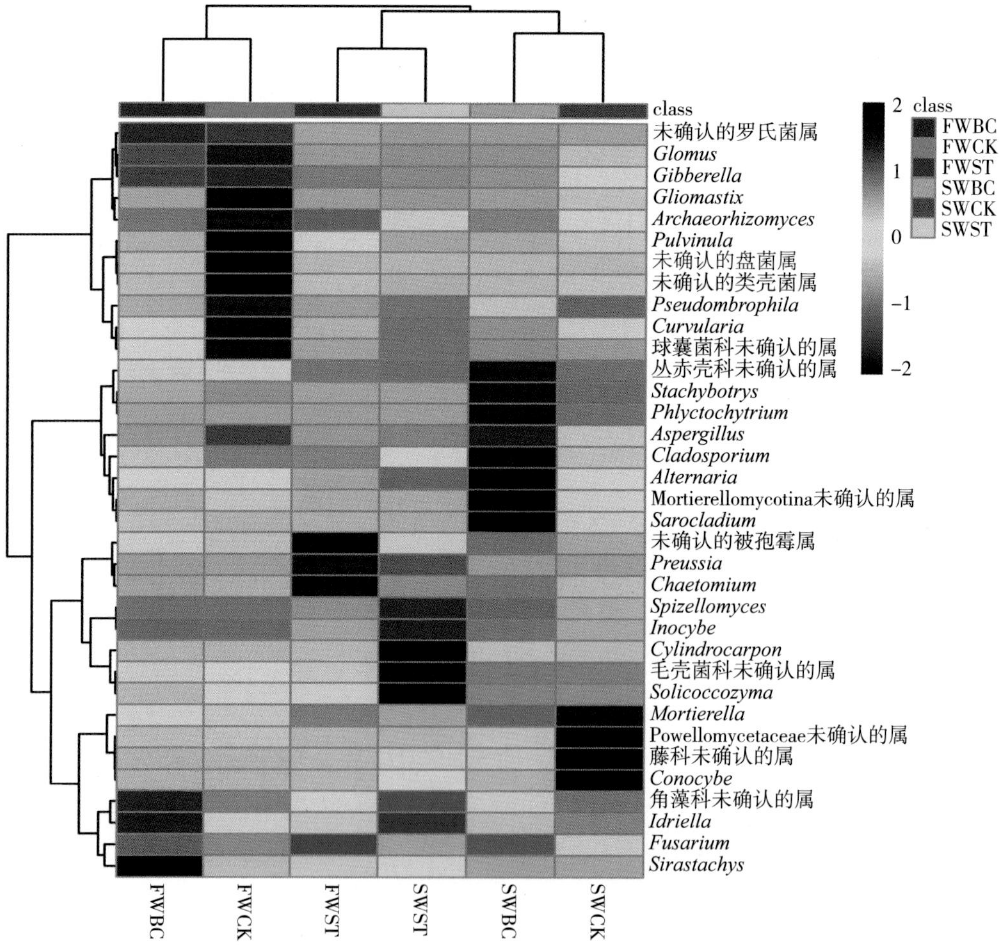

彩图 9-12　土壤真菌群落属水平的聚类分析热图

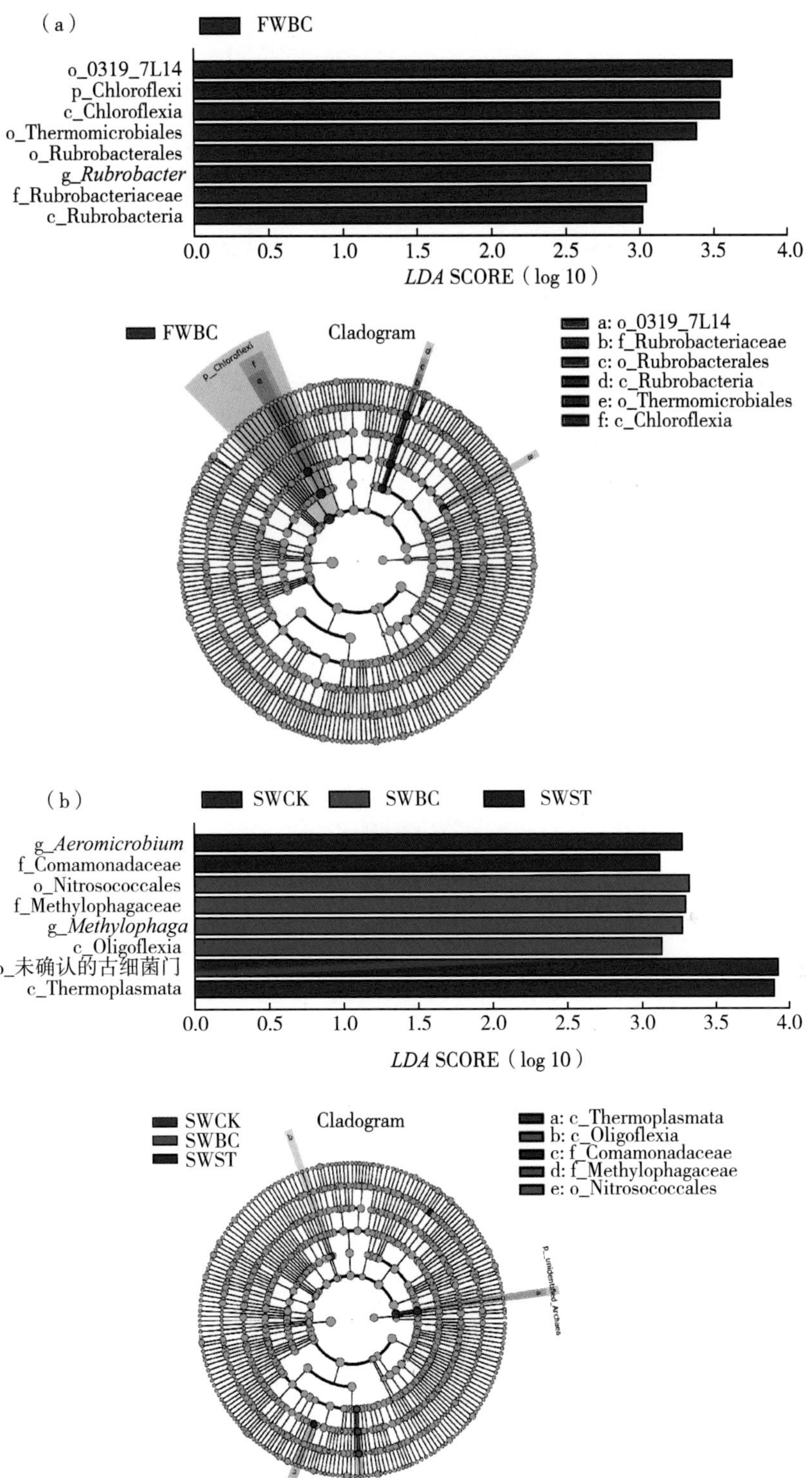

彩图 9-13　土壤细菌群落 LEfSe 分析的 *LDA* 值和进化分枝图

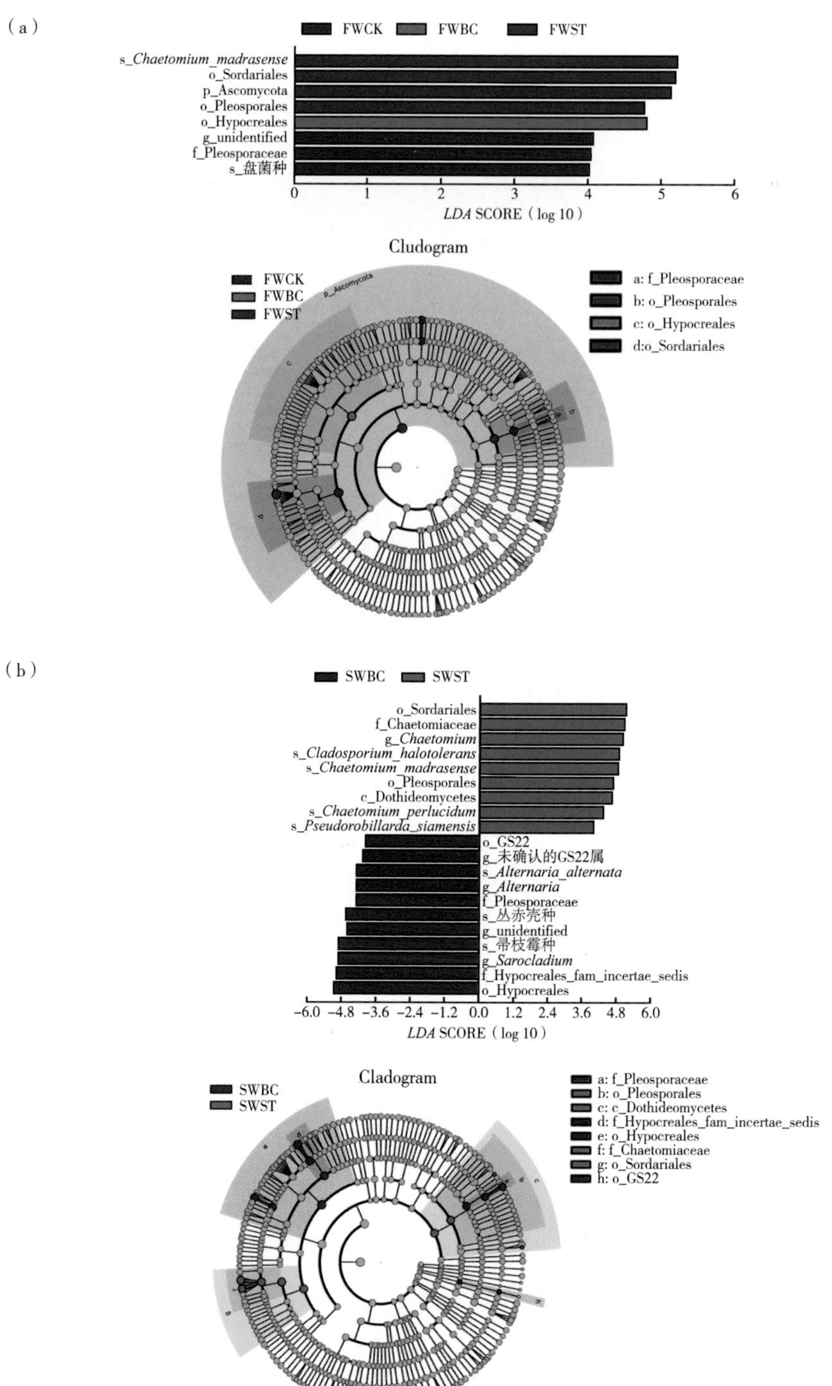

彩图 9-14　土壤真菌群落 LEfSe 分析的 *LDA* 值和进化分枝图

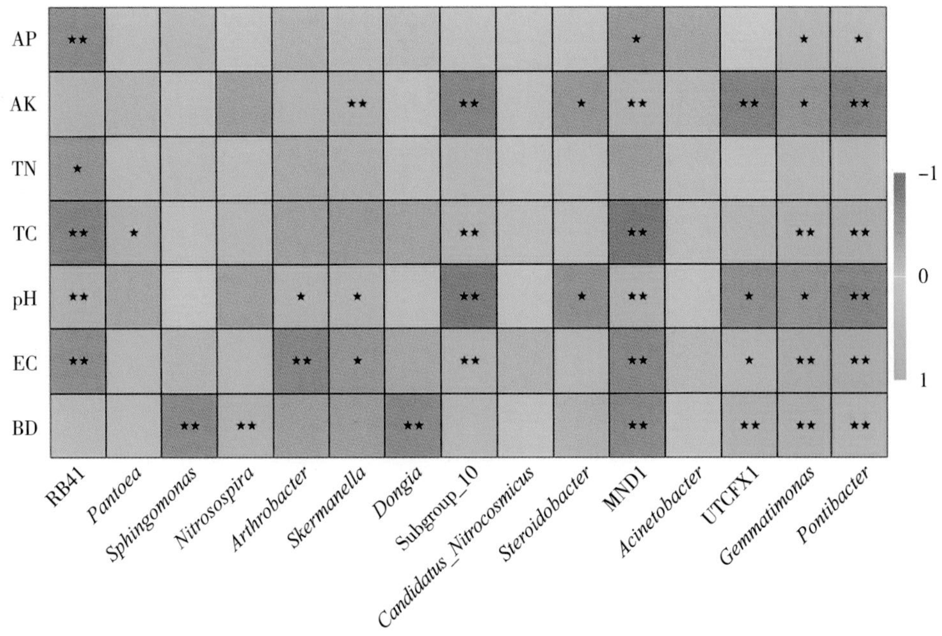

彩图 9-15　土壤理化性质与细菌属水平群落相关性

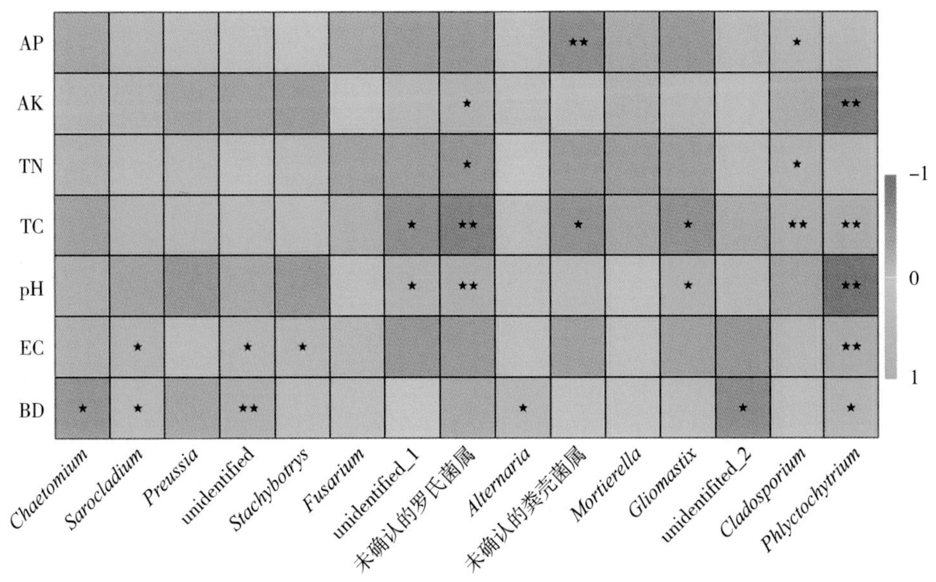

彩图 9-16　土壤理化性质与真菌属水平群落相关性

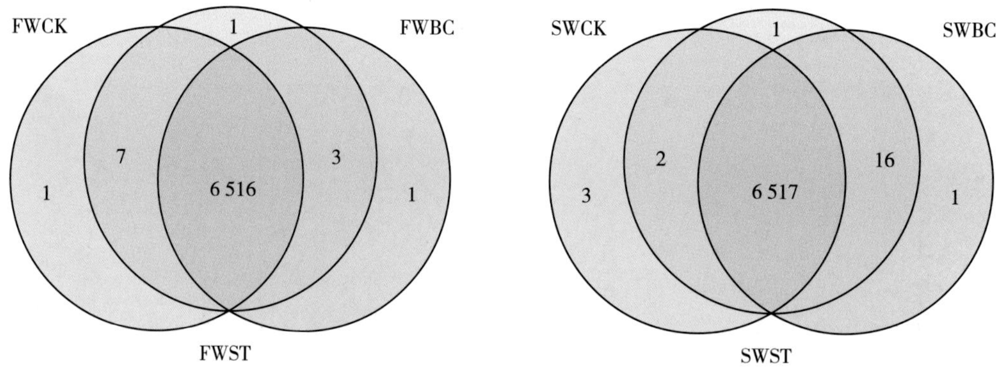

彩图 9-17 基于 Tax4Fun 功能注释的 Venn 图

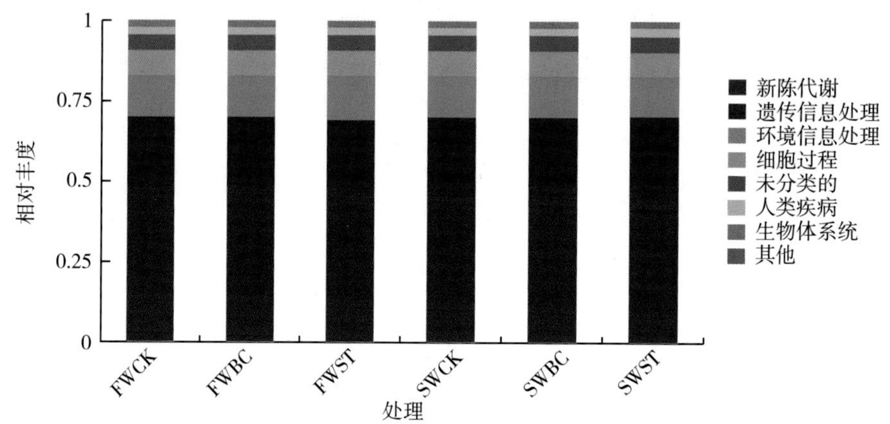

彩图 9-18 基于 Tax4Fun 功能注释的 Level 1 功能基因相对丰度

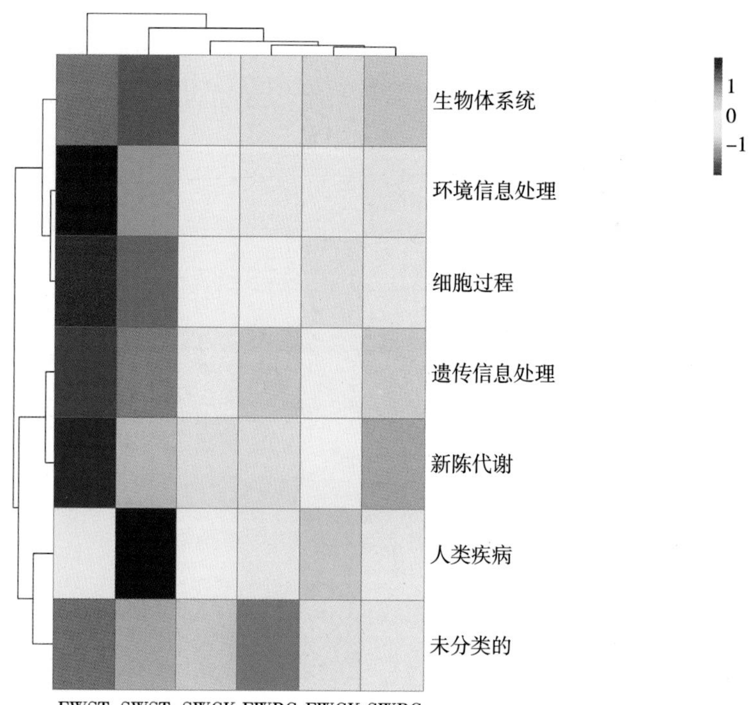

彩图 9-19 土壤细菌基因功能多样性 Level 1 水平聚类热图